现代学徒制试点创新成果系列教材

μC/OS 嵌入式操作系统原理与应用

主　编　张叶茂　谭　虹　潘　宇
副主编　莫名韶　陈醒醒　刘红艳　朱敦忠

中国建材工业出版社

图书在版编目（CIP）数据

μC/OS嵌入式操作系统原理与应用/张叶茂，谭虹，潘宇主编．--北京：中国建材工业出版社，2023.7
现代学徒制试点创新成果系列教材
ISBN 978-7-5160-3376-0

Ⅰ.①μ… Ⅱ.①张… ②谭… ③潘… Ⅲ.①实时操作系统－高等职业教育－教材 Ⅳ.①TP316.2

中国版本图书馆CIP数据核字（2021）第241231号

内容提要

本书突出职业教育“以应用能力为本位”的理念，分章节介绍了操作系统概述、μC/OS操作系统概述、μC/OS-Ⅱ工程的创建、μC/OS-Ⅱ任务管理、μC/OS-Ⅱ信号量管理、μC/OS-Ⅱ互斥信号量管理、μC/OS-Ⅱ消息邮箱管理、μC/OS-Ⅱ消息队列管理、μC/OS-Ⅱ事件标志组管理、μC/OS-Ⅱ软件定时器管理、μC/OS-Ⅱ内存管理、μC/OS-Ⅱ其他功能函数、μC/OS-Ⅱ智能穿戴开发平台项目，内容涵盖了μC/OS-Ⅱ在Cortex-M3系列处理器上的移植方法、μC/OS-Ⅱ内核的任务管理和调度、系统时钟和节拍服务、时间管理、中断服务、任务的通信和同步、内存管理等，所涉及的系统应用函数以及每一章节后面都给出了对应知识点的案例，以帮助读者学习和理解。

本书可作为高职高专院校和应用型本科院校计算机、电子信息、自动化技术、仪器仪表等大类专业的教材，也可作为从事嵌入式开发初学者、计算机编程爱好者的培训教材。

μC/OS嵌入式操作系统原理与应用
μC/OS QIANRUSHI CAOZUO XITONG YUANLI YU YINGYONG
主　编　张叶茂　谭　虹　潘　宇
副主编　莫名韶　陈醒醒　刘红艳　朱敦忠

出版发行：中国建材工业出版社
地　　址：北京市海淀区三里河路11号
邮　　编：100831
经　　销：全国各地新华书店
印　　刷：北京雁林吉兆印刷有限公司
开　　本：787mm×1092mm　1/16
印　　张：19.75
字　　数：460千字
版　　次：2023年7月第1版
印　　次：2023年7月第1次
定　　价：59.80元

本社网址：www.jccbs.com，微信公众号：zgjcgycbs

前　言

μC/OS 是一个可移植、可固化、可裁剪、抢占式多任务的实时操作系统，适用于多种微处理器、微控制器和数字处理芯片。该系统的源代码开放、整洁、注释详尽，适合嵌入式系统应用开发。μC/OS-Ⅱ是在 μC/OS 的基础上发展起来的，能管理 64 个任务，并提供任务调度与管理、内存管理、任务间同步与通信、时间管理和中断服务等功能，具有执行效率高、占用空间小、实时性能优良和扩展性强等特点。本书的系统函数讲解、调用以及项目实践主要基于 μC/OS-Ⅱ操作系统。

本书作为学习实时嵌入式操作系统的入门教材，着重讲述了 μC/OS 操作系统的基础知识、系统函数说明和函数的调用，其目的在于使学生学习 μC/OS 操作系统之后，能理解 μC/OS 操作系统的基本原理，在实际的项目中懂得灵活调用系统函数进行应用程序的设计。

为适应 IT 行业的迅速发展和课程改革的迫切需要，相关高校的作者与企业工程师深入合作，基于软件开发流程和行业使用技术编写了本书。本书围绕任务调度与管理、时间管理、任务间通信与同步等基本功能和实践案例，由浅入深，一步步地将读者引入 μC/OS-Ⅱ操作系统应用开发的领域。为提高学生对 μC/OS 嵌入式操作系统任务函数的理解和应用能力，各章节对每个函数进行了说明和调用案例分析，每个章节末对本章节所涉及知识点提供了一个完整的工程示例代码和运行结果，供学生进行知识验证和技能巩固；在最后章节给出了学徒制试点的学习案例—— μC/OS-Ⅱ智能穿戴开发平台项目，通过该项目的学习，学生不仅可以掌握完整的项目开发过程及相关的软硬件知识，也能更好地理解 μC/OS-Ⅱ嵌入式操作系统在实际项目中的应用。

根据党的二十大报告中提出的人才强国发展战略和国家倡导的“产教融合、校企合作”战略方针，南宁职业技术学院与深圳信盈达科技有限公司有效推进现代学徒制校企“双主体”育人工作，落实专业与产业发展相匹配、教材内容与工作手册相一致、生产流程与育人过程相匹配的现代学徒制。

本书由现代学徒制试点院校老师及合作企业工程师共同编写完成。南宁职业学院张叶茂、谭虹、潘宇任主编，南宁职业技术学院莫名韶、深圳信盈达科技有限公司陈醒醒、南宁职业技术学院刘红艳、桂林理工大学南宁分校朱敦忠任副主编，桂林理工大学南宁分校袁梅、广西电力职业技术学院兰如波、深圳信盈达科技有限公司秦培良也参与了本书的部分编写工作，在此一并表示感谢。

由于编者水平有限，加上时间仓促，本书的疏漏和不足之处在所难免，敬请有关专家和广大读者不吝指正。

编　者

2023年1月

目　录

1 操作系统概述

1.1 操作系统介绍

操作系统（operating system，OS）是管理和控制计算机硬件与软件资源的计算机程序，是连接硬件和软件的桥梁，是直接运行在“裸机”上的最基本的系统软件，任何其他软件都必须在操作系统的支持下才能运行。

操作系统是用户和计算机的接口，同时也是计算机硬件和其他软件的接口。操作系统的功能包括管理计算机系统的硬件、软件及数据资源，控制程序运行，改善人机界面，为其他应用软件提供支持，让计算机系统所有资源最大限度地发挥作用，提供各种形式的用户界面，使用户有一个好的工作环境，为其他软件的开发提供必要的服务和相应的接口等。实际上，用户是不用接触操作系统的，操作系统管理着计算机硬件资源，同时按照应用程序的资源请求分配资源。例如，划分 CPU 时间、内存空间的开辟、调用打印机等。Windows 系统结构图如图 1-1-1 所示。

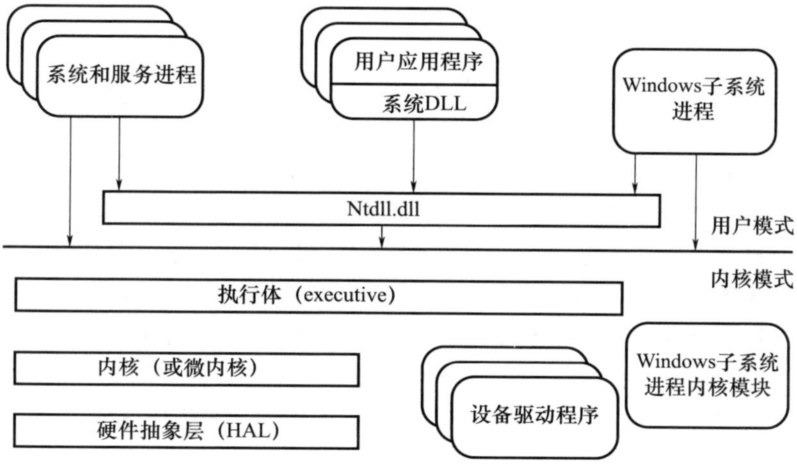

图 1-1-1　Windows 系统结构图

1.2 操作系统的作用

（1）方便。一台电脑，如果没有配置操作系统，那么它肯定非常难用。

（2）有效。中央处理器（central processing unit，CPU）如果没有操作系统进行管理，CPU 跟外部设备会经常处于空闲状态，工作效率降低。

（3）可以提供软件运行的环境。操作系统位于应用软件和硬件之间，应用软件不能脱离操作系统而独立存在。

1.3　操作系统的种类

1. 常见的操作系统

（1）Windows。它是由微软公司成功开发的操作系统。Windows 是一个多任务的操作系统，它采用图形窗口界面，用户对计算机的各种复杂操作只需通过点击鼠标就可以实现。

（2）Mac OS。它是一套运行于苹果 Macintosh 系列电脑上的操作系统。Mac OS 是首个在商用领域成功的图形用户界面。

（3）UNIX。它是一个强大的多用户、多任务的操作系统，支持多种处理器架构，按照操作系统的分类，属于分时系统。

（4）Linux。它是一套免费使用和自由传播的类 UNIX 操作系统，是一个基于 POSIX 和 UNIX 的多用户、多任务、支持多线程和多 CPU 的操作系统。它能运行主要的 UNIX 工具软件、应用程序和网络协议，且支持 32 位和 64 位硬件。Linux 继承了 UNIX 以网络为核心的设计思想，是一个性能稳定的多用户网络操作系统。

（5）IOS。它是由苹果公司开发的手持设备操作系统。IOS 与苹果的 Mac OS X 操作系统一样，也是以 Darwin 为基础的。因此，同样属于类 UNIX 的商业操作系统。

（6）Android。它是一种以 Linux 为基础的开放源代码操作系统，主要使用于便携设备上。

（7）HarmonyOS。鸿蒙系统是一款全新的面向全场景的分布式操作系统，创造一个超级虚拟终端互联的世界，将人、设备、场景有机地联系在一起，将消费者在全场景生活中接触的多种智能终端实现极速发现、极速连接、硬件互助、资源共享，用合适的设备提供场景体验。

2. 常见操作系统的分类

（1）实时操作系统。不是给每个任务一个固定时间，任务时间长度可以自由决定，根据任务的优先级去执行相应的任务。

（2）分时操作系统。给每个任务一个固定的时间长度，当这个任务的时间到达时，会切换执行下一个任务。时间不到达不进行任务的切换。

（3）半实时操作系统。部分任务使用实时操作系统，部分任务使用分时操作系统。

2 μC/OS 操作系统概述

2.1 实时操作系统介绍

2.1.1 前/后台系统

在早期嵌入式开发中是没有操作系统这一概念的，都是直接裸机编程，比如 51 单片机基本就没有操作系统的概念。通常把程序分为两个部分：前台系统和后台系统，如图 2-1-1所示。应用程序是一个死循环，在循环中调用相应的函数来实现相应的功能，这部分内容可以看成后台系统。中断服务函数处理异常事件，这部分内容就可以看成前台系统。

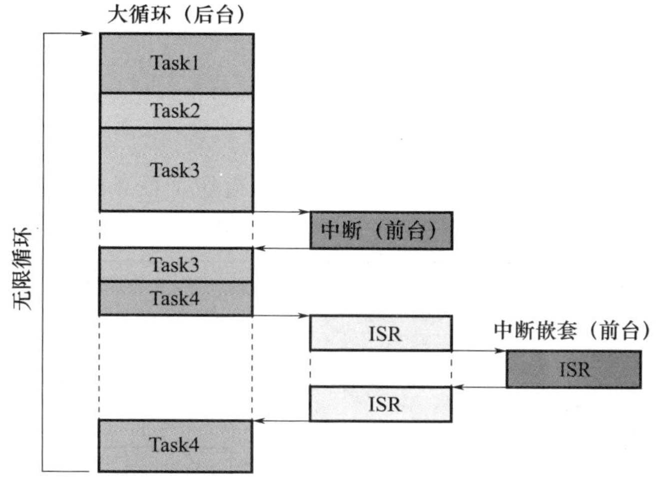

图 2-1-1　前台系统和后台系统

2.1.2 内核结构

实时操作系统的内核负责管理所有的任务，内核决定运行哪个任务、何时停止当前任务切换到其他任务，这是内核的多任务管理能力。多任务管理给人的感觉就好像芯片有多个 CPU，多任务管理实现了 CPU 资源的最大化利用，有助于实现程序的模块化开发，能够实现复杂的实时应用。

2.1.3 可剥夺型内核

可剥夺型内核，顾名思义就是可以剥夺其他任务的 CPU 使用权，它总是运行就绪任务中的优先级最高的那个任务。μC/OS 的内核是可剥夺型的。

2.2 μC/OS 操作系统介绍

μC/OS 是 Micrium 公司出品的实时操作系统，目前有两个版本：μC/OS-Ⅱ 和 μ/OS-Ⅲ。μC/OS 是一种基于优先级的抢占式多任务实时操作系统，包含了实时内核、任务管理、时间管理、任务间通信同步（信号量、邮箱、消息队列）和内存管理等功能。它可以使各个任务独立工作，互不干涉，很容易实现准时而且无误执行，使实时应用程序的设计和扩展变得容易，使应用程序的设计过程大为减化。μC/OS 是一个完整的，可移植、可固化、可裁剪的抢占式实时多任务内核。μC/OS 绝大部分的代码是用 ANSI（American National Standards Institute，美国国家标准协会）的 C 语言编写的，包含一小部分汇编代码，使之可供不同架构的微处理器使用。

2.3 μC/OS 操作系统任务概述

2.3.1 任务介绍

μC/OS 任务的组成，即一个任务包含哪些内容。一个 μC/OS 任务主要由任务控制块、任务函数、任务优先级、任务堆栈组成。

1. 任务控制块

任务向内存申请一段空间，这段空间是用来执行这个任务的。任务控制块包含任务函数、任务优先级和任务堆栈，如图 2-3-1 所示。

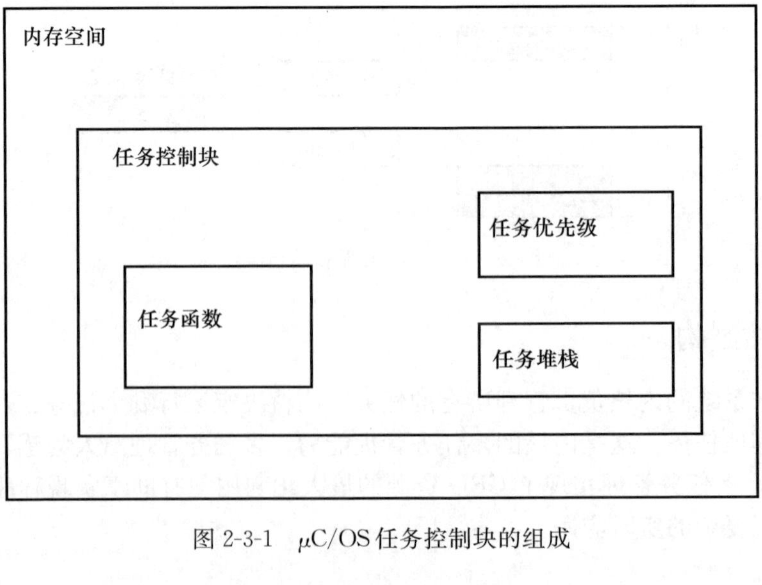

图 2-3-1 μC/OS 任务控制块的组成

2. 任务函数

本质是一个函数，这个函数叫作一个任务。函数本身是有地址的，任务函数就是任务的入口地址。任务的功能是在函数中编写的。任务的名字一定要符合 C 语言的命名规则。

3. 任务优先级

任务的唯一标识。每个任务都有自己的优先级，用一种数值编号来表示（如 1、2、3）。数值编号越小，优先级越高。

4. 任务堆栈

任务堆栈是用来存放任务信息的。例如，当任务切换时，需要保存任务的状态（变量）。任务堆栈是程序员自己向内存申请的一段内存空间。任务堆栈通过数组的形式来申请内存空间，如 unsigned char arr [128]。

2.3.2 任务的切换

μC/OS 在什么情况下会执行任务的切换？

（1）心跳节拍时间到达的时候会进行任务之间的切换。释放 100 个时钟节拍（心跳节拍）。一个心跳节拍时间是由程序员来设置的。可以设置一个心跳节拍为 1ms 或者 5ms。在 μC/OS 中用 Tick 来表示心跳节拍。设置的根据为系统嘀嗒定时器。

（2）当调用任务的调度函数时，也会进行任务之间的切换。“调度函数”在 μC/OS 中有定义：OS _ Sched ()。这个函数不需要程序员去调用，由 μC/OS 操作系统自行调度。比如：我正在看电影，同时在上 QQ。在 QQ 的聊天界面输入信息过程中，电影也在正常播放。任务就在播放电影界面和 QQ 聊天界面之间来回切换。

2.3.3 任务的中断

什么叫任务的中断？简单地说，就是 μC/OS 在执行任务过程中发生了中断。这时候中断功能还是跟裸机的中断功能一样吗？还是一样的。编写中断功能的规则也是一样的。但是，在编写中断的服务函数时需要在编写中断服务函数的过程中添加两个函数功能：

（1）告诉 μC/OS 系统当前进入了中断功能，需要执行中断服务函数的内容，调用 OSIntEnter () 函数。

（2）在执行完成中断服务函数内容之后，需要告诉 μC/OS 系统，当前已经执行完成中断服务函数，调用 OSIntExit () 函数。具体格式如下：

```
void 中断服务函数名(void)
{
    OSIntEnter();
    //中断服务函数内容
    OSIntExit();
}
```

2.3.4 任务状态

在 μC/OS-Ⅱ中，任务的状态有 5 种：睡眠（休眠）状态、就绪状态、运行状态、等待状态及中断状态，如图 2-3-2 所示。

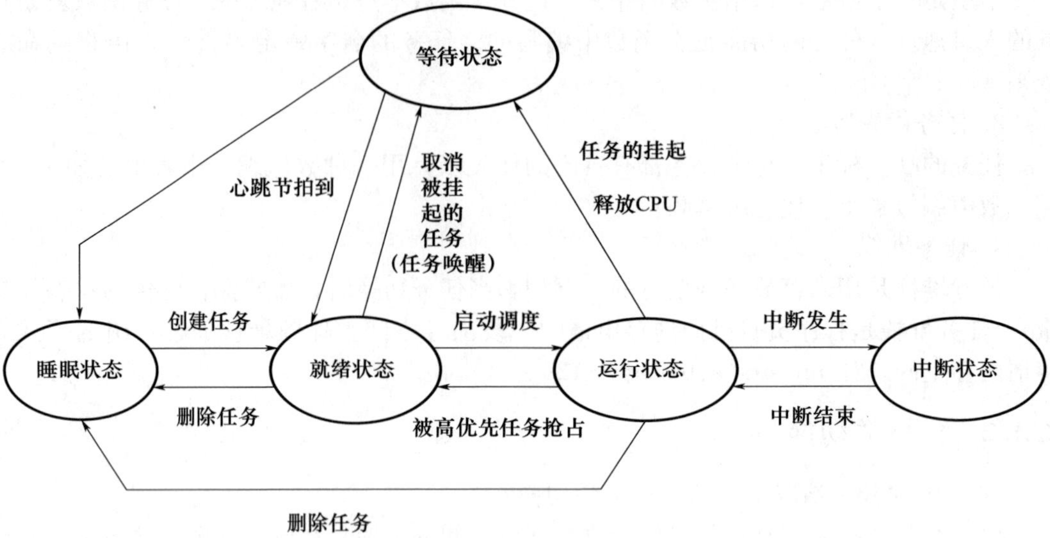

图 2-3-2　μC/OS 任务状态

1. 睡眠状态

该状态下的任务指的是还没交给 μC/OS 来管理，且驻留在程序空间（ROM 或 RAM）。把任务交给 μC/OS 管理的话需要调用创建任务函数——OSTaskCreate（）或 OSTaskCreateExt（），后者是扩展版本。这些调用只是告诉 μC/OS，任务的起始地址在哪，任务建立时用户给任务赋予的优先级是多少，任务要使用多少堆栈空间等。所以总结来说，没有被创建前或者被销毁的任务都属于睡眠状态。

2. 就绪状态

当任务建立后，该任务就会进入就绪状态，μC/OS 会进行任务调用，让高优先级的任务运行，即高优先级的任务能够获得 CPU 的使用权而得到运行。OSStart（）可以启动多任务，它只能在启动时调用一次，调用该函数后将执行就绪状态的优先级最高的任务。

3. 运行状态

任何时候只能有一个任务处于运行状态，即获得了 CPU 的使用权，该任务可以通过调用 OSTaskDel（）将自身返回到睡眠状态，或者将另一个任务进入睡眠状态。

4. 等待状态

等待状态，顾名思义就是等待事件、时间的到来等。当处于运行状态的任务调用 OSTimeDly（）或 OSTimeDlyHMSM 将自身延迟一段时间时，该任务就会进入到等待状态，或者调用 OSSemPend（）、OSQPend（）等等待事件函数发生阻塞时也会使任务进入等待状态。而此时，μC/OS 会执行任务切换，选择优先级最高并且处于等待状态的任务运行。而如果等待的事件发生了或者等待超时时，被挂起的任务就会进入就绪状态。

5. 中断状态

中断状态是正在运行的任务被中断了而进入的状态，响应中断时，正在执行的任务被挂起，中断服务子程序控制了 CPU 的使用权。中断服务子程序可能会报告一个或多个事件的发生，而使一个或多个任务进入就绪状态。从中断服务子程序返回之前，μC/OS 要判定被中断的任务是否还是就绪任务状态中优先级最高的。如果中断服务子程序使另一个优先级更高的任务进入了就绪状态，则新进入就绪状态的这个优先级更高的任务得以运行；否则，原来被中断了的任务将继续运行。

2.4 μC/OS 操作系统的调度原则

μC/OS 的调度原则，即任务与任务之间如何进行切换。

1. 实时操作系统的调度原则

实时操作系统每个任务都有它自己的任务优先级，在 μC/OS-Ⅱ 中用一个编号来代替任务的优先级，每个任务的优先级都是唯一的。编号值越小，任务的优先级就越高。当发生任务调度时，μC/OS 操作系统会从所有准备好的任务中选取任务优先级最高的任务来执行。如有任务 1（优先级为 5）、任务 2（优先级为 10）、任务 3（优先级为 15），都准备好时，发生了任务调度，这时 μC/OS 操作系统就会执行任务 1。

2. 分时操作系统的调度原则

分时操作系统给每个任务分配一个固定时间，所以分时操作系统的调度原则就是：当正在执行的任务时间到达时，会切换到下一个任务。

2.5 μC/OS 操作系统的程序架构

1. 裸机程序结构

裸机程序只有一个 main 函数，在 main 函数中有一个死循环 while（1），其他地方是没有 while（1）的。裸机程序只会执行一个 while（1）里面的内容，而不会在多个 while（1）中切换执行。

2. μC/OS 操作系统的程序结构

在 μC/OS 操作系统中，也是只有一个 main 函数。在 main 函数中必须至少包含一个任务。在每个任务中都有一个 while（1）死循环，并且可以在多个任务中的 while（1）中切换执行。μC/OS 操作系统的任务切换需要高优先级的任务释放 CPU 的使用权后，低优先级的任务才能执行。

3 μC/OS-Ⅱ工程的创建

3.1 μC/OS-Ⅱ源码的获取

（1）登录 μC/OS 官方网站 http：//micrium. com/。

（2）点击网站上方的 Login/Registration 进行登录或注册一个新账号。如果没有账号，要先注册一个，注册过程不再描述。

（3）点击后转入登录界面。网址是 http：//micrium. com/wp-login. php，直接输入此网址进行登录也可以。

（4）在登录界面中输入用户名和密码，然后点击 Logged In 即可以进入，登录后可以下载网站上的免费资源。如图 3-1-1 所示。

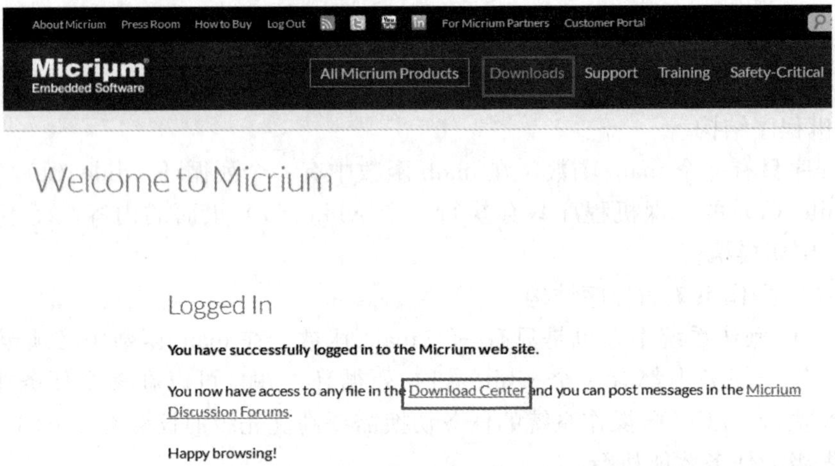

图 3-1-1　μC/OS 官方网站资源

（5）点击"Download Center"（图 3-1-1），进入 μC/OS 官方网站 STM 系列芯片源码下载页面。如图 3-1-2 所示。

（6）点击"STMicroelectronics"并找到"STM32F103RB"芯片（图 3-1-2），然后点击下载。

（7）完成下载后，得到一个名字为 Micrium _ STM32xxx _ μC/OS-Ⅱ. exe 的文件，这是一个自解压的文件，双击即可解压。如图 3-1-3 所示。

（8）解压后得到一个名为"Micrium"的文件夹，里面有用户需要的全部文件，主要源码在 Micrium \ Software 目录下，其目录结构如图 3-1-4 所示。

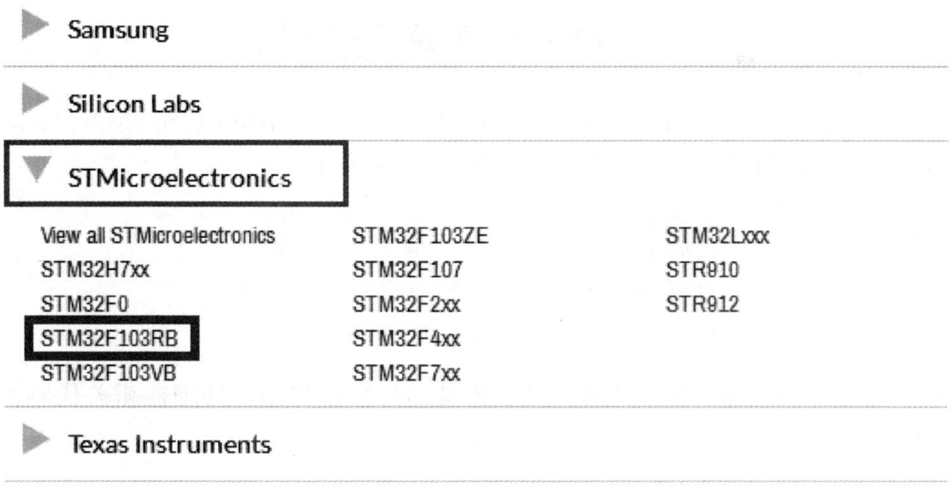

图 3-1-2　μC/OS 官方网站 STM 系列芯片源码下载页面

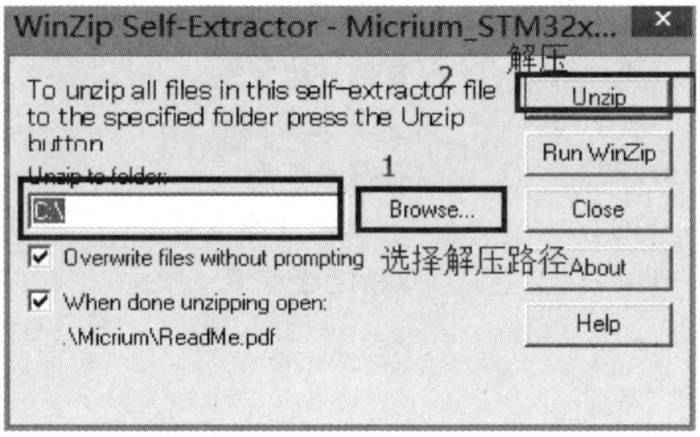

图 3-1-3　μC/OS-Ⅱ源码解压

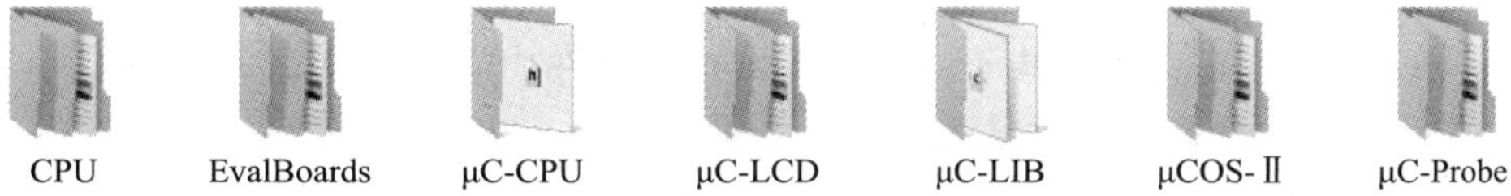

图 3-1-4　Micrium \ Software 目录下的文件

① CPU：ST 公司提供的，里面包含了 ST 的固件库文件。如果用户想使用 ST 提供的库函数，把这个文件夹的内容复制到工程中即可。

② EvalBoards：评估板相关的文件。移植的时候可以提取部分文件。

③ μC-CPU：这是和 CPU 紧密相关的文件，移植时不需要使用。

④ μC-LCD：这是和 LCD 相关的文件，移植时不需要使用。

⑤ μC-LIB：Micrium 公司提供的官方库文件，如字符串操作、内存操作等函数接口，可用可不用。

⑥ μCOS-Ⅱ：这是关键目录文件，目录中包含了与 μCOS-Ⅱ的移植及使用密切相关的文件。

⑦ μC-Probe：存放 μC/OS-Ⅱ配置的头文件。

3.2 μC/OS-Ⅱ源码的介绍

（1）打开 \ Micrium \ Software \ μCOS-Ⅱ \ Ports \ ARM-Cortex-M3 \ Generic \ RealView 目录，此目录下主要包含的文件如图 3-2-1 所示。

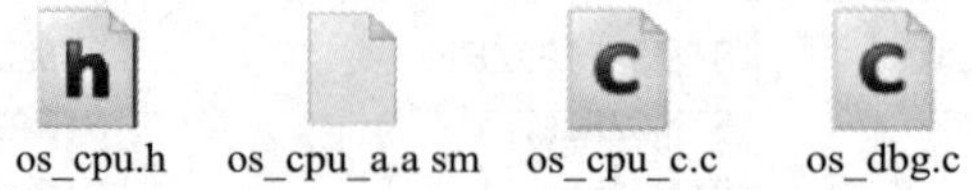

图 3-2-1　RealView 目录下的文件

图 3-2-1 中，os _ cpu. h 文件的功能主要是定义数据类型、处理器相关代码及函数声明。如下：

```
typedef unsigned char   BOOLEAN;
typedef unsigned char   INT8U;        //无符号字符型
typedef signed  char    INT8S;        //有符号字符型
typedef unsigned short  INT16U;       //无符号短整型
typedef signed  short   INT16S;       //有符号短整型
typedef unsigned int    INT32U;       //无符号整型
typedef signed  int     INT32S;       //有符号整型
typedef float           FP32;         //单精度浮点型
typedef double          FP64;         //双精度浮点型
……
void      OSCtxSw(void);
void      OSIntCtxSw(void);
void      OSStartHighRdy(void);
```

os _ cpu _ a. asm：与处理器相关汇编代码，主要是与任务切换相关。

os _ cpu _ c. c：定义用户钩子函数，提供扩充软件功能的接口。

os _ dbg. c：内核调试相关数据和相关函数。

以上文件在移植过程中不需要用户修改，可以直接使用。

（2）打开 \ Micrium \ Software \ μCOS-Ⅱ \ Source 目录，此目录下主要包含的文件如图 3-2-2 所示。

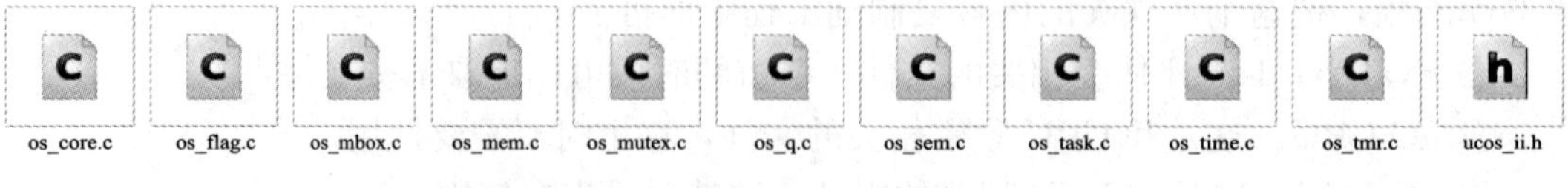

图 3-2-2　μCOS-Ⅱ \ Source 目录下的文件

μCOS-Ⅱ \ Source 目录文件介绍如下：

① os _ core. c：内核数据结构管理，是 μC/OS-Ⅱ的核心，包含了内核的初始化、任务切换、事件块管理、标志性事件组管理等功能。

② os _ flag. c：标志性事件组。

③ os _ mbox. c：消息邮箱。
④ os _ mem. c：内存管理。
⑤ os _ mutex. c：互斥信号量。
⑥ os _ q. c：消息队列。
⑦ os _ sem. c：信号量。
⑧ os _ task. c：任务管理。
⑨ os _ time. c：时间管理。
⑩ os _ tmr. c：软件定时器。
⑪μcos _ ii. h：内部函数参数设置。

3.3 μC/OS-Ⅱ的移植

3.3.1 裸机工程的准备

找一个编译无误的裸机工程，本教材使用的是串口工程，只实现串口基本功能，名为 stm32 _ project。工程源码结构如图 3-3-1 所示。

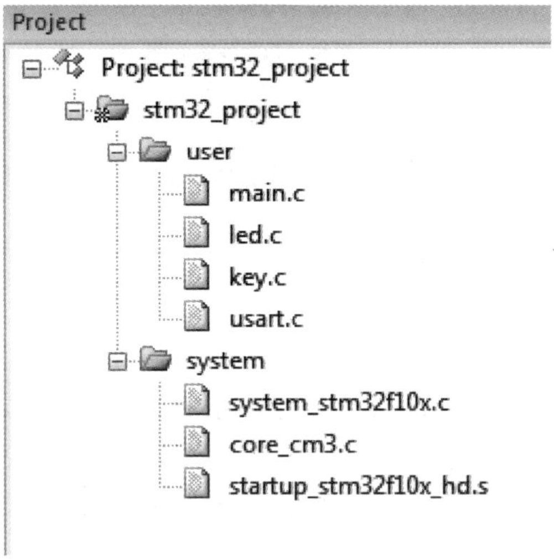

图 3-3-1 裸机串口工程源码结构

3.3.2 复制 μC/OS-Ⅱ文件

1. 复制 μC/OS-Ⅱ系统源码

打开从官方网站下载并解压好的源码工程文件夹，复制 Micrium \ Software \ μCOS-Ⅱ文件夹到裸机工程 stm32 _ project 文件夹下。

2. 复制 μC/OS-Ⅱ配置头文件

在 Micrium \ Software \ EvalBoards \ ST \ STM3210E－EVAL \ RVMDK \ OS-Probe 目录中找到 includes. h、os _ cfg. h 这两个文件，复制到裸机工程 stm32 _ project \ μCOS-Ⅱ \ Source 目录中。

3.3.3　添加 μC/OS-Ⅱ源码

打开裸机工程 stm32 _ project，添加 3.3.2 章节复制的 μC/OS-Ⅱ源码到 keil 工程中。添加完成后工程源码结构如图 3-3-2 所示。

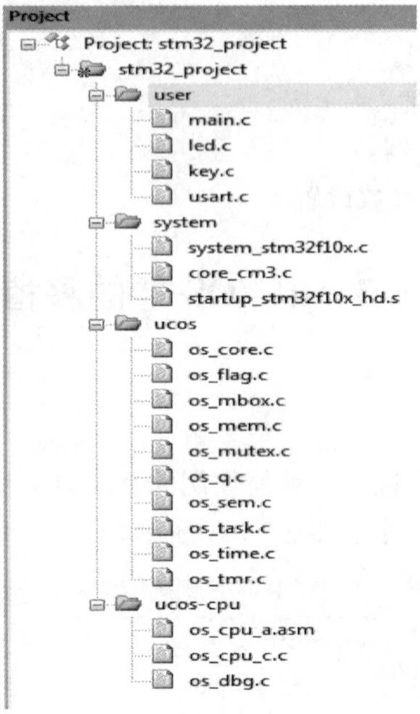

图 3-3-2　添加 μC/OS-Ⅱ源码后的工程源码结构

3.3.4　添加 μC/OS-Ⅱ头文件路径

点击 Options for Target 按钮（），弹出 Options for Target ‘stm32 _ project’对话框，选择 C/C++，在 Include Paths 栏中添加头文件路径，如图 3-3-3 所示。

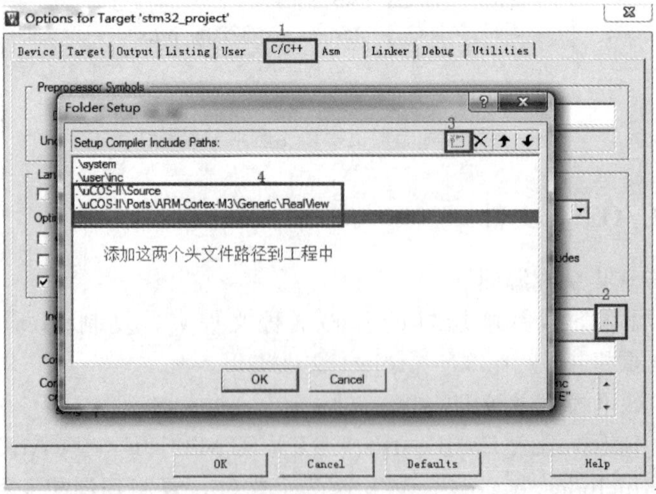

图 3-3-3　添加 μC/OS-Ⅱ所需要头文件路径

3.3.5 编译纠错

点击 Rebuild 按钮（）编译程序，编译结果如图 3-3-4 所示。

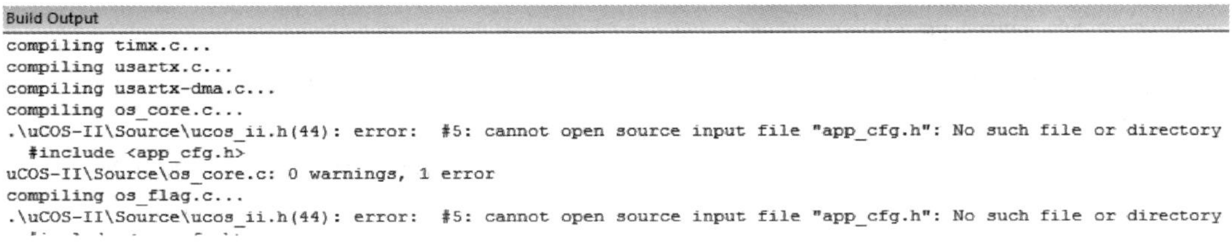

```
Build Output
compiling timx.c...
compiling usartx.c...
compiling usartx-dma.c...
compiling os_core.c...
.\uCOS-II\Source\ucos_ii.h(44): error:  #5: cannot open source input file "app_cfg.h": No such file or directory
  #include <app_cfg.h>
uCOS-II\Source\os_core.c: 0 warnings, 1 error
compiling os_flag.c...
.\uCOS-II\Source\ucos_ii.h(44): error:  #5: cannot open source input file "app_cfg.h": No such file or directory
```

图 3-3-4 编译结果

由图 3-3-4 所知：编译错误的原因是 μcos _ ii. h 文件中缺少“app _ cfg. h”这个头文件，解决方法是打开 μcos _ ii. h 文件，把＃include <app _ cfg. h>语句注释即可。

修改保存程序，再进行编译，出现的错误信息如下：

```
.\\Objects\\stm32_project.axf: Error: L6218E: Undefined symbol App_TCBInitHook(referred from os_cpu_c.o).
.\\Objects\\stm32_project.axf: Error: L6218E: Undefined symbol App_TaskCreateHook(referred from os_cpu_c.o).
.\\Objects\\stm32_project.axf: Error: L6218E: Undefined symbol App_TaskDelHook(referred from os_cpu_c.o).
.\\Objects\\stm32_project.axf: Error: L6218E: Undefined symbol App_TaskIdleHook(referred from os_cpu_c.o).
.\\Objects\\stm32_project.axf: Error: L6218E: Undefined symbol App_TaskStatHook(referred from os_cpu_c.o).
.\\Objects\\stm32_project.axf: Error: L6218E: Undefined symbol App_TaskSwHook(referred from os_cpu_c.o).
.\\Objects\\stm32_project.axf: Error: L6218E: Undefined symbol App_TimeTickHook(referred from os_cpu_c.o).
.\\Objects\\stm32_project.axf: Error: L6218E: Undefined symbol OS_CPU_SysTickClkFreq(referred from os_cpu_c.o).
Not enough information to list image symbols.
Finished: 1 information,0 warning and 8 error messages.
".\\Objects\\stm32_project.axf"-8 Error(s),0 Warning(s).
Target not created.
```

这几个错误都是由于 os _ cpu _ c. c 文件中引用了未定义的函数导致的。引起此错误有两种情况，一种是函数有实现，但是没有声明，另一种是函数没有实现就直接调用了。这些函数从名字上看是属于用户自定义的钩子函数，这种函数对用户来说是不需要的，所以打开 os _ cpu _ c. c 文件进行修改。

打开 os _ cpu _ c. c 文件后，按照上面编译报错的顺序找到错误的地方，以下仅列出两个错误之处。

错误一

```
#if OS_CPU_HOOKS_EN > 0
void  OSTaskCreateHook(OS_TCB *ptcb)
{
#if OS_APP_HOOKS_EN > 0
    App_TaskCreateHook(ptcb);
#else
    (void)ptcb;                                         /* Prevent compiler warning */
#endif
}
#endif
```

错误二

```
#if OS_CPU_HOOKS_EN > 0 && OS_VERSION >= 251
void  OSTaskIdleHook(void)
{
#if OS_APP_HOOKS_EN > 0
    App_TaskIdleHook();
#endif
}
#endif
```

由以上错误可知其都有一个共同点，所报错的函数都是当宏 OS _ APP _ HOOKS _ EN 的值大于 0 时成立，这样就明白了，也就是如果不需要这个函数，直接把 OS _ APP _ HOOKS _ EN 设置为 0，再编译就可以了，或者把这些函数都直接删除也可以。这个宏在“os _ cfg. h”文件中定义：打开“os _ cfg. h”文件，然后把宏 OS _ APP _ HOOKS _ EN 的值设置为 0。如图 3-3-5 所示。

```
#define OS_APP_HOOKS_EN                    0
```

图 3-3-5　OS _ APP _ HOOKS _ EN 的值设置为 0

修改后，再编译。

这次编译还有一个错误，如下：

```
.\obj\usart1.axf: Error: L6218E: Undefined symbol OS_CPU_SysTickClkFreq(referred from os_cpu_c.o).
```

此错误是由于 os _ cpu _ c. c 文件中引用了未定义的函数 OS _ CPU _ SysTickClkFreq 导致的，所以继续修改这个文件。找到错误的地方，错误代码如图 3-3-6 所示。

根据我们对 STM32 知识的掌握可以知道，这个函数是对 M3 sysTick 定时器的初始化，而这个定时器是 ARM 公司专门设计给操作系统用于产生时钟节拍的，所以根据 systick 定时器的配置方式，可以知道 OS _ CPU _ SysTickClkFreq 函数是获取 CPU 的运行频率，因此把 OS _ CPU _ SysTickClkFreq 直接换成 STM32F10X 系列芯片的 CPU 运行频率就可以了。比如，我们的 CPU 运行在 72M 频率上，则把 OS _ CPU _ Sys

TickClkFreq（）修改成72000000编译即可。但是为了程序的通用性，这里建议不采用这个方案，而采用另外一个方案，即把OS_CPU_SysTickClkFreq（）修改为SystemCoreClock。因为在裸机工程中有配置系统时钟的代码，这些代码中定义了一个变量存放当前系统配置的时钟值，如下所示：

```
#define SYSCLK_FREQ_72MHz  72000000
uint32_t SystemCoreClock     =SYSCLK_FREQ_72MHz;
```

```
void  OS_CPU_SysTickInit (void)
{
    INT32U  cnts;
    cnts = OS_CPU_SysTickClkFreq() / OS_TICKS_PER_SEC;
    OS_CPU_CM3_NVIC_ST_RELOAD = (cnts - 1);
    OS_CPU_CM3_NVIC_ST_CTRL   |= OS_CPU_CM3_NVIC_ST_CTRL_CLK_SRC |
                                 OS_CPU_CM3_NVIC_ST_CTRL_ENABLE;
    OS_CPU_CM3_NVIC_ST_CTRL   |= OS_CPU_CM3_NVIC_ST_CTRL_INTEN;
}
```

图3-3-6　未定义的函数OS_CPU_SysTickClkFreq导致的错误

因此，图3-3-6中的OS_CPU_SysTickClkFreq（）可以用SystemCoreClock替换。由于SystemCoreClock这个变量是定义在system_stm32f10x.c中的，所以在os_cpu_c.c文件中使用要进行声明。添加声明，修改后如图3-3-7所示。

```
extern INT32U SystemCoreClock;  //SystemCoreClock变量的声明
void  OS_CPU_SysTickInit (void)
{
    INT32U  cnts;
    cnts = SystemCoreClock / OS_TICKS_PER_SEC;
    OS_CPU_CM3_NVIC_ST_RELOAD = (cnts - 1);
    OS_CPU_CM3_NVIC_ST_CTRL   |= OS_CPU_CM3_NVIC_ST_CTRL_CLK_SRC |
                                 OS_CPU_CM3_NVIC_ST_CTRL_ENABLE;
    OS_CPU_CM3_NVIC_ST_CTRL   |= OS_CPU_CM3_NVIC_ST_CTRL_INTEN;
}
```

图3-3-7　更改后的OS_CPU_SysTickInit函数

再次进行编译，没有再报错，但是仍不能直接用，还需要进行部分程序的修改。

3.3.6　修改CPU汇编接口函数

在os_cpu_c.c中实现了systick中断服务函数代码。如下：

```
void  OS_CPU_SysTickHandler(void)
{
    CPU_SR_ALLOC();
    CPU_CRITICAL_ENTER();
    OSIntNestingCtr++;
    CPU_CRITICAL_EXIT();
    OSTimeTick();
    OSIntExit();
}
```

注意观察，函数是 OS _ CPU _ SysTickHandler，而工程的 systick 中断服务函数名不是这个，在启动代码文件 startup _ stm32f10x _ hd. s 中定义了 systick 的中断服务函数名为 SysTick _ Handler，如图 3-3-8 所示。

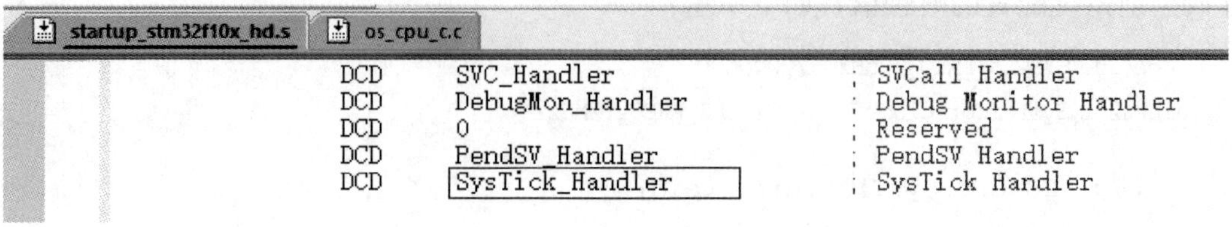
```
startup_stm32f10x_hd.s    os_cpu_c.c
        DCD     SVC_Handler              ; SVCall Handler
        DCD     DebugMon_Handler         ; Debug Monitor Handler
        DCD     0                        ; Reserved
        DCD     PendSV_Handler           ; PendSV Handler
        DCD     SysTick_Handler          ; SysTick Handler
```

图 3-3-8　启动文件定义的 systick 中断服务函数名

由于 STM32 中一个功能不能有两个不同名字的中断服务函数，因此需要把其中一个函数名进行修改。这里选择把启动代码文件 startup _ stm32f10x _ hd. s 中的函数 SysTick _ Handler 更改为 OS _ CPU _ SysTickHandler。还有一个函数名也要做修改，启动文件 startup _ stm32f10x _ hd. s 中的 PendSV _ Handler 这个异常在 STM32 中是用来实现操作系统任务切换功能的，而这个代码的中断服务程序在 μC/OS 官方下载的工程文件 os _ cpu _ a. asm 中也有定义，如下所示：

```
OS_CPU_PendSVHandler
    CPSID   I                                ;Prevent interruption during context switch
    MRS     R0,PSP                           ;PSP is process stack pointer
    CBZ     R0,OS_CPU_PendSVHandler_nosave ;Skip register save the first time

    SUBS    R0,R0,#0x20                      ;Save remaining regs r4－11 on process stack
    STM     R0,{R4－R11}
    LDR     R1,=OSTCBCur                      ;OSTCBCur－>OSTCBStkPtr=SP;
    LDR     R1,[R1]
    STR     R0,[R1]                          ;R0 is SP of process being switched out
                                              ;At this point,entire context of process has been saved
```

接下来，把启动文件 startup _ stm32f10x _ hd. s 中的两个异常处理函数名进行修改，修改后如图 3-3-9 所示。

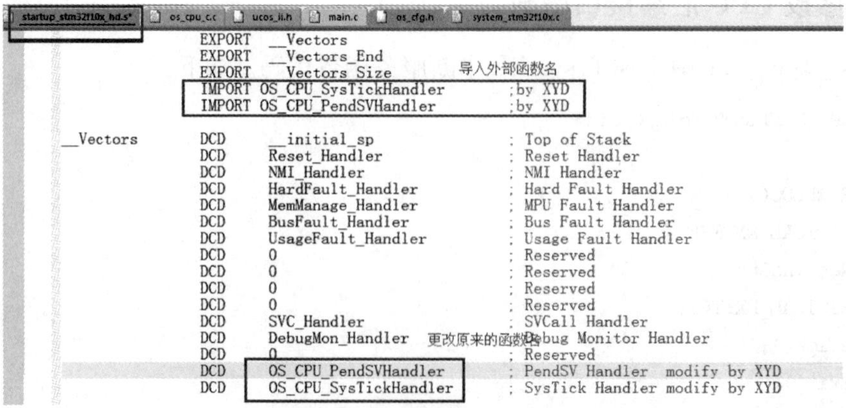
```
startup_stm32f10x_hd.s*   os_cpu_c.c   ucos_ii.h   main.c   os_cfg.h   system_stm32f10x.c
                EXPORT  __Vectors
                EXPORT  __Vectors_End
                EXPORT  __Vectors_Size
                IMPORT  OS_CPU_SysTickHandler            ;by XYD
                IMPORT  OS_CPU_PendSVHandler             ;by XYD

__Vectors       DCD     __initial_sp               ; Top of Stack
                DCD     Reset_Handler              ; Reset Handler
                DCD     NMI_Handler                ; NMI Handler
                DCD     HardFault_Handler          ; Hard Fault Handler
                DCD     MemManage_Handler          ; MPU Fault Handler
                DCD     BusFault_Handler           ; Bus Fault Handler
                DCD     UsageFault_Handler         ; Usage Fault Handler
                DCD     0                          ; Reserved
                DCD     0                          ; Reserved
                DCD     0                          ; Reserved
                DCD     0                          ; Reserved
                DCD     SVC_Handler                ; SVCall Handler
                DCD     DebugMon_Handler           ; Debug Monitor Handler
                DCD     0                          ; Reserved
                DCD     OS_CPU_PendSVHandler       ; PendSV Handler  modify by XYD
                DCD     OS_CPU_SysTickHandler      ; SysTick Handler modify by XYD
```


图 3-3-9　更改后的启动文件

至此，μC/OS-Ⅱ的移植工作基本完成了。

3.3.7 修改 main 函数

（1）在 main. c 文件中添加 μC/OS-Ⅱ头文件，如图 3-3-10 所示。

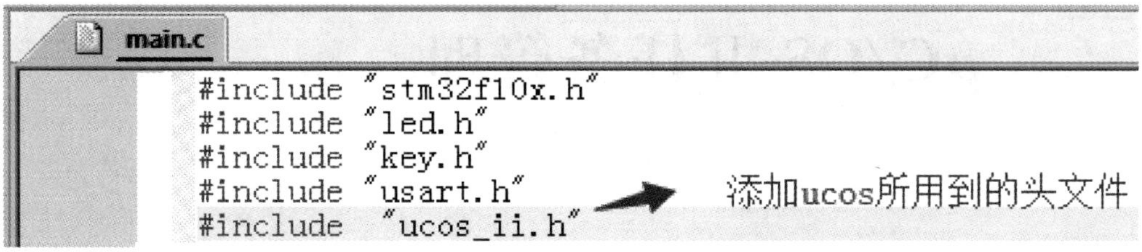

图 3-3-10 在 main. c 文件中添加 μC/OS-Ⅱ头文件

（2）在 main 函数中添加 μC/OS-Ⅱ初始化函数、时钟初始化函数及启动函数，如图 3-3-11所示。

```
int main(void)
{
  LED_Init();
  KEY_Init();
  USART1_Init(9600);
  OSInit();                    //μC/OS-Ⅱ初始化函数
  OS_CPU_SysTickInit();        //μC/OS-Ⅱ时钟初始化函数
  OSStart();                   //μC/OS-Ⅱ启动函数。
}
```

图 3-3-11 main 函数中添加 μC/OS-Ⅱ初始化函数、时钟初始化函数及启动函数

至此，μC/OS-Ⅱ的移植工作完成。

4 μC/OS-Ⅱ任务管理

4.1 μC/OS-Ⅱ任务的创建

μC/OS-Ⅱ操作系统由任务组成，μC/OS-Ⅱ提供了一些任务函数给用户使用，用户可以直接调用 API 函数来实现任务的创建。

在 μC/OS-Ⅱ中，跟任务相关的函数在 os _ task. c 文件中定义。

在使用 μC/OS-Ⅱ的时候要按照一定的顺序初始化并打开 μC/OS-Ⅱ，顺序如下：

（1）调用 OSInit（）初始化 μC/OS-Ⅱ。

（2）创建起始任务，一般在 main（）函数中只创建一个 Start _ Task 任务，其他任务都在 Start _ Task 任务中创建。

（3）调用 OSTaskCreate（）函数创建任务。

（4）调用 OSStart（）函数开启 μC/OS-Ⅱ。

4.2 μC/OS-Ⅱ任务相关函数

4.2.1 OSTaskCreate（）

OSTaskCreate 函数说明如表 4-2-1 所示。

表 4-2-1 OSTaskCreate 函数说明

函数名	OSTaskCreate
函数原型	INT8U OSTaskCreate（void（ * task）（void * p _ arg），void * p _ arg，OS _ STK * ptos，INT8U prio）
功能描述	创建一个新的 μC/OS-Ⅱ任务
输入参数 1	void（ * task）（void * p _ arg）：一个函数指针的定义，指向任务函数
输入参数 2	p _ arg：指向一个数据结构，此结构是用来在创建任务的时候，向任务函数传递的参数
输入参数 3	ptos：指向任务堆栈栈顶的指针。任务堆栈用来保存局部变量、函数参数、返回地址及任务被中断时的 CPU 寄存器内容

续表

输入参数 4	prio：任务的优先级。每个任务都必须有一个唯一的优先级作为任务的标识。数值越小，优先级越高
输出参数	无
返回值	返回如下之一： (1) OS _ ERR _ NONE：任务创建成功； (2) OS _ PRIO _ EXIT：此优先用的任务已经存在； (3) OS _ ERR _ PRIO _ INVALID：设置的优先级大于 OS _ LOWEST _ PRIO； (4) OS _ ERR _ TASK _ CREATE _ ISR：在中断服务函数中创建任务
说明	用户程序中不建议使用优先级 0，1，2，3 以及 OS _ LOWEST _ PRIO−3，OS _ LOWEST _ PRIO−2，OS _ LOWEST _ PRIO−1，OS _ LOWEST _ PRIO。这些优先级，μC/OS 系统保留，其余的 56 个优先级提供给应用程序

OSTaskCreate 函数调用如例 4-2-1 所示。

【例 4-2-1】

```
#define Start_Task_Pro  10          //定义 Start 任务的优先级
#define Start_Stk_Size  128         //定义 Start 任务栈的大小
void Start_Task(void * pdata);  //起始任务的声明
OS_STK Start_Task_Stk[Start_Stk_Size];//定义 Start 任务的任务栈
int main(void)
{
    OSInit();//OS 初始化
    OS_CPU_SysTickInit();      //OS 系统时钟初始化
    OSTaskCreate(Start_Task,NULL,&Start_Task_Stk[Start_Stk_Size-1],Start_Task_Pro);//创建
start 任务
    OSStart();//开启 OS,开启调度,执行任务优先最高的任务
}
void Start_Task(void * pdata)
{
    pdata=pdata;//防止编译出警告,pdata 没有使用
    while(1)
    {
      //任务代码
      OSTimeDly(1000);//延时 1000ms
    }
}
```

4.2.2 OSTaskCreateExt ()

OSTaskCreateExt 函数说明如表 4-2-2 所示。

表 4-2-2 OSTaskCreateExt 函数说明

函数名	OSTaskCreateExt
函数原型	INT8U OSTaskCreateExt (void (* task) (void * p _ arg), void * p _ arg, OS _ STK * ptos, INT8U prio, INT16U id, OS _ STK * pbos, INT32U stk _ size, void * pext, INT16U opt)
功能描述	创建一个新的 μC/OS-Ⅱ任务
输入参数 1	void (* task) (void * p _ arg): 一个函数指针的定义，指向任务函数
输入参数 2	p _ arg: 指向一个数据结构，此结构是用来在创建任务的时候，向任务函数传递的参数
输入参数 3	ptos: 指向任务堆栈栈顶的指针。任务堆栈用来保存局部变量、函数参数、返回地址及任务被中断时的 CPU 寄存器内容
输入参数 4	prio: 任务的优先级。每个任务都必须有一个唯一的优先级作为任务的标识。数值越小，优先级越高
输入参数 5	id: 任务的标识，目前这个参数没有实际的用途，但保留在 OSTaskCreateExt 中供今后扩展，应用程序中可设置 id 与优先级相同
输入参数 6	pbos: 指向堆栈底端的指针。如果初始化常量 OS _ STK _ GROWTH 设为 1，堆栈被设为从内存高地址向低地址增长，此时 pbos 应该指向任务堆栈空间的最低地址；反之，如果 OS _ STK _ GROWTH 设为 0，堆栈将从低地址向高地址增长，pbos 应该指向堆栈空间的最高地址。参数 pbos 用于堆栈检测函数 OSTaskStkChk
输入参数 7	stk _ size: 指定任务堆栈的大小。其单位由 OS _ STK 定义：当 OS _ STK 的类型定义为 INT8U、INT16U、INT32U 的时候，stk _ size 的单位分别为字节 (8 位)、字 (16 位) 和双字 (32 位)
输入参数 8	pext: 用户定义数据结构的指针，可作为 TCB 的扩展。例如，当任务切换时，用户定义的数据结构中可存放浮点寄存器的数值、任务运行时间、任务切入次数等信息
输入参数 9	opt: 存放与任务相关的操作信息。opt 的低 8 位由 μC/OS 保留，用户不能使用。用户可以使用 opt 的高 8 位。每一种操作由 opt 中的一位或几位指定，当相应的位被置位时，表示选择某种操作。μC/OS-Ⅱ版本支持下列操作： (1) OS _ TASK _ OPT _ STK _ CHK: 决定是否进行任务栈检查； (2) OS _ TASK _ OPT _ STK _ CLR: 决定是否清空堆栈； (3) OS _ TASK _ OPT _ SAVE _ FP: 决定是否保存浮点寄存器的数值，此项操作仅当处理器有浮点硬件时有效。保存操作由硬件相关的代码完成
输出参数	无
返回值	返回如下之一： (1) OS _ ERR _ NONE: 任务创建成功； (2) OS _ PRIO _ EXIT: 此优先用的任务已经存在； (3) OS _ ERR _ PRIO _ INVALID: 设置的优先级大于 OS _ LOWEST _ PRIO； (4) OS _ ERR _ TASK _ CREATE _ ISR: 在中断服务函数中创建任务
说明	用户程序中不建议使用优先级 0、1、2、3 以及 OS _ LOWEST _ PRIO－3、OS _ LOWEST _ PRIO－2、OS _ LOWEST _ PRIO－1、OS _ LOWEST _ PRIO。这些优先级，μC/OS 系统保留，其余的 56 个优先级提供给应用程序

OSTaskCreateExt 函数调用如例 4-2-2 所示。

【例 4-2-2】

```
#define Start_Task_Pro   10           //定义 Start 任务的优先级
#define Start_Stk_Size   128        //定义 Start 任务栈的大小
void Start_Task(void * pdata);      //起始任务的声明
OS_STK Start_Task_Stk[Start_Stk_Size];//定义 Start 任务的任务栈
int main(void)
{
    OSInit();                                   //OS 初始化
    OS_CPU_SysTickInit();                       //OS 系统时钟初始化
    OSTaskCreateExt(Start_Task,                 //任务函数
                    NULL,                       //传递给任务参数的实参
                    &Start_Task_Stk[Start_Stk_Size-1],//栈顶的地址
                    Start_Task_Pro,                      //任务优先级
                    Start_Task_Pro,                      //任务 id
                    &Start_Task_Stk[0],                  //栈底的地址
                    Start_Stk_Size,                      //任务栈的大小
                    "my first μC/OS task",               //用户自定义
                    OS_TASK_OPT_STK_CHK                  //允许任务栈检查
                 );
    OSStart();//开启 OS,开启调度,执行任务优先最高的任务。
}
void Start_Task(void * pdata)
{
    pdata=pdata;//防止编译出警告,pdata 没有使用
    while(1)
    {
      OSTimeDly(1000);//延时 1000ms
    }
}
```

4.2.3 OSTaskDel ( )

OSTaskDel 函数说明如表 4-2-3 所示。

表 4-2-3 OSTaskDel 函数说明

函数名	OSTaskDel
函数原型	INT8U OSTaskDel (INT8U prio)
功能描述	删除一个指定优先级的任务
输入参数	prio：要删除的任务优先级，也可以是参数 OS_PRIO_SELF
输出参数	无

续表

返回值	返回如下之一： (1) OS_ERR_NONE：成功删除任务； (2) OS_ERR_TASK_DEL_IDLE：错误操作，试图删除空闲任务； (3) OS_ERR_PRIO_INVALID：优先级大于 OS_LOWEST_PRIO； (4) OS_ERR_TASK_DEL：指定的任务已被删除； (5) OS_ERR_TASK_NOT_EXIST：指定的任务不存在； (6) OS_ERR_TASK_DEL_ISR：错误操作，试图在中断服务函数中删除任务
说明	一个任务可以把自己的优先级传给 OSTaskDel 函数，从而把自己删除。如果一个任务不知道自己的优先级，也可以传递 OS_PRIO_SELF。被删除的任务将回到睡眠状态。一个任务也可以删除其他优先级的任务。当任务被删除之后，只能通过 OSTaskCreate 或 OSTaskCreateExt 重新创建

OSTaskDel 函数调用如例 4-2-3 所示。

【例 4-2-3】

```
void TaskX(void *pdata)
{
    INT8U err;
    while(1)
    {
      err=OSTaskDel(10);        //删除优先级为 10 的任务
      if(err==OS_NO_ERR)
      {
              //任务被删除
      }
    }
}
```

4.2.4 OSTaskDelReq ()

OSTaskDelReq 函数说明如表 4-2-4 所示。

表 4-2-4 OSTaskDelReq 函数说明

函数名	OSTaskDelReq
函数原型	INT8U OSTaskDelReq (INT8U prio)
功能描述	请求一个任务删除自身
输入参数	要删除的任务优先级，也可以是参数 OS_PRIO_SELF
输出参数	无
返回值	返回如下之一： (1) OS_ERR_NONE：删除请求已经被任务记录； (2) OS_ERR_TASK_NOT_EXIST：指定的任务不存在；发送删除请求的任务可以等待此返回值，看删除是否成功； (3) OS_ERR_TASK_DEL：指定的任务已被删除； (4) OS_ERR_TASK_DEL_IDLE：错误操作，试图删除空闲任务； (5) OS_ERR_PRIO_INVALID：参数指定的优先级大于 OS_LOWEST_PRIO 或没有设定 OS_PRIO_SELF 的值； (6) OS_ERR_TASK_DEL_REQ：当前任务收到来自其他任务的删除请求

续表

说明	通常 OSTaskDelReq 用于删除一个占有系统资源的任务（例如任务建立了信号量）。对于此类任务，在删除任务之前应当先释放任务占用的系统资源。具体的做法是：在需要被删除的任务中调用 OSTaskDelReq 检测是否有其他任务的删除请求，如果有，则释放自身占用的资源，然后调用 OSTaskDel 删除自身。例如，假设任务 5 要删除任务 10，而任务 10 占有系统资源，此时任务 5 不能直接调用 OSTaskDel（10）删除任务 10，而应该调用 OSTaskDelReq（10）表示向任务 10 发送删除请求。在任务 10 中调用 OSTaskDelReq（OS_PRIO_SELF），并检测返回值。如果返回 OS_TASK_DEL_REQ，则表明有来自其他任务的删除请求，此时任务 10 应该先释放资源，然后调用 OSTaskDel（OS_PRIO_SELF）删除自己。任务 5 可以循环调用 OSTaskDelReq（10）并检测返回值，如果返回 OS_TASK_NOT_EXIST，表明任务 10 已经被成功删除

OSTaskDelReq 函数调用如例 4-2-4 所示。

【例 4-2-4】

```
void Led_Task(void * pdata)
{
    u8 i;
    pdata=pdata;
    while(1)
    {
        for(i=0;i<5;i++)
        {
            printf("1\\r\\n");
            OSTimeDly(1000);
        }
        if(OSTaskDelReq(OS_PRIO_SELF)==OS_TASK_DEL_REQ)
        {
            //释放任务占用的系统资源
            //释放动态分配的内存
            OSTaskDel(OS_PRIO_SELF);
        }
        OSTimeDly(100);
    }
}
void Key_Task(void * pdata)
{
    INT8U err;
    pdata=pdata;
    while(1)
    {
        if(KEY_Scan(0))//按键按下
        {
            err=OSTaskDelReq(Led_Task_Pro);//请求任务优先级为 Led_Task_Pro 的任务
            if(err==OS_NO_ERR)
```

```
            {
                err=OSTaskDelReq(Led_Task_Pro);
                while(err ! =OS_TASK_NOT_EXIST)
                {
                    OSTimeDly(1);//等待任务删除
                }
                //任务优先级为 Led_Task_Pro 已被删除
            }
        }
        OSTimeDly(100);
    }
}
```

4.2.5 OSTaskSuspend ()

OSTaskSuspend 函数说明如表 4-2-5 所示。

表 4-2-5 OSTaskSuspend 函数说明

函数名	OSTaskSuspend
函数原型	INT8U OSTaskSuspend (INT8U prio)
功能描述	无条件挂起一个任务，调用此函数也可以挂起任务本身
输入参数	prio：需要挂起的任务优先级，也可以是参数 OS _ PRIO _ SELF，如果是 OS _ PRIO _ SELF，说明任务挂起的是任务本身
输出参数	无
返回值	返回如下之一： (1) OS _ ERR _ NONE：任务被成功挂起； (2) OS _ ERR _ TASK _ SUSPEND _ IDLE：错误操作，试图挂起空闲任务； (3) OS _ ERR _ PRIO _ INVALID：优先级大或等于 OS _ LOWEST _ PRIO； (4) OS _ ERR _ TASK _ SUSPEND _ PRIO：试图挂起的任务不存在； (5) OS _ ERR _ TASK _ NOT _ EXITS：指定的任务没有创建或已被删除
说明	如果一个任务被挂起了，那么这个任务就会处于等待状态，不参与任务的调度，说明此任务不会再次被执行。当任务被挂起后，操作系统会重新进行任务的调度，运行下一个优先级最高的任务。如果想再次运行被挂起的任务，可以用唤醒任务函数 OSTaskResume 进行任务的唤醒

OSTaskSuspend 函数调用如例 4-2-5 所示。

【例 4-2-5】

```
void TaskX(void * pdata)
{
  INT8U err;
  while(1)
  {
```

```
    err=OSTaskSuspend(OS_PRIO_SELF);//挂起当前任务
    //当其他任务唤醒被挂起任务时,任务可继续运行
  }
}
```

4.2.6 OSTaskResume ()

OSTaskResume 函数说明如表 4-2-6 所示。

表 4-2-6 OSTaskResume 函数说明

函数名	OSTaskResume
函数原型	INT8U OSTaskResume (INT8U prio)
功能描述	唤醒 OSTaskSuspend 函数挂起的任务
输入参数	prio：唤醒任务的优先级
输出参数	无
返回值	返回如下之一： (1) OS_ERR_NONE：任务被成功唤醒； (2) OS_ERR_PRIO_INVALID：优先级大于或等于 OS_LOWEST_PRIO； (3) OS_ERR_TASK_RESUME_PRIO：试图唤醒的任务不存在； (4) OS_ERR_TASK_NOT_EXIST：指定的任务没有创建或已被删除； (5) OS_ERR_TASK_NOT_SUSPENDED：任务不在挂起状态
说明	无

OSTaskResume 函数调用如例 4-2-6 所示。

【例 4-2-6】

```
void TaskX(void * pdata)
{
  INT8U err;
  while(1)
  {
      err=OSTaskResume(10);//唤醒优先级为 10 的任务
      if(err==OS_ERR_NONE)
      {
        //任务被唤醒
      }
  }
}
```

4.2.7 OSTaskChangePrio ()

OSTaskChangePrio 函数说明如表 4-2-7 所示。

表 4-2-7　OSTaskChangePrio 函数说明

函数名	OSTaskChangePrio
函数原型	INT8U OSTaskChangePrio（INT8U oldprio，INT8U newprio）
功能描述	改变任务的优先级
输入参数 1	oldprio：任务原来的优先级
输入参数 2	newprio：任务新的优先级
输出参数	无
返回值	返回如下之一： （1）OS_ERR_NONE：更改成功； （2）OS_ERR_PRIO_INVALID：优先级大于或等于 OS_LOWEST_PRIO； （3）OS_ERR_PRIO_EXIST：新的优先级已经被设置； （4）OS_ERR_PRIO：原来的优先级不存在； （5）OS_ERR_TASK_NOT_EXIST：指定的任务没有创建或已被删除
说明	无

OSTaskChangePrio 函数调用如例 4-2-7 所示。

【例 4-2-7】

```
void TaskX(void *data)
{
    INT8U err;
    while(1)
    {
        err=OSTaskChangePrio(10,15);
        if(err==OS_ERR_NONE)
        {
            //更改成功
        }
    }
}
```

4.2.8　OSTaskStkChk（）

OSTaskStkChk 函数说明如表 4-2-8 所示。

表 4-2-8 OSTaskStkChk 函数说明

函数名	OSTaskStkChk
函数原型	INT8U OSTaskStkChk（INT8U prio，OS_STK_DATA *p_stk_data）
功能描述	检查任务堆栈状态，计算指定任务堆栈中的未用空间和已用空间
输入参数	prio：要获取堆栈信息的任务优先级，参数为 OS_PRIO_SELF 则表示获取任务本身的堆栈状态
输出参数	p_stk_data：指向一个类型为 OS_STK_DATA 的数据结构，该结构包含 OSFree 和 OSUsed

续表

返回值	返回如下之一： （1）OS _ ERR _ NONE：函数调用成功； （2）OS _ ERR _ PRIO _ INVALID：参数指定的优先级大于 OS _ LOWEST _ PRIO，或未指定 OS _ PRIO _ SELF； （3）OS _ ERR _ TASK _ NOT _ EXIST：指定的任务不存在； （4）OS _ ERR _ TASK _ OPT：任务用 OSTaskCreateExt 函数建立的时候没有指定 OS _ TASK _ OPT _ STK _ CHK 操作，或者任务是用 OSTaskCreate 函数建立的； （5）OS _ ERR _ PDATA _ NULL：数据指针为空
说明	使用 OSTaskStkChk 函数要求所检查的任务是被 OSTaskCreateExt 函数建立的，且用 opt 参数中 OS _ TASK _ OPT _ STK _ CHK 操作项打开

计算堆栈使用空间的方法是从堆栈底端向顶端逐个字节比较，检查堆栈中 0 的个数，直到一个非 0 的数值出现。这种方法的前提是堆栈建立时已经全部清零。要实现清零操作，需要在任务建立初始化堆栈时设置 OS _ TASK _ OPT _ STK _ CLR 为 1。如果应用程序在初始化时已经将全部 RAM 清零，且不进行任务删除操作，也可以设置 OS _ TASK _ OPT _ STK _ CLR 为 0，这将加快 OSTaskCreateExt 函数的执行速度。

OS _ STK _ DATA 的数据结构包含如下信息：

```
INT32U OSFree;//堆栈中未使用的字节数
INT32U OSUsed;//堆栈中已使用的字节数
```

OSTaskStkChk 函数调用如例 4-2-8 所示。

【例 4-2-8】

```
void Task(void * pdata)
{
    OS_STK_DATA stk_data;
    INT32U stk_size;
    while(1)
    {
        err=OSTaskStkChk(10,&stk_data);
        if(err==OS_NO_ERR)
        {
            stk_size=stk_data.OSFree + stk_data.OSUsed;
        }
    }
}
```

4.2.9 OSTaskQuery ()

OSTaskQuery 函数说明如表 4-2-9 所示。

表 4-2-9 OSTaskQuery 函数说明

函数名	OSTaskQuery
函数原型	INT8U OSTaskQuery（INT8U prio，OS _ TCB * p _ task _ data）
功能描述	获取任务的相关信息
输入参数	prio：要获取任务相关信息的任务优先级。参数为 OS _ PRIO _ SELF 则表示获取任务本身的信息
输出参数	p _ task _ data，指向一个类型为 OS _ TCB 的数据结构，其包含任务控制块的拷贝信息
返回值	返回如下之一： （1）OS _ ERR _ NONE：获取成功； （2）OS _ ERR _ PRIO _ INVALID：指定的优先级比 OS _ LOWEST _ PRIO 高； （3）OS _ ERR _ PRIO：试图获得一个无效的任务信息； （4）OS _ ERR _ TASK _ NOT _ EXIST：任务被分配到一互斥 PIP； （5）OS _ ERR _ PDATA _ NULL：p _ task data 是一个空指针
说明	（1）应用程序必须用分配的 OS _ TCB 数据结构来获得所需的任务控制块的信息； （2）在访问 OS _ TCB 结构的时候，特别是 OSTCBNext 和 OSTCBPrev 的内容，它们指向下一个和以前 OS _ TCB 的任务链，所以必须小心使用

OSTaskQuery 函数调用如例 4-2-9 所示。

【例 4-2-9】

```
void Task(void *p_arg)
{
    OS_TCB task_data;
    INT8U err;
    void *pext;
    INT8U status;
    p_arg=p_arg;
    while(1)
    {
        //... 用户代码
        err=OSTaskQuery(OS_PRIO_SELF,&task_data);
        if(err==OS_ERR_NONE)
        {
            pext=task_data.OSTCBExtPtr;/* Get TCB extension pointer */
            status=task_data.OSTCBStat;/* Get task status */
            //... 用户代码
        }
        //... 用户代码
    }
}
```

4.2.10 OSTaskNameGet ()

OSTaskNameGet 函数说明如表 4-2-10 所示。

表 4-2-10 OSTaskNameGet 函数说明

函数名	OSTaskNameGet
函数原型	INT8U OSTaskNameGet (INT8U prio, INT8U * pname, INT8U * perr)
功能描述	获取指定优先级任务的名称
输入参数	prio：需要获取任务名称的任务优先级，参数为 OS_PRIO_SELF 则表示获取当前任务的名称
输出参数 1	pname：指向包含该任务名称的 ASCII 字符串
输出参数 2	perr：指向错误代码变量的指针，其值如下之一： (1) OS_ERR_NONE：获取成功； (2) OS_ERR_TASK_NOT_EXIST：指定的任务没有创建或已被删除； (3) OS_ERR_PRIO_INVALID：指定了一个无效的优先级； (4) OS_ERR_PNAME_NULL：参数 pname 传递了一个 NULL 指针； (5) OS_ERR_NAME_GET_ISR：尝试从 ISR 调用此功能，不允许
返回值	(1) 大于 0，表示任务名字所占字节数的长度； (2) 等于 0，表示任务不存在
说明	无

OSTaskNameGet 函数调用如例 4-2-10 所示。

【例 4-2-10】

```
INT8U * EngineTaskName;//存放名字字符串指针
void Task(void * p_arg)
{
    INT8U err;
    INT8U len;//存放任务名的长度
    p_arg=p_arg;
    while(1)
    {
        //用户代码
        len=OSTaskNameGet(OS_PRIO_SELF,&EngineTaskName,&err);
    }
}
```

4.2.11 OSTaskNameSet ()

OSTaskNameSet 函数说明如表 4-2-11 所示。

表 4-2-11　OSTaskNameSet 函数说明

函数名	OSTaskNameSet
函数原型	void OSTaskNameSet (INT8U prio，INT8U ＊pname，INT8U ＊perr)
功能描述	设置指定优先级任务的名称
输入参数 1	prio：需要设置任务名称的任务优先级，参数为 OS _ PRIO _ SELF 则表示设置当前任务的名称
输入参数 2	pname：指向包含该任务名称的 ASCII 字符串
输出参数 2	perr：指向错误代码变量的指针，其值如下之一： (1) OS _ ERR _ NONE：设置成功； (2) OS _ ERR _ TASK _ NOT _ EXIST：指定的任务没有创建或已被删除； (3) OS _ ERR _ PNAME _ NULL：参数 pname 指向 NULL 指针； (4) OS _ ERR _ NAME _ SET _ ISR：在 ISR 使用本函数，不允许； (5) OS _ ERR _ PRIO _ INVALID：指定了无效的优先级
返回值	无
说明	无

OSTaskNameSet 函数调用如例 4-2-11 所示。

【例 4-2-11】

```
void Task(void ＊p_arg)
{
    INT8U err;
    p_arg=p_arg;
    while(1)
    {
        OSTaskNameSet(OS_PRIO_SELF,"XYDTask",&err);//表示设置任务本身
        //用户代码
    }
}
```

4.2.12　OSStart ()

OSStart 函数说明如表 4-2-12 所示。

表 4-2-12　OSStart 函数说明

函数名	OSStart
函数原型	void OSStart (void)
功能描述	启动 μC/OS-Ⅱ的多任务环境
输入参数	无
输出参数	无
返回值	无
说明	(1) 在调用 OSStart 之前必须先调用 OSInit； (2) 在用户程序中 OSStart 只能被调用一次，第二次调用 OSStart 将不进行任何操作

OSStart 函数调用如例 4-2-12 所示。

【例 4-2-12】

```
void main(void)
{
    //用户代码
    OSInit();//初始化 μC/OS-Ⅱ
    //用户代码
    OSStart();//启动多任务内核
}
```

4.3 μC/OS-Ⅱ延时函数

4.3.1 OSTimeDly ()

OSTimeDly 函数说明如表 4-3-1 所示。

表 4-3-1 OSTimeDly 函数说明

函数名	OSTimeDly
函数原型	void OSTimeDly (INT16U ticks)
功能描述	将一个任务延时若干个时钟节拍
输入参数	ticks：心跳节拍，一个心跳节拍的时间，延时时间从 0 到 65536。一个心跳节拍有多长时间，由 os_cfg.h 中的宏 OS_TICKS_PER_SEC 来决定。假设 #define OS_TICKS_PER_SEC 1000 表示把 1s 的时间分为 1000 个心跳节拍，所以一个心跳节拍的时间为 1ms
输出参数	无
返回值	无
说明	(1) 延时时间大于 0，表示系统将立即进行任务调度，延时时间的长度可从 0 到 65535 个时钟节拍； (2) 延时时间等于 0，表示不进行延时，函数将立即返回调用者

OSTimeDly 函数调用如例 4-3-1 所示。

【例 4-3-1】

```
void TaskX(void * pdata)
{
    while(1)
    {
        OSTimeDly(10);//任务延时 10 个时钟节拍
    }
}
```

4.3.2 OSTimeDlyHMSM ()

OSTimeDlyHMSM 函数说明如表 4-3-2 所示。

表 4-3-2　OSTimeDlyHMSM 函数说明

函数名	OSTimeDlyHMSM
函数原型	INT8U OSTimeDlyHMSM（INT8U hours，INT8U minutes，INT8U seconds，INT16U ms）
功能描述	将一个任务延时若干时间，延时的单位是小时、分、秒、毫秒
输入参数 1	hours：延时小时数，范围从 0～255
输入参数 2	minutes：延时分钟数，范围从 0～59
输入参数 3	seconds：延时秒数，范围从 0～59
输入参数 4	ms：延时毫秒数，范围从 0～999
输出参数	无
返回值	返回如下之一： （1）OS_ERR_NONE：函数调用成功； （2）OS_ERR_TIME_INVALID_MINUTES：参数错误，分钟数大于 59； （3）OS_ERR_TIME_INVALID_SECONDS：参数错误，秒数大于 59； （4）OS_ERR_TIME_INVALID_MS：参数错误，毫秒数大于 999； （5）OS_ERR_TIME_ZERO_DLY：四个参数全为 0； （6）OS_ERR_TIME_DLY_ISR：错误操作，在中断服务函数中使作
说明	调用 OSTimeDlyHMSM 后，如果延时时间不为 0，系统将立即进行任务调度。如果延时总时间超过 65535 个时钟节拍，将不能用 OSTimeDlyResume 函数终止延时并唤醒任务

OSTimeDlyHMSM 函数调用如例 4-3-2 所示。

【例 4-3-2】

```
void TaskX(void * pdata)
{
    while(1)
    {
        OSTimeDlyHMSM(0,0,0,100);//任务延时 100ms
    }
}
```

4.3.3　OSTimeDlyResume（）

OSTimeDlyResume 函数说明如表 4-3-3 所示。

表 4-3-3　OSTimeDlyResume 函数说明

函数名	OSTimeDlyResume
函数原型	INT8U OSTimeDlyResume（INT8U prio）
功能描述	唤醒一个用 OSTimeDly 或 OSTimeDlyHMSM 函数延时的任务
输入参数	prio：指定要唤醒任务的优先级
输出参数	无

续表

返回值	返回如下之一： (1) OS _ ERR _ NONE：函数调用成功； (2) OS _ PRIO _ INVALID：参数指定的优先级大于 OS _ LOWEST _ PRIO； (3) OS _ TIME _ NOT _ DLY：要唤醒的任务不在延时状态； (4) OS _ TASK _ NOT _ EXIST：指定的任务不存在
说明	用户不应该用 OSTimeDlyResume 去唤醒一个设置了等待超时操作，并且正在等待事件发生的任务。操作的结果是使该任务结束等待，除非的确希望这么做。OSTimeDlyResume 函数不能唤醒一个用 OSTimeDlyHMSM 延时且延时时间总计超过 65535 个时钟节拍的任务。例如，如果系统时钟节拍为 100Hz，OSTimeDlyResume 不能唤醒延时 OSTimeDlyHMSM（0，10，55，350）或更长时间的任务

OSTimeDlyResume 函数调用如例 4-3-3 所示。

【例 4-3-3】

```
void TaskX(void * pdata)
{
    INT8U err;
    pdata=pdata;
    while(1)
    {
        err=OSTimeDlyResume(10);//唤醒优先级为 10 的任务
        if(err==OS_NO_ERR)
        {
            //任务被唤醒
        }
    }
}
```

4.4 μC/OS-Ⅱ任务管理的编程思想

1. 任务的创建与删除

设计 3 个任务，任务 Start 用于创建其他任务，任务 LED 执行 LED 灯的闪烁，并记录任务执行的次数，通过串口显示任务执行的次数。任务 KEY 的功能是扫描按键，当按键按下时删除任务 LED。

2. 任务的挂起与唤醒

设计 3 个任务，任务 Start 用于创建其他任务，任务 LED 执行 LED 灯的闪烁，并记录任务执行的次数，通过串口显示任务执行的次数。任务 KEY 的功能是扫描按键，当 up 键按下时挂起任务 LED，当 down 键按下时挂起唤醒任务 LED。

3. 任务优先级的改变

设计 3 个任务，任务 Start 用于创建其他任务，任务 LED 执行 LED 灯的闪烁，并记录任务执行的次数，通过串口显示任务执行的次数。任务 KEY 的功能是扫描按键，当按键按下时改变任务 LED 的优先级，并在串口上显示改变成功还是失败。

4.5 μC/OS-Ⅱ任务管理的编程示例

本实验部分源码如下，完整的工程详见工程示例代码。

1. 任务的创建

设计一个任务，在 main. c 中创建主任务 Start _ Task，并且在里面执行 LED 灯的闪烁，并记录任务执行的次数，通过串口显示任务的执行次数。Start _ Task 任务函数在 ucos-task. c 中，代码如下：

```
//创建 start 任务
#define STARTTASKPRO 20                        //设置 START 任务优先级
static  OS_STK      StartTaskStk[256];         //定义 START 任务栈的大小
void StartTask(void *p_arg);                   //任务的声明

OSTaskCreate(Start_Task,                              //任务函数
            NULL,                                     //传递给任务函数的实参
            &Start_Task_Stk[Start_Stk_Size-1],//任务堆栈栈顶的地址
            Start_Task_Pro);                          //任务优先级
int main()
{
    Delay_Init(84);
    OSInit();// ucos 初始化
    OSTaskCreate( Start_Task,                //任务函数
                 "XYD",                      //传递给任务函数的实参
                 &StartTaskStk[256-1],       //任务栈栈顶,入栈--出栈
                 STARTTASKPRO);              //任务优先级 最大为 62,μc/os II 最大的任务数为 64 个
    OSStart();  //启动 ucos

    while(1)/* Should Never Get Here. 这里的程序不会执行 */
      {
          ;
      }
}

//start 任务执行的内容
void Start_Task(void *p_arg)
{
    INT8U cnt=0;//记录任务执行的次数
    p_arg=p_arg;//防止编译时出现警告,警告变量 p_arg 没有使用
    while(1)
    {
        //LED1=! LED1;
        cnt++;//任务次数自增
```

```
        printf("任务执行的次数为：%d次\\r\\n",cnt);
        OSTimeDly(1000);//延时1000个心跳节拍
    }
}
```

2. 任务的创建和删除

设计3个任务，任务Start用于创建其他任务，任务LED执行LED灯的闪烁，并记录任务执行的次数，通过串口显示任务执行的次数。任务KEY的功能是扫描按键，当按键按下时删除任务LED。

```
//创建任务
#define STARTTASKPRO   20                        //设置START任务优先级
static  OS_STK       StartTaskStk[256];          //定义START任务栈的大小
void Start_Task(void *p_arg);                    //任务的声明

#define KEYTASKPRO    10                         //设置KEY任务优先级
static  OS_STK       KeyTaskStk[256];            //定义KEY任务栈的大小
void Key_Task(void *p_arg);                      //任务的声明

#define LED1TASKPRO   12                         //设置LED1任务优先级
static  OS_STK       LED1TaskStk[256];           //定义LED1任务栈的大小
void Led1_Task(void *p_arg);                     //任务的声明

#define LED2TASKPRO   14                         //设置LED2任务优先级
static  OS_STK       LED2TaskStk[256];           //定义LED2任务栈的大小
void Led2_Task(void *p_arg);                     //任务的声明

int main()
{
    Delay_Init(84);//系统滴答初始化
    Led_Init();//LED初始化
    Key_Init();//按键初始化
    OSInit();// ucos初始化
    OSTaskCreate( Start_Task,                  //任务函数
                               "XYD",                        //传递给任务函数的实参
                               &StartTaskStk[256-1],//任务栈栈顶,入栈——出栈
                               STARTTASKPRO);//任务优先级 最大为62,μc/os II最大的任务数为
64个
    OSTaskCreate( Key_Task,                    //任务函数
                               "XYD",                        //传递给任务函数的实参
                               &KeyTaskStk[256-1],//任务栈栈顶,入栈——出栈
                               KEYTASKPRO);//任务优先级 最大为62,μc/os II最大的任务数为64个
    OSTaskCreate( Led1_Task,                   //任务函数
                               "XYD",                        //传递给任务函数的实参
```

```
                        &KeyTaskStk[256-1],//任务栈栈顶,入栈——出栈
                        LED1TASKPRO);//任务优先级 最大为 62,μc/os II 最大的任务数为 64 个
    OSTaskCreate( Led2_Task,          //任务函数
                        "XYD",                //传递给任务函数的实参
                        &KeyTaskStk[256-1],//任务栈栈顶,入栈——出栈
                        LED2TASKPRO);//任务优先级 最大为 62,μc/os II 最大的任务数为 64 个
    OSStart();  //启动 ucos
    while(1)/ * Should Never Get Here. 这里的程序不会执行 * /
    {
        ;
    }
}
//任务函数——起始任务
void Start_Task(void * p_arg)
{
    OSTaskCreate( Key_Task,"XYD",  &KeyTaskStk[256-1],KEYTASKPRO);
    OSTaskCreate(Led1_Task,"XYD",  &LED1TaskStk[256-1],LED1TASKPRO);
    OSTaskCreate(Led2_Task,"XYD",  &LED2TaskStk[256-1],LED2TASKPRO);
    OSTaskSuspend(LED2TASKPRO);        //挂起 LED2 任务
    OSTaskSuspend(OS_PRIO_SELF);//挂起自己
}

//任务 1 的任务函数
void Led1_Task(void * p_arg)
{
    INT8U cnt=0;//记录任务执行的次数
    p_arg=p_arg;
    while(1)
    {
        LED1=! LED1;
        cnt++;//任务次数自增
        printf("任务执行的次数为: %d 次\\r\\n",cnt);
        OSTimeDly(1000);//延时 1000 个心跳节拍
    }
}
//任务 2 的任务函数
void Key_Task(void * p_arg)
{
    u8 key ;
    p_arg=p_arg;
    while(1)
    {
        key=KEY_Scan(0);//按键扫描
```

```
        if(key==up_press)   //up 这个按键下
        {
            err=OSTaskDel(LED1TASKPRO);// /删除优先级为 LED1TASKPRO 的任务
            if(err==OS_NO_ERR)
              {
                printf("任务删除成功");
              }
            else printf("任务删除失败");
        }
            OSTimeDly(100);//延时 100 个心跳节拍
        }
}
```

3. 任务的挂起与唤醒

设计 3 个任务，主任务 Start 用于创建其他任务，任务 LED 执行 LED 灯的闪烁，并记录任务执行的次数，通过串口显示任务执行的次数。任务 KEY 的功能是扫描按键，当 up 键按下时挂起任务 LED，当 down 键按下时挂起唤醒任务 LED。代码如下：

```
//创建任务
#define STARTTASKPRO   20                       //设置 START 任务优先级
static   OS_STK        StartTaskStk[256];       //定义 START 任务栈的大小
void Start_Task(void *p_arg);                   //任务的声明

#define KEYTASKPRO      10                      //设置 KEY 任务优先级
static   OS_STK        KeyTaskStk[256];         //定义 KEY 任务栈的大小
void Key_Task(void *p_arg);                     //任务的声明

#define LED1TASKPRO   12   /                    /设置 LED1 任务优先级
static   OS_STK        LED1TaskStk[256];        //定义 LED1 任务栈的大小
void Led1_Task(void *p_arg);                    //任务的声明

#define LED2TASKPRO   14                        //设置 LED2 任务优先级
static   OS_STK        LED2TaskStk[256];        //定义 LED2 任务栈的大小
void Led2_Task(void *p_arg);                    //任务的声明

int main()
{
    Delay_Init(84);//系统滴答初始化
    Led_Init();//LED 初始化
    Key_Init();//按键初始化
    OSInit();// ucos 初始化
    OSTaskCreate( Start_Task,              //任务函数
                          "XYD",                      //传递给任务函数的实参
                          &StartTaskStk[256-1],//任务栈栈顶,入栈——出栈
```

```
                        STARTTASKPRO);//任务优先级 最大为 62,μc/os II 最大的任务数为
64 个
    OSTaskCreate( Key_Task,             //任务函数
                        "XYD",                      //传递给任务函数的实参
                        &KeyTaskStk[256－1],//任务栈栈顶,入栈——出栈
                        KEYTASKPRO);//任务优先级 最大为 62,μc/os II 最大的任务数为 64 个
    OSTaskCreate( LED1_Task,            //任务函数
                        "XYD",                      //传递给任务函数的实参
                        &KeyTaskStk[256－1],//任务栈栈顶,入栈——出栈
                        LED1TASKPRO);//任务优先级 最大为 62,μc/os II 最大的任务数为 64 个
    OSTaskCreate( LED2_Task,            //任务函数
                        "XYD",                      //传递给任务函数的实参
                        &KeyTaskStk[256－1],//任务栈栈顶,入栈——出栈
                        LED2TASKPRO);//任务优先级 最大为 62,μc/os II 最大的任务数为 64 个
    OSStart(); //启动 ucos
    while(1)/＊ Should Never Get Here. 这里的程序不会执行 ＊/
    {
        ;
    }
}
//任务函数——起始任务
void Start_Task(void ＊p_arg)
{
    OSTaskCreate( Key_Task,"XYD",  &KeyTaskStk[256－1],KEYTASKPRO);
    OSTaskCreate(Led1_Task,"XYD",  &LED1TaskStk[256－1],LED1TASKPRO);
    OSTaskCreate(Led2_Task,"XYD",  &LED2TaskStk[256－1],LED2TASKPRO);
    OSTaskSuspend(LED2TASKPRO);         //挂起 LED2 任务
    OSTaskSuspend(OS_PRIO_SELF);//挂起自己
}

//任务 1 的任务函数
void Led1_Task(void ＊p_arg)
{
    INT8U cnt＝0;//记录任务执行的次数
    p_arg＝p_arg;
    while(1)
    {
        LED1＝! LED1;
        cnt＋＋;//任务次数自增
        printf("任务执行的次数为: %d 次\\r\\n",cnt);
        OSTimeDly(1000);//延时 1000 个心跳节拍
        //if(cnt＝＝5)
```

```
        //{
            //OSTaskSuspend(LED1TASKPRO);//挂起任务优先级为 LED1TASKPRO 的任务
            //OSTaskSuspend(OS_PRIO_SELF);//挂起自己
        //}
    }
}
//任务 2 的任务函数
void Key_Task(void *p_arg)
{
    u8 key ;
    p_arg=p_arg;
    while(1)
    {
        key=KEY_Scan(0);//按键扫描
        if(key==up_press)  //up 这个按键下
        {
            OSTaskSuspend(LED1TASKPRO);  //挂起任务优先级为 LED1TASKPRO 的任务
        }
        else if(key==down_press)    //down 按键按下
        {
            OSTaskResume(LED1TASKPRO);  //唤醒任务优先级为 LED1TASKPRO 的任务
        }
            OSTimeDly(100);//延时 100 个心跳节拍
        }
}
```

4. 任务优先级的改变

设计 3 个任务，任务 Start 用于创建其他任务，任务 LED 执行 LED 灯的闪烁，并记录任务执行的次数，通过串口显示任务执行的次数。任务 KEY 的功能是扫描按键，当按键按下时改变任务 LED 的优先级，并在串口上显示改变成功还是失败。

```
//创建任务
#define STARTTASKPRO  20                    //设置 START 任务优先级
static  OS_STK      StartTaskStk[256];      //定义 START 任务栈的大小
void Start_Task(void *p_arg);               //任务的声明

#define KEYTASKPRO    10                    //设置 KEY 任务优先级
static  OS_STK      KeyTaskStk[256];        //定义 KEY 任务栈的大小
void Key_Task(void *p_arg);                 //任务的声明

#define LED1TASKPRO  12                     //设置 LED1 任务优先级
static  OS_STK      LED1TaskStk[256];       //定义 LED1 任务栈的大小
void Led1_Task(void *p_arg);                //任务的声明
```

```
#define LED2TASKPRO  14                              //设置LED2任务优先级
static  OS_STK    LED2TaskStk[256];                  //定义LED2任务栈的大小
void Led2_Task(void * p_arg);                        //任务的声明

int main()
{
    Delay_Init(84);//系统滴答初始化
    Led_Init();//LED初始化
    Key_Init();//按键初始化
    OSInit();// ucos初始化
    OSTaskCreate( Start_Task,                   //任务函数
                          "XYD",                       //传递给任务函数的实参
                          &StartTaskStk[256-1],//任务栈栈顶,入栈——出栈
                          STARTTASKPRO);//任务优先级 最大为62,μc/os II最大的任务数为
64个
    OSTaskCreate( Key_Task,                     //任务函数
                          "XYD",                       //传递给任务函数的实参
                          &KeyTaskStk[256-1],//任务栈栈顶,入栈——出栈
                          KEYTASKPRO);//任务优先级 最大为62,μc/os II最大的任务数为
64个
    OSTaskCreate( Led1_Task,                    //任务函数
                          "XYD",                       //传递给任务函数的实参
                          &KeyTaskStk[256-1],//任务栈栈顶,入栈——出栈
                          LED1TASKPRO);//任务优先级 最大为62,μc/os II最大的任务数为64个
    OSTaskCreate( Led2_Task,                    //任务函数
                          "XYD",                       //传递给任务函数的实参
                          &KeyTaskStk[256-1],//任务栈栈顶,入栈——出栈
                          LED2TASKPRO);//任务优先级 最大为62,μc/os II最大的任务数为64个
    OSStart();  //启动ucos
    while(1)/ * Should Never Get Here. 这里的程序不会执行 * /
    {
        ;
    }
}
//任务函数——起始任务
void Start_Task(void * p_arg)
{
    OSTaskCreate( Key_Task,"XYD",  &KeyTaskStk[256-1],KEYTASKPRO);
    OSTaskCreate(Led1_Task,"XYD",  &LED1TaskStk[256-1],LED1TASKPRO);
    OSTaskCreate(Led2_Task,"XYD",  &LED2TaskStk[256-1],LED2TASKPRO);
    OSTaskSuspend(LED2TASKPRO);            //挂起LED2任务
    OSTaskSuspend(OS_PRIO_SELF);//挂起自己
```

```
}

//任务 1 的任务函数
void Led_Task(void *p_arg)
{
    INT8U cnt=0;//记录任务执行的次数
    p_arg=p_arg;
    while(1)
    {
        LED1=! LED1;
        cnt++;//任务次数自增
        printf("任务执行的次数为：%d 次\\r\\n",cnt);
        OSTimeDly(1000);//延时 1000 个心跳节拍
    }
}
//任务 2 的任务函数
void Key_Task(void *p_arg)
{
u8 key;
u8 err;
p_arg=p_arg;
while(1)
{
    key=Key_Scan();  //按键扫描
    if(key==up_press)  //up 这个按键下
    {
        err=OSTaskChangePrio(LED1TASKPRO,15);//修改 LED 任务优先级
        if(err==OS_ERR_NONE)//判定 LED 任务优先级是否修改成功
        {
                printf("LED 任务优先级修改成功");
        }
        else  printf("LED 任务优先级修改失败");
    }
    OSTimeDly(100);
    }
}
```

5. 代码检查

```
#define STARTTASKPRO 20
static  OS_STK      StartTaskStk[256];
void StartTask(void *p_arg);

#define KEYTASKPRO  10
```

```
static  OS_STK      KeyTaskStk[256];
void KeyTask(void * p_arg);
int main()
{
    NVIC_PriorityGroupConfig(NVIC_PriorityGroup_2);//设置系统中断优先级分组 2
    Delay_Init(84);
    Usart1_Init(115200);
    Usart2_Init(115200);
    Led_Init();
    Key_Init();
    OS_CPU_SysTickInit(84000000/OS_TICKS_PER_SEC);//1ms 进一次中断
    OSInit();// ucos 初始化
    OSTaskCreate( StartTask,                    //任务函数
                        "XYD",                          //传递给任务函数的实参
                        &StartTaskStk[256-1],//任务栈栈顶,入栈——出栈
                        STARTTASKPRO);//任务优先级 最大为 62,μc/os II 最大的任务数为
64 个
ucos III(N)
    OSTaskCreate( KeyTask,                      //任务函数
                        "XYD",                          //传递给任务函数的实参
                        &KeyTaskStk[256-1],//任务栈栈顶,入栈——出栈
                        KEYTASKPRO);//任务优先级 最大为 62,μc/os II 最大的任务数为
64 个
ucos III(N)
    OSStart();  //启动 ucos
    while(1)/* Should Never Get Here. 这里的程序不会执行 */
    {
        ;
    }
}

//任务函数——起始任务
void StartTask(void * p_arg)
{
    static u8 cnt=0;
    printf("startTask\r\n");
    printf("p_arg: %s\r\n",p_arg);

  while(1)
    {
        printf("hello world! \r\n");
        cnt++;
        #if 1
```

```
        if(cnt==10)
            //OSTaskDel(20);//删除任务,删除之后只能重新创建
            OSTaskDel(OS_PRIO_SELF);//删除自己
        #else
        if(cnt==10)
            OSTaskSuspend(OS_PRIO_SELF);//挂起自己 ——— 休眠
        #endif
        OSTimeDly(100);//延时 500 时钟节拍,一个节拍的时间由 OS_TICKS_PER_SEC 决定
        //OSTimeDlyHMSM(0,0,1,0);//延时 1s ——释放 CPU 使用权
  }
}
void KeyTask(void *p_arg)
{
    while(1)
    {
        if(Key_Scan())
            OSTaskResume(STARTTASKPRO);//唤醒 START 任务
        OSTimeDlyHMSM(0,0,0,10);
    }
}
/*
1. OSTaskNameGet
2. OSTaskNameSet
3. OSTaskResume     //唤醒任务
4. OSTaskSuspend   //挂起任务
*/
```

4.6　μC/OS-Ⅱ任务管理的示例代码认证

5 μC/OS-Ⅱ信号量管理

5.1 μC/OS-Ⅱ信号量简介

信号量像是一种上锁机制，代码必须获得对应的钥匙才能继续执行，一旦获得了钥匙，也就意味着该任务具有进入被锁部分代码的权限。一旦执行至被锁代码段，则任务一直等待，直到对应被锁部分代码的钥匙被再次释放才能继续执行。

信号量用于控制对共享资源的保护，但是现在基本作任务同步用。

要想获取资源的任务，必须执行“等待”操作。如果该资源对应的信号量有效值大于1，则任务可以获得该资源，任务继续运行；如果该信号量的有效值为0，则任务加入等待信号量的任务表中。如果等待时间超过某一个设定值，该信号量仍然没有被释放掉，则等待信号量的任务就进入就绪状态，如果将等待时间设置为0，任务就将一直等待该信号量。

信号量通常分为两种：二进制信号量和计数型信号量。

二进制信号量只能取0和1两个值，计数型信号量的值大于1，计数型信号量的范围为0～65535。

二进制信号量用于那些一次只能由一个任务使用的资源，比如I/O设备、打印机。计数型信号量用于某些资源可以同时被几个任务所使用，比如一个缓存池有10个缓存块，那么同时最多可以支持10个任务来使用内存池。

5.2 μC/OS-Ⅱ信号量相关函数

5.2.1 OSSemCreate ()

OSSemCreate 函数说明如表 5-2-1 所示。

表 5-2-1 OSSemCreate 函数说明

函数名	OSSemCreate
函数原型	OS_EVENT * OSSemCreate (INT16U cnt)
功能描述	建立并初始化一个信号量
输入参数	cnt：建立的信号量的初始值，可以取0～65535之间的任何值
输出参数	无

续表

返回值	返回如下之一： （1）（void *）0：空指针，表示没有可用的事件控制块； （2）非（void *）0：指向分配给所建立的信号量的事件控制块的指针
说明	必须先建立信号量，然后才能使用，并且不能在中断中创建信号量

OSSemCreate 函数调用如例 5-2-1 所示。

【例 5-2-1】

```
OS_EVENT * DispSem;
int main(void)
{
    OSInit();                    //初始化 OS
    OS_CPU_SysTickInit();        //初始化 OS 时钟
    DispSem=OSSemCreate(1);      //建立显示设备的信号量
    if(sem1==NULL)
    {
      printf("OSSemCreate err\r\n");//判断信号量有没有可用的事件控制块
    }
    OSStart();                   //启动多任务内核
}
```

5.2.2 OSSemAccept ()

OSSemAccept 函数说明如表 5-2-2 所示。

表 5-2-2 OSSemAccept 函数说明

函数原型	INT16U OSSemAccept（OS_EVENT *pevent）
功能描述	无等待地查看是否有信号量，查看设备是否就绪或事件是否发生。不同于 OSSemPend 函数，如果设备没有就绪，OSSemAccept 函数并不挂起任务。中断可以调用该函数来查询信号量
输入参数	pevent：指向需要查询的设备的信号量。当建立信号量时，该指针返回到用户程序（参考 OSSemCreate 函数）
输出参数	无
返回	返回如下之一： （1）大于 0，说明设备就绪，这个值被返回给调用者，设备信号量的值减 1； （2）等于 0，说明设备没有就绪
说明	必须先建立信号量，然后才能使用

OSSemAccept 函数调用如例 5-2-2 所示。

【例 5-2-2】

```
OS_EVENT * DispSem;
void Task(void * pdata)
```

```
{
    INT16U value;
    pdata=pdata;
    while(1)
    {
        value=OSSemAccept(DispSem);//查看设备是否就绪或事件是否发生
        if(value > 0)
        {
          //就绪,执行处理代码
        }
    }
}
```

5.2.3 OSSemPend ()

OSSemPend 函数说明如表 5-2-3 所示。

表 5-2-3 OSSemPend 函数说明

函数原型	void OSSemPend（OS_EVENT ＊pevent，INT16U timeout，INT8U ＊perr）
功能描述	挂起任务等待信号量。此函数用于任务试图取得设备的使用权，任务需要和其他任务或中断同步，任务需要等待特定事件发生的场合。如果任务调用 OSSemPend 函数时，信号量的值大于 0，OSSemPend 函数递减该值；如果调用时信号量等于 0，OSSemPend 函数将任务加入该信号量的等待队列。OSSemPend 函数挂起当前任务直到其他的任务或中断置起信号量（把信号量值设置为>0）或超出等待的预期时间 timeout。如果在预期的时钟节拍内信号量被置起，μC/OS-Ⅱ默认最高优先级的任务取得信号量并恢复执行。一个被 OSTaskSuspend 函数挂起的任务也可以接受信号量，但这个任务将一直保持挂起状态直到通过调用 OSTaskResume 函数恢复任务的运行
输入参数 1	pevent：指向信号量的指针，该指针的值在建立该信号量时可以得到（参考 OSSemCreate 函数）
输入参数 2	timeout：允许一个任务在经过了指定数目的时钟节拍后还没有得到需要的信号量时恢复运行状态。如果该值为 0，表示任务将持续等待信号量。最大的等待时间为 65535 个时钟节拍。这个时间长度并不是非常严格的，可能存在一个时钟节拍的误差，因为只有在一个时钟节拍结束后才会减少定义的等待超时时钟节拍
输出参数	perr：指向包含错误码的变量的指针，其值如下之一： OSSemPend 函数返回的错误码可能为下述几种： （1）OS_ERR_NONE：信号量不为 0，任务得到信号量，可以运行； （2）OS_ERR_TIMEOUT：信号量未在指定的超时周期内置起； （3）OS_ERR_PEND_ABORT：等待中止，是由于另一个任务或 ISR（中断程序）通过调用函数 OSSemPendAbort 强制取消等待； （4）OS_ERR_EVENT_TYPE pevent：不是指向一个信号量； （5）OS_ERR_PEND_LOCKED：在调用本函数时，调度器被锁定； （6）OS_ERR_PEND_ISR：尝试从一个 ISR 调用 OSSemPend ()，不允许； （7）OS_ERR_PEVENT_NULL：pevent 传入的是一个空指针 NULL。这个选项依赖于 OS_ARG_CHK_EN 这个宏，在 os_cfg.h 中有定义，要检测参数是否空，则需要打开 OS_ARG_CHK_EN 这个宏
返回值	无
说明	必须先建立信号量，然后才能使用

OSSemPend 函数调用如例 5-2-3 所示。

【例 5-2-3】

```
OS_EVENT *DispSem;
void DispTask(void *pdata)
{
    INT8U err;
    pdata=pdata;
    while(1)
    {
        //用户代码
        OSSemPend(DispSem,0,&err);//等待信号量,如果没有信号量,就一直等待,则程序会阻塞
        //只有信号量置起,该任务才能执行
        //用户代码
    }
}
```

5.2.4 OSSemPost ()

OSSemPost 函数说明如表 5-2-4 所示。

表 5-2-4 OSSemPost 函数说明

函数原型	INT8U OSSemPost (OS_EVENT *pevent)
功能描述	发出一个信号量，把信号值加 1。如果指定的信号量是 0 或大于 0，OSSemPost 函数递增该信号量。如果有任何任务在等待信号量，最高优先级的任务将得到信号量并进入就绪状态，任务调度函数将进行任务调度
输入参数	pevent：指向信号量的指针
输出参数	无
返回值	返回如下之一： (1) OS_ERR_NONE：信号量成功置起； (2) OS_ERR_SEM_OVF：信号计数溢出； (3) OS_ERR_EVENT_TYPE pevent：不是指向一个信号量； (4) OS_ERR_PEVENT_NULL pevent：传入的是一个空指针
说明	必须先建立信号量，然后才能使用

OSSemPost 函数调用如例 5-2-4 所示。

【例 5-2-4】

```
OS_EVENT *DispSem;
void TaskX(void *pdata)
{
    INT8U err;
    pdata=pdata;
    while(1)
```

```
    {
        err=OSSemPost(DispSem);
        if(err==OS_ERR_NONE)
        {
            //信号量置起
            //等待信号量的任务可进行执行访问
        }
        else
        {
            //信号量溢出
        }
    }
}
```

5.2.5 OSSemDel ()

OSSemDel 函数说明如表 5-2-5 所示。

表 5-2-5 OSSemDel 函数说明

函数原型	OS_EVENT * OSSemDel (OS_EVENT * pevent, INT8U opt, INT8U * perr)
功能描述	删除一个信号量。使用这个函数必须小心，要检测 OSSemPend 函数的错误码情况
输入参数 1	pevent：指向信号量的指针
输入参数 2	opt：选择指定要删除信号量的类型。有以下两种可选： （1）OS_DEL_NO_PEND：只有当不存在任务删除挂起时才删除，否则不删除； （2）OS_DEL_ALWAYS：直接删除
输出参数	perr：指向错误代码变量的指针，其值如下之一： （1）OS_ERR_NONE：信号量已经成功删除； （2）OS_ERR_DEL_ISR：尝试从一个 ISR 删除一个信号量； （3）OS_ERR_PEVENT_NULL：pevent 传入的是一个空指针； （4）OS_ERR_EVENT_TYPE：pevent 不是指向一个信号量； （5）OS_ERR_INVALID_OPT：传入选项参数（opt）有误； （6）OS_ERR_TASK_WAITING：一个或多个任务正在等待信号量
返回值	返回如下之一： （1）（OS_EVENT *）0：空指针，说明信号量被成功删除； （2）其他：需要根据错误代码进行检查
说明	必须先建立信号量，然后才能使用

OSSemDel 函数调用如例 5-2-5 所示。

【例 5-2-5】

```
OS_EVENT *DispSem;
void Task(void *p_arg)
{
    INT8U err;
```

```
    p_arg=p_arg;
    while(1)
    {
        //用户代码
        DispSem=OSSemDel(DispSem,OS_DEL_ALWAYS,&err);//直接删除信号量
        if(DispSem==(OS_EVENT *)0)//判定返回值,信号量是否被删除
        {
            printf("信号量被删除");
            //用户代码
        }
        //用户代码
        OSTimeDly(100);//延时 100 个心跳节拍
    }
}
```

5.2.6 OSSemQuery ()

OSSemQuery 函数说明如表 5-2-6 所示。

表 5-2-6 OSSemQuery 函数说明

函数原型	INT8U OSSemQuery (OS_EVENT *pevent, OS_SEM_DATA *p_sem_data)
功能描述	获取一个信号量的相关信息。使用 OSSemQuery 之前，应用程序需要先创立类型为 OS_SEM_DATA 的数据结构，用来保存从信号量的事件控制块中取得的数据。使用 OSSemQuery 可以得知是否有，以及有多少任务位于信号量的任务等待队列中（通过查询 OSEventTbl [] 域），还可以获取信号量的标识号码
输入参数	pevent：指向信号量的指针
输出参数	p_sem_data：指向 OS_SEM_DATA 数据结构的指针，该数据结构定义如下： typedef struct os_sem_data { INT16U OSCnt; #if OS_LOWEST_PRIO <=63 INT8U OSEventTbl [OS_EVENT_TBL_SIZE]; INT8U OSEventGrp; #else INT16U OSEventTbl [OS_EVENT_TBL_SIZE]; INT16U OSEventGrp; #endif } OS_SEM_DATA;
返回值	返回如下之一： (1) OS_ERR_NONE：获取成功； (2) OS_ERR_EVENT_TYPE：pevent 不是指向一个信号量； (3) OS_ERR_PEVENT_NULL：pevent 传入的是一个空指针； (4) OS_ERR_PDATA_NULL：p_sem_data 传入的是一个空指针
说明	必须先建立信号量，然后才能使用

OSSemQuery 函数调用如例 5-2-6 所示。

【例 5-2-6】

```
OS_EVENT *DispSem;
void Task(void *p_arg)
{
    OS_SEM_DATA sem_data;
    INT8U err;
    while(1)
    {
        //用户代码
        err=OSSemQuery(DispSem,&sem_data);
        if(err==OS_ERR_NONE)
        {
            if(perr==OS_ERR_NONE)//判定是否获取成功信号量的相关信息
            {
                printf("sem_data->OSCnt=%d\r\n",sem_data->OSCnt);
//信号量计数
                printf("sem_data->OSEventTbl=%d\r\n",sizeof(sem_data->OSEventTbl));
//等待事件发生列表数
                printf("sem_data->OSEventGrp=%d\r\n",sem_data->OSEventGrp);
//等待事件发生的任务对应的组
            }
        }
        //用户代码
      OSTimeDly(100);//延时 100 个心跳节拍
    }
}
```

5.2.7 OSSemPendAbort ()

OSSemPendAbort 函数说明如表 5-2-7 所示。

表 5-2-7　OSSemPendAbort 函数说明

函数原型	INT8U OSSemPendAbort (OS_EVENT *pevent, INT8U opt, INT8U *perr)
功能描述	使正在等待该信号量的任务取消挂起，不再等待。取消任务挂起后，μC/OS-Ⅱ会自动执行调度。若应用中不需其在取消任务后实现调度，可在选择了输入参数 2 的两种方式之一后再与宏 OS_OPT_POST_NO_SCHED 按位或
输入参数 1	pevent：指向信号量的指针
输入参数 2	opt：指定要中止信号量等待的类型。有以下两种选择： (1) OS_PEND_OPT_NONE：只使正在等待该信号量的最高优先级任务取消挂起； (2) OS_PEND_OPT_BROADCAST：使所有正在等待该信号量的任务取消挂起

续表

输出参数	perr：指向错误代码变量的指针。其值如下之一： （1）OS _ ERR _ NONE：没有任务在等待该信号量； （2）OS _ ERR _ EVENT _ TYPE：pevent 不是指向一个信号量； （3）OS _ ERR _ PEND _ ABORT：至少一个任务等待的信号量已经退出等待； （4）OS _ ERR _ PEVENT _ NULL：pevent 传入的是一个空指针
返回值	返回如下之一： （1）大于 0，返回被本函数取消挂起的正在等待信号量的任务数； （2）等于 0，表示没有任务在等待该信号量，因此该功能没作用
说明	必须先建立信号量，然后才能使用

OSSemPendAbort 函数调用如例 5-2-7 所示。

【例 5-2-7】

```
OS_EVENT * psem;
void CommTaskRx(void * p_arg)
{
    INT8Uperr,ret;
    (void)p_arg;
    while(1)
    {
        //用户代码
        ret=OSSemPendAbort(psem,OS_PEND_OPT_NONE,&perr);
        if(ret==0)
        {
            //用户代码
        }
        else
        {
            //用户代码
        }
      OSTimeDly(100);//延时 100 个心跳节拍
    }
}
```

5.2.8 OSSemSet ()

OSSemSet 函数说明如表 5-2-8 所示。

表 5-2-8 OSSemSet 函数说明

函数原型	void OSSemSet（OS _ EVENT * pevent，INT16U cnt，INT8U * perr）
功能描述	改变当前信号量的计数值。在信号量被用于表示某事件发生了多少次的情况下会使用
输入参数 1	pevent：指向信号量的指针

续表

输入参数 2	cnt：期望的数值
输出参数	perr：指向错误代码变量的指针。其值如下之一： （1）OS_ERR_NONE：计数值改变成功； （2）OS_ERR_EVENT_TYPE：pevent 不是一个指向信号量的指针； （3）OS_ERR_PEVENT_NULL：pevent 传入的是一个空指针； （4）OS_ERR_TASK_WAITING：存放任务在等待信号量
返回值	无
说明	（1）必须先建立信号量，然后才能使用； （2）这个函数只能修改信号量>0 的情况，也就是没有任务等待信号量的情况

OSSemSet 函数调用如例 5-2-8 所示。

【例 5-2-8】

```
OS_EVENT *SignalSem;
void Task(void *p_arg)
{
    INT8U err;
    p_arg=p_arg;
    while(1)
    {
        OSSemSet(SignalSem,5,&perr);//修改传入信号量的触发值
        if(perr==OS_ERR_NONE)
        {
          //用户代码
        }
        else
        {
          //用户代码
        }
    }
     OSTimeDly(100);//延时 100 个心跳节拍
}
```

5.2.9 μC/OS-Ⅱ信号量管理的编程思想

1. 信号量的创建与删除

设计 3 个任务，任务 Start 用于创建其他任务，任务 LED 在等待获取信号量时执行 LED 灯的闪烁，并记录任务执行的次数，通过串口显示任务执行的次数。任务 KEY 的功能是扫描按键，当按键按下时删除信号量。

2. 信号量的等待与发送

设计 3 个任务，任务 Start 用于创建其他任务，任务 LED 在等待获取信号量时执行 LED 灯的闪烁，并记录任务执行的次数，通过串口显示任务执行的次数。任务 KEY 的

功能是扫描按键，当按键按下时发送一个信号量。

3. 信号量的检查

设计 3 个任务，任务 Start 用于创建其他任务，任务 LED 在等待获取信号量时执行 LED 灯的闪烁，并记录任务执行的次数，通过串口显示任务执行的次数。任务 KEY 的功能是扫描按键，当按键按下时获取信号量的相关信息。

5.2.10 μC/OS-Ⅱ信号量管理编程示例

本实验部分源码如下，完整的工程详见工程示例代码。

1. 在 μcos-task.c 中首先定义一个信号量，如下：

```
OS_EVENT *key_sem;                          //信号量事件控制块
```

2. 在 main.c 中创建任务 Start _ Task，然后在 μcos-task.c 开始任务 Start _ Task 中调用 OSSemCreate 函数创建一个信号量，代码如下：

```
OS_EVENT  *key_sem;//信号量事件控制块
void Start_Task(void *p_arg)
{
    p_arg=p_arg;
    key_sem=OSSemCreate(5);//创建一个信号量,信号量的值为 5
    if(key_sem ! =0)
    {
        printf("成功创建一个信号量\r\n");
    }
    OSTaskCreate(Led_Task,NULL,&Led_Task_Stk[Led_Stk_Size-1],Led_Task_Pro);//创建一个名为
Led_Task 的任务
    OSTaskCreate(Key_Task,NULL,&Key_Task_Stk[Key_Stk_Size-1],Key_Task_Pro);//创建一个名为
Key_Task 的任务
    while(1)
    {
        OSTimeDly(1000);
    }
}
```

3. 信号量的创建和删除

设计 3 个任务，任务 Start 用于创建其他任务，任务 LED 执行 LED 灯的闪烁，并记录任务执行的次数，通过串口显示任务执行的次数。任务 KEY 的功能是扫描按键，当按键按下时删除信号量。

```
OS_EVENT  *sem1;//信号量事件控制块

#define STARTTASKPRO   20                      //设置 START 任务优先级
static  OS_STK      StartTaskStk[256];         //定义 START 任务栈的大小
void Start_Task(void *p_arg);                  //任务的声明
```

```
#define KEYTASKPRO  10                                   //设置 KEY 任务优先级
static  OS_STK      KeyTaskStk[256];                     //定义 KEY 任务栈的大小
void Key_Task(void * p_arg);                             //任务的声明

#define LED1TASKPRO  12                                  //设置 LED1 任务优先级
static  OS_STK      LED1TaskStk[256];                    //定义 LED1 任务栈的大小
void Led1_Task(void * p_arg);                            //任务的声明

#define LED2TASKPRO  14                                  //设置 LED2 任务优先级
static  OS_STK      LED2TaskStk[256];                    //定义 LED2 任务栈的大小
void Led2_Task(void * p_arg);                            //任务的声明

int main()
{
    Delay_Init(84);
    Led_Init();
    Key_Init();
    OSInit();//μcos 初始化
    OSTaskCreate( Start_Task,                //任务函数
                      "XYD",                          //传递给任务函数的实参
                      &StartTaskStk[256-1],//任务栈栈顶,入栈--出栈
                      STARTTASKPRO);//任务优先级 最大为 62,μc/os II 最大的任务数为
64 个
    OSTaskCreate( Key_Task,                  //任务函数
                      "XYD",                          //传递给任务函数的实参
                      &KeyTaskStk[256-1],//任务栈栈顶,入栈--出栈
                      KEYTASKPRO);//任务优先级 最大为 62,μc/os II 最大的任务数为
64 个
    OSTaskCreate( Led1_Task,                 //任务函数
                      "XYD",                          //传递给任务函数的实参
                      &KeyTaskStk[256-1],//任务栈栈顶,入栈--出栈
                      LED1TASKPRO);//任务优先级 最大为 62,μc/os II 最大的任务数为 64 个
    OSTaskCreate( Led2_Task,                 //任务函数
                      "XYD",                          //传递给任务函数的实参
                      &KeyTaskStk[256-1],//任务栈栈顶,入栈--出栈
                      LED2TASKPRO);//任务优先级 最大为 62,μc/os II 最大的任务数为 64 个
    OSStart();  //启动 μcos
    while(1)/* Should Never Get Here. 这里的程序不会执行 */
    {
        ;
    }
}
```

```
//任务函数——起始任务
void Start_Task(void *p_arg)
{
    sem1=OSSemCreate(1);
    if(sem1 != 0)
    {
        printf("成功创建一个信号量\r\n");
    }
        OSTaskCreate( Key_Task,"XYD",  &KeyTaskStk[256-1],KEYTASKPRO);//创建一个名为 Key_
Task 的任务

        OSTaskCreate( Led1_Task,"XYD",  &LED1TaskStk[256-1],LED1TASKPRO);//创建一个名为
Led1_Task 的任务

        OSTaskCreate( Led2_Task,"XYD",  &LED2TaskStk[256-1],LED2TASKPRO);//创建一个名为
Led2_Task 的任务

    OSTaskSuspend(LED2TASKPRO);       //挂起 LED2 任务
    OSTaskSuspend(OS_PRIO_SELF);      //挂起自己
}
//任务 1 的任务函数
void Led1_Task(void *p_arg)
{
    INT8U cnt=0;//记录任务执行的次数
    p_arg=p_arg;
    while(1)
    {
        LED1=! LED1;
        cnt++;//任务次数自增
        printf("任务执行的次数为：%d 次\r\n",cnt);
        OSTimeDly(1000);//延时 1000 个心跳节拍
    }
}
//任务 2 的任务函数
void Key_Task(void *p_arg)
{
    INT8U err;
    u8 key ;
    p_arg=p_arg;
    while(1)
    {
        key=Key_Scan();  //按键扫描
        if(key==KEY1)  //KEY1 这个按键下
```

```
        {
            sem1=OSSemDel(sem1,OS_DEL_ALWAYS,&err);//直接删除信号量
            if(sem1==(OS_EVENT *)0)//判定返回值,信号量是否被删除
            {
                    printf("信号量被删除");
            }
        }
        OSTimeDly(100);//延时 100 个心跳节拍
    }
}
```

4. 信号量的等待与发送

在 μcos-task.c 中设计 3 个任务，任务 Start 用于创建其他任务，任务 LED 在等待获取信号量时执行 LED 灯的闪烁，并记录任务执行的次数，通过串口显示任务执行的次数。任务 KEY 的功能是扫描按键，当按键按下时发送一个信号量。

```
OS_EVENT   * sem1;//信号量事件控制块

#define STARTTASKPRO 20                          //设置 START 任务优先级
static  OS_STK       StartTaskStk[256];          //定义 START 任务栈的大小
void Start_Task(void * p_arg);                   //任务的声明

#define KEYTASKPRO  10                           //设置 KEY 任务优先级
static  OS_STK       KeyTaskStk[256];            //定义 KEY 任务栈的大小
void Key_Task(void * p_arg);                     //任务的声明

#define LED1TASKPRO  12                          //设置 LED1 任务优先级
static  OS_STK       LED1TaskStk[256];           //定义 LED1 任务栈的大小
void Led1_Task(void * p_arg);                    //任务的声明

#define LED2TASKPRO  14                          //设置 LED2 任务优先级
static  OS_STK       LED2TaskStk[256];           //定义 LED2 任务栈的大小
void Led2_Task(void * p_arg);                    //任务的声明

int main()
{
    Delay_Init(84);
    Led_Init();
    Key_Init();
    OSInit();//μcos 初始化
    OSTaskCreate( Start_Task,                  //任务函数
                          "XYD",                          //传递给任务函数的实参
                          &StartTaskStk[256-1],//任务栈栈顶,入栈——出栈
                          STARTTASKPRO);//任务优先级 最大为 62,μc/os II 最大的任务数为
```

```
64个
    OSTaskCreate( Key_Task,                    //任务函数
                        "XYD",                          //传递给任务函数的实参
                        &KeyTaskStk[256－1],//任务栈栈顶,入栈——出栈
                        KEYTASKPRO);//任务优先级 最大为62,μc/os II最大的任务数为64个
    OSTaskCreate( Led1_Task,                   //任务函数
                        "XYD",                          //传递给任务函数的实参
                        &KeyTaskStk[256－1],//任务栈栈顶,入栈——出栈
                        LED1TASKPRO);//任务优先级 最大为62,μc/os II最大的任务数为64个
    OSTaskCreate( Led2_Task,                   //任务函数
                        "XYD",                          //传递给任务函数的实参
                        &KeyTaskStk[256－1],//任务栈栈顶,入栈——出栈
                        LED2TASKPRO);//任务优先级 最大为62,μc/os II最大的任务数为64个
    OSStart();  //启动μcos
    while(1)/* Should Never Get Here. 这里的程序不会执行 */
    {
        ;
    }
}

//任务函数——起始任务
void Start_Task(void *p_arg)
{
    sem1＝OSSemCreate(1);
    if(sem1 ! ＝0)
    {
        printf("成功创建一个信号量\r\n");
    }
    OSTaskCreate( Key_Task,"XYD",  &KeyTaskStk[256－1],KEYTASKPRO);
    OSTaskCreate( Led1_Task,"XYD",  &LED1TaskStk[256－1],LED1TASKPRO);
    OSTaskCreate( Led2_Task,"XYD",  &LED2TaskStk[256－1],LED2TASKPRO);
    OSTaskSuspend(LED2TASKPRO);         //挂起LED2任务
    OSTaskSuspend(OS_PRIO_SELF);//挂起自己
}
//任务1的任务函数
void Led1_Task(void *p_arg)
{
    INT8U cnt＝0;           //记录任务得到信号量的次数
    INT8U cnt_buf[10];
    INT8U perr;
    p_arg＝p_arg;
    while(1)
```

```
    {
        OSSemPend(sem1,0,&perr);//无阻塞地等待一个信号量
        if(perr==OS_ERR_NONE)//得到信号量
        {
            LED1=! LED1;
            cnt++;     //任务得到信号量次数自增
            printf("任务得到信号量的次数为：%d 次\r\n",cnt);
            //LCD 显示
            sprintf((char *)cnt_buf,"get sem1 cnt：%d",cnt);
            LCD_Show_String(30,130,200,16,BLUE,WHITE,cnt_buf);
        }
        printf("hello\r\n");
        OSTimeDly(500);
    }
}

//任务 2 的任务函数
void Key_Task(void *p_arg)
{
    INT8U res;
    p_arg=p_arg;
    while(1)
    {
        if(KEY_Scan(0))
        {
            res=OSSemPost(sem1);//发送一个信号量
            if(res==OS_ERR_NONE)
            {
                printf("成功发送信号量\r\n");
                LCD_Show_String(30,150,200,16,BLUE,WHITE,"post sem OK");
            }
        }
        OSTimeDly(10);
    }
}
```

5. 信号量的检查

设计 3 个任务，任务 Start 用于创建其他任务，任务 LED 在等待获取信号量时执行 LED 灯的闪烁，并记录任务执行的次数，通过串口显示任务执行的次数。任务 KEY 的功能是扫描按键，当按键按下时获取信号量的相关信息。

```
OS_EVENT  *sem1;
//OS_EVENT  *sem2;
```

```
#define STARTTASKPRO 20
static  OS_STK      StartTaskStk[256];
void StartTask(void *p_arg);


#define KEYTASKPRO  10
static  OS_STK      KeyTaskStk[256];
void KeyTask(void *p_arg);


#define LED1TASKPRO  12
static  OS_STK      LED1TaskStk[256];
void LED1Task(void *p_arg);

#define LED2TASKPRO  14
static  OS_STK      LED2TaskStk[256];
void LED2Task(void *p_arg);

#define LED3TASKPRO  16
static  OS_STK      LED3TaskStk[256];
void LED3Task(void *p_arg);

int main()
{
    NVIC_PriorityGroupConfig(NVIC_PriorityGroup_2);//设置系统中断优先级分组 2
    Delay_Init(84);
    Usart1_Init(115200);
    Usart2_Init(115200);
    Led_Init();
    Key_Init();
    #if 0
    LCD_Init();
    W25QXX_Init();
    BC26_PortInit();
    RGB_LedInit();
    DC_MotorInit();
    Step_MotorInit();
    Remote_Init();
    Connection();
    LCD_ShowString(0,0,"hello",RED,BLUE,2);
    #endif
    //1s 168000 000
```

```
    //1m
    OS_CPU_SysTickInit(84000000/OS_TICKS_PER_SEC);//1ms 进一次中断
    OSInit();// ucos 初始化
    OSTaskCreate( StartTask,                     //任务函数
                        "XYD",                   //传递给任务函数的实参
                        &StartTaskStk[256-1],//任务栈栈顶,入栈——出栈
                        STARTTASKPRO);//任务优先级 最大为 62,μc/os II 最大的任务数为
64 个
ucos III(N)
    OSTaskCreate( KeyTask,                       //任务函数
                        "XYD",                   //传递给任务函数的实参
                        &KeyTaskStk[256-1],//任务栈栈顶,入栈——出栈
                        KEYTASKPRO);//任务优先级 最大为 62,μc/os II 最大的任务数为 64 个
ucos III(N)
    OSStart();  //启动 μcos
    while(1)/* Should Never Get Here. 这里的程序不会执行 */
    {
        ;
    }
}

//任务函数——起始任务
void StartTask(void *p_arg)
{
    OS_CPU_SR  cpu_sr=0u;

    //创建信号量 信号量的值为 2
    sem1=OSSemCreate(1);
    if(sem1==NULL)
        printf("OSSemCreate err\r\n");
    OS_ENTER_CRITICAL();  //进入临界
    OSTaskCreate( KeyTask,"XYD",  &KeyTaskStk[256-1],KEYTASKPRO);
    OSTaskCreate( LED1Task,"XYD",  &LED1TaskStk[256-1],LED1TASKPRO);
    OSTaskCreate( LED2Task,"XYD",  &LED2TaskStk[256-1],LED2TASKPRO);
    OSTaskCreate( LED3Task,"XYD",  &LED3TaskStk[256-1],LED3TASKPRO);
    OSTaskSuspend(LED2TASKPRO);
    OSTaskSuspend(LED3TASKPRO);
    OS_EXIT_CRITICAL();  //退出临界
    OSTaskSuspend(OS_PRIO_SELF);//挂起自己

}
void KeyTask(void *p_arg)
{
```

```
    while(1)
    {
        if(Key_Scan()){
            if(OSSemPost(sem1)==OS_ERR_NONE){

            }
        }
        OSTimeDlyHMSM(0,0,0,10);
    }
}

void LED1Task(void *p_arg)
{
    INT8U perr;
    while(1)
    {
        #if 0
        OSSemPend(sem1,0,&perr);//等待信号量,如果没有信号量,就一直等待,则程序会阻塞
        if(perr==OS_ERR_NONE)
        {
            printf("led1 get sem\r\n");//
        }
        else if(perr==OS_ERR_TIMEOUT)
        {
                printf("OS_ERR_TIMEOUT \r\n");
        }
        #else
        if(OSSemAccept(sem1)>0)//等待信号量,如果没有信号量,程序不会阻塞
        {
                printf("led1 get sem\r\n");
        }
        #endif
        OSTimeDly(100);
        printf("hello sem\r\n");//打印? 次 ——n
    }
}
void LED2Task(void *p_arg)
{
    u8 i;
    while(1)
    {
        for(i=0;i<20;i++){
```

```
            printf("led2\r\n");
            OSTimeDly(10);
        }
        OSTaskResume(LED3TASKPRO);
        OSTaskSuspend(OS_PRIO_SELF);
    }
}
void LED3Task(void * p_arg)
{
    u8 i;
    while(1)
    {
        for(i=0;i<30;i++){
            printf("led3\r\n");
            OSTimeDly(5);
        }
        OSTaskResume(LED1TASKPRO);
        OSTaskSuspend(OS_PRIO_SELF);
    }
}
/*
1. OSTaskNameGet
2. OSTaskNameSet
3. OSTaskResume     //唤醒任务
4. OSTaskSuspend  //挂起任务
 */
```

5.2.11 μC/OS-Ⅱ信号量管理编程示例验证

6 μC/OS-Ⅱ互斥信号量管理

6.1 μC/OS-Ⅱ互斥信号量简介

6.1.1 互斥信号量的理解

互斥信号量首先是二进制信号量，实现对共享资源的独占式处理，其次互斥信号量可以在应用程序代码中用于降解优先级的反转问题，这个是它和普通信号量最本质的区别。

6.1.2 互斥信号量的组成

（1）一个标志，指示 mutex 是否可以使用（0 或 1）。

（2）一个优先级，一旦高优先级的任务需要这个 mutex，赋予占有 mutex 的任务。

（3）一个等待该 mutex 的任务列表。

6.1.3 优先级反转的问题

假设现在有 3 个任务，分别是 Task1（任务 H）、Task2（任务 M）、Task3（任务 L），优先级从大到小。程序在运行过程中，Task1 和 Task2 处于挂起（pend）的状态，等待某个事件的发生。优先级最低的 Task3 首先申请到了 mutex 并开始同共享资源打交道，过了一会儿，Task1 等待的事件出现了，此时 Task1 就需要使用共享资源了，于是申请 mutex（OSMutexPend）。在这种情况下，OSMutexPend 注意到高优先级的任务要使用这个共享资源，于是将 Task3 的优先级升到比 Task1 更高的级别，并强制任务调度回到 Task3。而 Task1 只好继续挂起，等待共享资源被释放。同时 Task3 继续运行，直到 Task3 调用 OSMutexPost（），释放 Mutex。在调用 OSMutexPost（）时，OSMutexPost（）会将 Task3 的优先级恢复到原来的水平，同时还会注意到有个高优先级的任务 Task1 需要这个 Mutex，于是将这个 Mutex 交给 Task1，并做任务切换。如图 6-1-1 所示。

为了避免优先级反转这个问题，μC/OS-Ⅱ支持一种特殊的二进制信号量——互斥信号量，如图 6-1-2 所示。

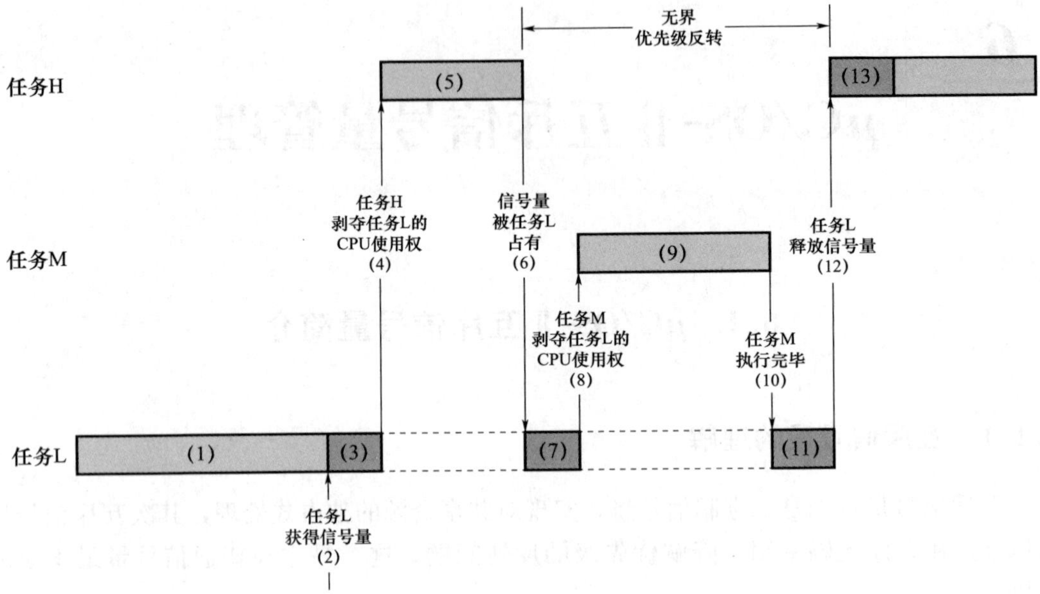

图 6-1-1　优先级反转

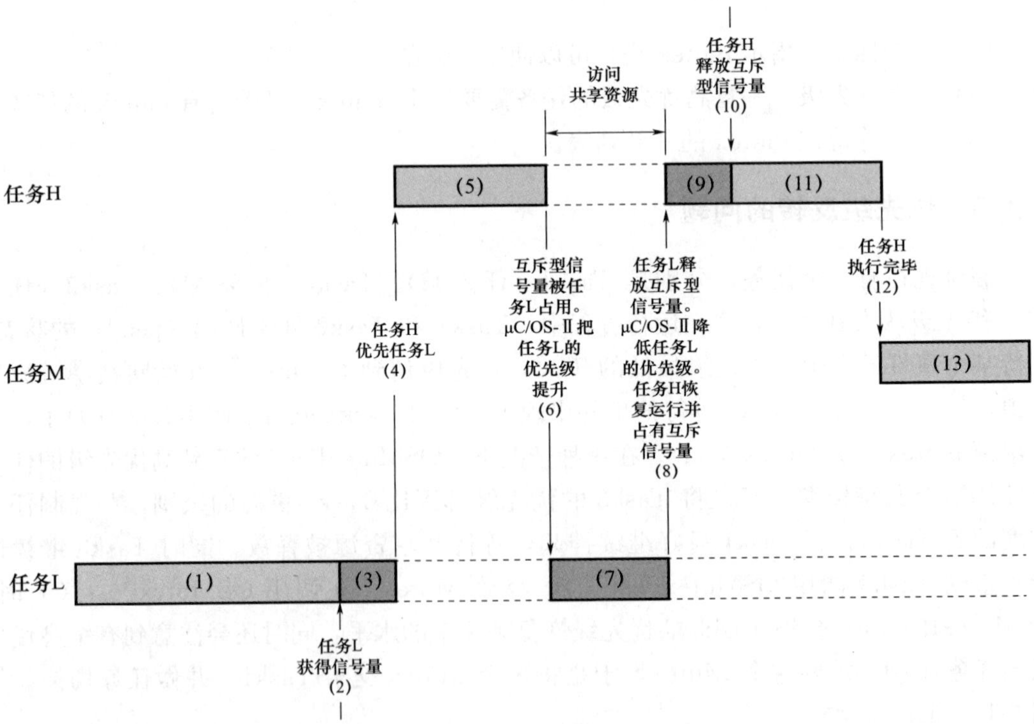

图 6-1-2　互斥信号量

6.2 μC/OS-Ⅱ互斥信号量相关函数

6.2.1 OSMutexCreate ()

OSMutexCreate 函数说明如表 6-2-1 所示。

表 6-2-1 OSMutexCreate 函数说明

函数原型	OS _ EVENT * OSMutexCreate (INT8U prio, INT8U * perr)
功能描述	建立并初始化一个互斥信号量。互斥信号量的使用与信号量的使用差不多，但还需要一个较高的空闲优先级，这个级别要比使用这个互斥信号量的所有任务优先级都高（数字更小）
输入参数	prio：较高的空闲优先级，用于任务提权
输出参数	perr：指向错误代码变量的指针。其值如下之一： （1）OS _ ERR _ NONE：创建成功； （2）OS _ ERR _ PEVENT _ NULL：pevent 是一个空指针； （3）OS _ ERR _ PRIO _ EXIST：指定的优先级已有任务存在； （4）OS _ ERR _ PEND _ ISR：从 ISR 调用 OSMutexCreate，不允许； （5）OS _ ERR _ PRIO _ INVALID：指定的优先级比 OS _ LOWEST _ PRIO（系统最低优先级）高
返回值	返回如下之一： （1）等于（void *）0：没有事件控制块可用，返回 NULL 指针； （2）不等于（void *）0：一个指向分配给互斥事件控制块
说明	（1）在使用之前必须先创建互斥信号量； （2）您必须确保 PRIO 具有比任何使用互斥访问资源的任务更高的优先级。例如，如果优先级为 20、25 的任务，和 30 将要使用互斥，那么 PRIO 的值必须比 20 低，同时指定的值必须没有任务占用

OSMutexCreate 函数调用如例 6-2-1 所示。

【例 6-2-1】

```
OS_EVENT *DispMutex;
int main(void)
{
    INT8U err;
    //用户代码
    OSInit();
    //用户代码
    DispMutex=OSMutexCreate(18,&err);
    //用户代码
    OSStart();
}
```

6.2.2 OSMutexAccept ()

OSMutexAccept 函数说明如表 6-2-2 所示。

表 6-2-2 OSMutexAccept 函数说明

函数原型	BOOLEAN OSMutexAccept (OS_EVENT * pevent, INT8U * perr)
功能描述	无等待请求互斥信号量
输入参数	pevent：指向要请求的互斥信号量的指针。当建立互斥信号量时，该指针返回到用户程序
输出参数	perr：指向错误代码变量的指针。其值如下之一： （1）OS_ERR_NONE：请求成功； （2）OS_ERR_EVENT_TYPE：pevent 不是指向一个互斥信号量； （3）OS_ERR_PEVENT_NULL：pevent 是一个空指针； （4）OS_ERR_PEND_ISR：从 ISR 调用 OSMutexAccept，不允许； （5）OS_ERR_PIP_LOWER：拥有互斥任务的优先级比设置 PIP 优先级高
返回值	返回如下之一： （1）OS_TRUE：互斥信号量可用； （2）OS_FALSE：互斥信号量被另一个任务拥有，不可用
说明	（1）在使用之前必须先创建一个互斥信号量； （2）此功能不能被 ISR 调用； （3）通过 OSMutexAccept 成功请求互斥信号量后，当共享资源使用完成时必须调用 OSMutexPost 来释放互斥锁

OSMutexAccept 函数调用如例 6-2-2 所示。

【例 6-2-2】

```
OS_EVENT *DispMutex;
void Task(void *p_arg)
{
    INT8U err;
    BOOLEAN test;
    p_arg=p_arg;
    while(1)
    {
        test=OSMutexAccept(DispMutex,&err);
        if(test==OS_TRUE)
        {
            //请求互斥信号量成功
        }
        else
        {
            //请求互斥信号量失败
        }
        //... 用户代码
    }
}
```

6.2.3 OSMutexPend（）

OSMutexPend 函数说明如表 6-2-3 所示。

表 6-2-3 OSMutexPend 函数说明

函数原型	void OSMutexPend（OS _ EVENT * pevent，INT16U timeout，INT8U * perr）
功能描述	用于任务试图取得设备的使用权、任务需要和其他任务或中断同步、任务需要等待特定事件发生的场合。当任务调用 OSMutexPend 函数时，如果互斥信号量被其他任务持有，OSMutexPend 函数挂起当前任务直到其他任务或中断置起信号量或超出等待的预期时间。并且该互斥信号任务的持有者会把自己的优先级提升到一个比较高的优先级（在创建互斥量时指定），来保证它不被其他任务中止，确保在等待该信号的高优先级任务能尽快得到互斥信号。如果在预期的时钟节拍内信号量被置起，μC/OS-Ⅱ默认最高优先级的任务取得信号量恢复执行。一个被 OSTaskSuspend 函数挂起的任务也可以接受互斥信号量，但这个任务将一直保持挂起状态直到通过调用 OSTaskResume 函数恢复任务的运行
输入参数 1	pevent：指向要请求的互斥信号量的指针。当建立互斥信号量时，该指针返回到用户程序
输入参数 2	timeout：任务等待超时周期，为 0 时表示无限等待。若为其他，则递减到 0 时任务恢复执行
输出参数	perr：指向错误代码变量的指针。其值如下之一： （1）OS _ ERR _ NONE：请求成功； （2）OS _ ERR _ TIMEOUT：互斥量不在指定的超时时间内可用； （3）OS _ ERR _ PEND _ ABORT：OSMutexPend 被另一个任务中止； （4）OS _ ERR _ EVENT _ TYPE：pevent 不是指向一个互斥信号量； （5）OS _ ERR _ PEVENT _ NULL：pevent 是一个空指针； （6）OS _ ERR _ PEND _ ISR：从 ISR 调用 OSMutexPend，不允许； （7）OS _ ERR _ PIP _ LOWER：拥有互斥任务的优先级比设置 PIP 优先级高
返回值	无
说明	必须先建立互斥信号量然后使用，不允许从中断调用该函数

OSMutexPend 函数调用如例 6-2-3 所示。

【例 6-2-3】

```
OS_EVENT *DispMutex;
void DispTask(void *p_arg)
{
    INT8U err;
    p_arg=p_arg;
    while(1)
    {
        //用户代码
        OSMutexPend(DispMutex,0,&err);//申请互斥信号量
        //用户代码
        //共享设备(资源)代码;
        //用户代码
        OSMutexPost(DispMutex);//释放互斥信号量
        //用户代码
    }
}
```

6.2.4 OSMutexPost ()

OSMutexPost 函数说明如表 6-2-4 所示。

表 6-2-4 OSMutexPost 函数说明

函数原型	INT8U OSMutexPost (OS _ EVENT ＊pevent)
功能描述	释放一个互斥信号量
输入参数	pevent：指向要请求的互斥信号量的指针。当建立互斥信号量时，该指针返回到用户程序
输出参数	无
返回值	返回如下之一： (1) OS _ ERR _ NONE：指定互斥信号量被释放； (2) OS _ ERR _ EVENT _ TYPE：pevent 不是指向一个互斥信号量； (3) OS _ ERR _ PEVENT _ NULL：pevent 传入的是一个空指针； (4) OS _ ERR _ PEND _ ISR：从 ISR 调用 OSMutexPend ()，不允许； (5) OS _ ERR _ PIP _ LOWER：拥有互斥任务的优先级比设置 PIP 优先级高； (6) OS _ ERR _ NOT _ MUTEX _ OWNER：互斥信号量并没有被占用
说明	必须先建立互斥信号量然后使用，不允许从中断调用该函数

OSMutexPost 函数调用如例 6-2-4 所示。

【例 6-2-4】

```
OS_EVENT ＊DispMutex;
void TaskX(void ＊p_arg)
{
    INT8U err;
    p_arg=p_arg;
    while(1)
    {
        //用户代码
        err=OSMutexPost(DispMutex);
        if(err==OS_ERR_N ONE)
        {
            //释放互斥信号量成功
        }
        //用户代码
    }
}
```

6.2.5 OSMutexDel ()

说明函数 OSMutexDel 如表 6-2-5 所示。

表 6-2-5 OSMutexDel 函数说明

函数原型	OS_EVENT *OSMutexDel (OS_EVENT *pevent, INT8U opt, INT8U *perr)
功能描述	用来删除一个互斥信号量。使用这个函数是很危险的，因为多个任务可能是依赖于互斥信号量而运行的。所以在删除互斥信号量之前，必须先删除所有访问互斥信号量的任务
输入参数 1	pevent：指向要请求的互斥信号量的指针。当建立互斥信号量时，该指针返回到用户程序
输入参数 2	opt：选择指定要删除的互斥信号量类型 （1）OS_DEL_NO_PEND：只有当不存在悬而未决的任务删除时才删除，否则不删除； （2）OS_DEL_ALWAYS：直接删除
输出参数	perr：指向错误代码变量的指针。其值如下之一： （1）OS_ERR_NONE：互斥信号量删除成功； （2）OS_ERR_DEL_ISR：试图从 ISR 删除一个互斥信号量； （3）OS_ERR_INVALID_OPT：指定操作参数有误； （4）OS_ERR_TASK_WAITING：一个或多个任务正在等待互斥信号量同时指定了 OS_DEL_NO_PEND； （5）OS_ERR_EVENT_TYPE：pevent 不是指向一个互斥信号量； （6）OS_ERR_PEVENT_NULL：pevent 是一个空指针
输出参数	无
返回值	返回如下之一： （1）（OS_EVENT *）0：如果互斥锁被成功删除，返回 NULL 指针； （2）其他：删除失败，需要检查错误代码以确定原因
说明	无

OSMutexDel 函数调用如例 6-2-5 所示。

【例 6-2-5】

```
OS_EVENT *DispMutex;
void Task(void *p_arg)
{
    INT8U err;
    p_arg=p_arg;
    while(1)
    {
        //用户代码
        DispMutex=OSMutexDel(DispMutex,OS_DEL_ALWAYS,&err);
        if(DispMutex==(OS_EVENT *)0)
        {
            //互斥信号量删除成功
        }
        //用户代码
    }
}
```

6.2.6 OSMutexQuery ()

OSMutexQuery 函数说明如表 6-2-6 所示。

表 6-2-6　OSMutexQuery 函数说明

函数原型	INT8U OSMutexQuery（OS_EVENT *pevent，OS_MUTEX_DATA *p_mutex_data）
功能描述	获取一个互斥信号量的相关信息
输入参数 1	pevent：指向一个互斥信号量的指针
输入参数 2	p_mutex_data：存放查询到的状态信息。其结构如下： typedef struct os_mutex_data { #if OS_LOWEST_PRIO <=63 INT8U　OSEventTbl [OS_EVENT_TBL_SIZE]； INT8U　OSEventGrp； #else INT16U　OSEventTbl [OS_EVENT_TBL_SIZE]； INT16U　OSEventGrp； #endif BOOLEAN OSValue； INT8U　OSOwnerPrio； INT8U　OSMutexPIP； } OS_MUTEX_DATA；
输出参数	无
返回值	返回如下之一： （1）OS_ERR_NONE：获取成功； （2）OS_ERR_EVENT_TYPE：pevent 不是指向一个互斥信号量； （3）OS_ERR_PEVENT_NULL：pevent 传入的是一个空指针； （4）OS_ERR_QUERY_ISR：从 ISR 调用 OSMutexQuery，不允许； （5）OS_ERR_PDATA_NULL：p_mutex_data 传入的是一个空指针
说明	必须先建立互斥信号量然后使用，不允许从中断调用该函数

OSMutexQuery 函数调用如例 6-2-6 所示。

【例 6-2-6】

```
OS_EVENT *DispMutex;
void Task(void *p_arg)
{
    OS_MUTEX_DATA mutex_data;
    INT8U err;
    INT8U highest;
    INT8U x;
    INT8U y;
    p_arg=p_arg;
    while(1)
    {
        //用户代码
        err=OSMutexQuery(DispMutex,&mutex_data);
        if(err==OS_ERR_NONE)
        {
        //用户代码
        }
        //用户代码
    }
}
```

6.3 μC/OS-Ⅱ互斥信号量的编程思想

1. 互斥信号量的创建与删除

设计4个任务，任务Start用于创建其他任务，任务LED执行LED1灯的闪烁，并记录任务执行的次数，通过串口显示任务执行的次数。任务LED1执行LED2灯的闪烁，并记录任务执行的次数，通过串口显示任务执行的次数。任务KEY的功能是扫描按键，当按键按下时删除互斥信号量。

2. 互斥信号量的等待与发送

在μcos-task.c中设计4个任务，任务OS_TaskM用于其他任务正常执行，任务OS_TaskH等待获取互斥信号，并记录任务执行的次数，通过串口显示任务执行的次数。任务OS_TaskM等待获取互斥信号量，并记录任务执行的次数，通过串口显示任务执行的次数。任务OS_TaskL等待获取互斥信号量，并记录任务执行的次数，通过串口显示任务执行的次数。任务KeyTask的功能是扫描按键。

6.4 μC/OS-Ⅱ互斥信号量编程示例

本实验部分源码如下，完整的工程详见工程示例代码。

1. 在μcos-task.c中首先定义一个互斥信号量，如下：

```
OS_EVENT   * mutexSem;                      //互斥信号量事件控制块
```

2. 在main.c中创建任务Start_Task()，然后在μcos-task.c开始任务Start_Task中调用OSMutexCreate函数创建一个互斥信号量，代码如下：

```
//任务函数——起始任务
void Start_Task(void * p_arg)
{
    OS_CPU_SR   cpu_sr=0u;
    INT8U   perr;

    //创建互斥信号量
    mutexSem=OSMutexCreate(7,&perr);//设置优先级为7获得信号量后,如果失败返回错误码
    if(mutexSem==NULL || perr != OS_ERR_NONE)//返回空代表创建成功
        printf("OSSemCreate err\r\n");
      OS_ENTER_CRITICAL();  //进入临界
      OSTaskCreate(KeyTask,                          //任务函数
                   (void *)0,                        //传递给任务函数的实参
                   &KeyTaskStk[256-1u],              //任务栈栈顶,入栈——出栈
                   KEYTASKPRO);                      //任务优先级 最大为62,μc/
os II最大的任务数为64个。
    OSTaskCreate(OS_TaskH,                           //任务函数
                   (void *)0,                        //传递给任务函数的实参
```

```
                        &OSTaskHStk[OS_TASK_H_STK_SIZE-1u],  //任务栈栈顶,入栈--出栈
                        OS_TASK_H_PRIO);                     //任务优先级 最大为 62,μc/
os II 最大的任务数为 64 个。
    OSTaskCreate(OS_TaskM,                                   //任务函数
                        (void *)0,                           //传递给任务函数的实参
                        &OSTaskMStk[OS_TASK_M_STK_SIZE-1u],  //任务栈栈顶,入栈--出栈
                        OS_TASK_M_PRIO);                     //任务优先级 最大为 62,μc/
os II 最大的任务数为 64 个。
    OSTaskCreate(OS_TaskL,                                   //任务函数
                        (void *)0,                           //传递给任务函数的实参
                        &OSTaskLStk[OS_TASK_L_STK_SIZE-1u],  //任务栈栈顶,入栈--出栈
                        OS_TASK_L_PRIO);                     //任务优先级 最大为 62,μc/
os II 最大的任务数为 64 个。
    OS_EXIT_CRITICAL();                                      //退出临界
    OSTaskSuspend(OS_PRIO_SELF);                             //挂起自己

}
```

3. 互斥信号量等待与发送

在 μcos-task.c 中设计 4 个任务，任务 OS_TaskM 用于其他任务正常执行，任务 OS_TaskH 等待获取互斥信号，并记录任务执行的次数，通过串口显示任务执行的次数。任务 OS_TaskM 等待获取互斥信号量，并记录任务执行的次数，通过串口显示任务执行的次数。任务 OS_TaskL 等待获取互斥信号量，并记录任务执行的次数，通过串口显示任务执行的次数。任务 KeyTask 的功能是扫描按键。

```
#define STARTTASKPRO 20                        //设置 START 任务优先级
static  OS_STK       StartTaskStk[256];        //定义 START 任务栈的大小
void Start_Task(void *p_arg);                  //任务的声明

#define KEYTASKPRO  6                          //设置 START 任务优先级
static  OS_STK       KeyTaskStk[256];          //定义 START 任务栈的大小
void KeyTask(void *p_arg);                     //任务的声明

//H 任务
#define OS_TASK_H_PRIO 8                       //设置 START 任务优先级
#define OS_TASK_H_STK_SIZE 128
OS_STK OSTaskHStk[OS_TASK_H_STK_SIZE];         //定义 START 任务栈的大小
void  OS_TaskH(void *p_arg);                   //任务的声明

//M 任务
#define OS_TASK_M_PRIO 10                      //设置 START 任务优先级
#define OS_TASK_M_STK_SIZE 128                 //定义 START 任务栈的大小
OS_STK OSTaskMStk[OS_TASK_M_STK_SIZE];
```

```
void  OS_TaskM(void * p_arg);                   //任务的声明

//L 任务
#define OS_TASK_L_PRIO 12                       //设置 START 任务优先级
#define OS_TASK_L_STK_SIZE 128
OS_STK OSTaskLStk[OS_TASK_L_STK_SIZE];          //定义 START 任务栈的大小
void  OS_TaskL(void * p_arg);                   //任务的声明

//任务 1 的代码函数
void KeyTask(void * p_arg)
{

    while(1)
    {
        if(Key_Scan()){
            if(OSSemPost(sem1)==OS_ERR_NONE){

            }
        }

        OSTimeDlyHMSM(0,0,0,10);
    }
}

//任务 2 的代码函数
void  OS_TaskH(void * p_arg)
{
      INT8U perr;
        u8 cnt=0;
    p_arg=p_arg;
    while(1){
          OSTimeDlyHMSM(0,0,0,500);//最开始 H 任务休眠
            printf("任务 H 抢到 CPU\r\n");  //(5)
            printf("任务 H 想获取信号量\r\n");  //
            OSMutexPend(mutexSem,0,&perr);//  (6)阻塞  等待获取互斥信号量
            printf("任务 H 得到信号量,开始执行\r\n");//(13)
            cnt++;                          //(14)
            //OSSemPost(sem1);
            printf("任务 H 执行完毕\r\n");
            OSTimeDlyHMSM(0,0,1,0);
    }
}
//任务 3 的代码函数
```

```
void  OS_TaskM(void * p_arg)
{
        u8 cnt=0;
    p_arg=p_arg;
    for(;;){
          OSTimeDlyHMSM(0,0,0,600);//开始 M 任务也休眠
            cnt++;                       //(8)(9)
            printf("任务 M 执行完毕 %d 次\r\n",cnt);//(10);
            OSTimeDlyHMSM(0,0,1,0);
    }
}
//任务 4 的代码函数
void  OS_TaskL(void * p_arg)
{
        INT8U perr;
        u32 i,j;
    p_arg=p_arg;
    for(;;){
            printf("任务 L 正在执行\r\n");//(1)
            OSMutexPend(mutexSem,0,&perr);//(2)等待获取互斥信号量
            for(i=0;i<80000;i++)        //(3)  大于 600ms (7)(11)
            {
                for(j=0;j<3000;j++);     //
            }
            printf("任务 L 释放互斥信号量\r\n");//
            OSMutexPost(mutexSem);      //(12)释放一个互斥信号量
          OSTimeDlyHMSM(0,0,1,0);
    }
}
```

4. 互斥信号量的检查

```
OS_EVENT  * sem1;

#define STARTTASKPRO 20                          //设置 START 任务优先级
static  OS_STK      StartTaskStk[256];           //定义 START 任务栈的大小
void Start_Task(void * p_arg);                   //任务的声明

#define KEYTASKPRO  6                            //设置 START 任务优先级
static  OS_STK      KeyTaskStk[256];             //定义 START 任务栈的大小
void KeyTask(void * p_arg);                      //任务的声明

//H 任务
#define OS_TASK_H_PRIO 8                         //设置 START 任务优先级
```

```
#define OS_TASK_H_STK_SIZE 128
OS_STK OSTaskHStk[OS_TASK_H_STK_SIZE];              //定义 START 任务栈的大小
void  OS_TaskH(void * p_arg);                       //任务的声明

//M 任务
#define OS_TASK_M_PRIO 10                           //设置 START 任务优先级
#define OS_TASK_M_STK_SIZE 128                      //定义 START 任务栈的大小
OS_STK OSTaskMStk[OS_TASK_M_STK_SIZE];
void  OS_TaskM(void * p_arg);                       //任务的声明

//L 任务
#define OS_TASK_L_PRIO 12                           //设置 START 任务优先级
#define OS_TASK_L_STK_SIZE 128
OS_STK OSTaskLStk[OS_TASK_L_STK_SIZE];              //定义 START 任务栈的大小
void  OS_TaskL(void * p_arg);                       //任务的声明

OS_EVENT  * mutexSem;                               //互斥信号量事件控制块
int main()
{
    NVIC_PriorityGroupConfig(NVIC_PriorityGroup_2);//设置系统中断优先级分组 2
    Delay_Init(84);
    Usart1_Init(115200);
    Usart2_Init(115200);
    Led_Init();
    Key_Init();
    OS_CPU_SysTickInit(84000000/OS_TICKS_PER_SEC);//1ms 进一次中断
    OSInit();//μcos 初始化
    OSTaskCreate( Start_Task,                     //任务函数
                         "XYD",                       //传递给任务函数的实参
                         &StartTaskStk[256-1],//任务栈栈顶,入栈——出栈
                         STARTTASKPRO);//任务优先级 最大为 62,μc/os II 最大的任务数为
64 个
μcos III(N)
    OSStart();  //启动 μcos
    while(1)/* Should Never Get Here. 这里的程序不会执行 */
    {
        ;
    }
}

//任务函数——起始任务
void Start_Task(void * p_arg)
```

```
{
    OS_CPU_SR  cpu_sr=0u;
    INT8U  perr;

    //创建互斥信号量
    mutexSem=OSMutexCreate(7,&perr);//设置优先级为 7 获得信号量后,如果失败返回错误码
    if(mutexSem==NULL || perr ! =OS_ERR_NONE)//返回空代表创建成功
        printf("OSSemCreate err\r\n");
      OS_ENTER_CRITICAL();  //进入临界
        OSTaskCreate(KeyTask,                                 //任务函数
                     (void *)0,                               //传递给任务函数的实参
                     &KeyTaskStk[256-1u],                     //任务栈栈顶,入栈——
出栈
                     KEYTASKPRO);                             //任务优先级 最大为 62,
μc/os II 最大的任务数为 64 个
      OSTaskCreate(OS_TaskH,                                  //任务函数
                     (void *)0,                               //传递给任务函数的实参
                     &OSTaskHStk[OS_TASK_H_STK_SIZE-1u],      //任务栈栈顶,入栈——
出栈
                     OS_TASK_H_PRIO);                         //任务优先级 最大为 62,
μc/os II 最大的任务数为 64 个
      OSTaskCreate(OS_TaskM,                                  //任务函数
                     (void *)0,                               //传递给任务函数的实参
                     &OSTaskMStk[OS_TASK_M_STK_SIZE-1u],      //任务栈栈顶,入栈——
出栈
                     OS_TASK_M_PRIO);                         //任务优先级 最大为 62,
μc/os II 最大的任务数为 64 个
      OSTaskCreate(OS_TaskL,                                  //任务函数
                     (void *)0,                               //传递给任务函数的实参
                     &OSTaskLStk[OS_TASK_L_STK_SIZE-1u],      //任务栈栈顶,入栈——
出栈
                     OS_TASK_L_PRIO);                         //任务优先级 最大为 62,
μc/os II 最大的任务数为 64 个
    OS_EXIT_CRITICAL();                                       //退出临界
    OSTaskSuspend(OS_PRIO_SELF);                              //挂起自己

}
void KeyTask(void *p_arg)
{

    while(1)
    {
```

```
        if(Key_Scan()){
            if(OSSemPost(sem1)==OS_ERR_NONE){

            }
        }

        OSTimeDlyHMSM(0,0,0,10);
    }
}

void  OS_TaskH(void *p_arg)
{
      INT8U perr;
        u8 cnt=0;
    p_arg=p_arg;
    while(1){
          OSTimeDlyHMSM(0,0,0,500);//最开始H任务休眠
            printf("任务H抢到CPU\r\n");  //(5)
            printf("任务H想获取信号量\r\n");  //
            OSMutexPend(mutexSem,0,&perr);//  (6)阻塞  等待获取互斥信号量
            printf("任务H得到信号量,开始执行\r\n");//(13)
            cnt++;                        //(14)
            //OSSemPost(sem1);
            printf("任务H执行完毕\r\n");
            OSTimeDlyHMSM(0,0,1,0);
    }
}

void  OS_TaskM(void *p_arg)
{
        u8 cnt=0;
    p_arg=p_arg;
    for(;;){
          OSTimeDlyHMSM(0,0,0,600);//开始M任务也休眠
            cnt++;                          //(8)(9)
            printf("任务M执行完毕%d次\r\n",cnt);//(10);
            OSTimeDlyHMSM(0,0,1,0);
    }
}

void  OS_TaskL(void *p_arg)
{
        INT8U perr;
```

```
    u32 i,j;
  p_arg=p_arg;
  for(;;){
        printf("任务 L 正在执行\r\n");//(1)
        OSMutexPend(mutexSem,0,&perr);//(2)等待获取互斥信号量
        for(i=0;i<80000;i++)        //(3)  大于 600ms (7)(11)
        {
           for(j=0;j<3000;j++);     //
        }
        printf("任务 L 释放互斥信号量\r\n");//
        OSMutexPost(mutexSem);     //(12)释放一个互斥信号量
      OSTimeDlyHMSM(0,0,1,0);
  }
}
```

6.5 μC/OS-Ⅱ互斥信号量编程示例验证

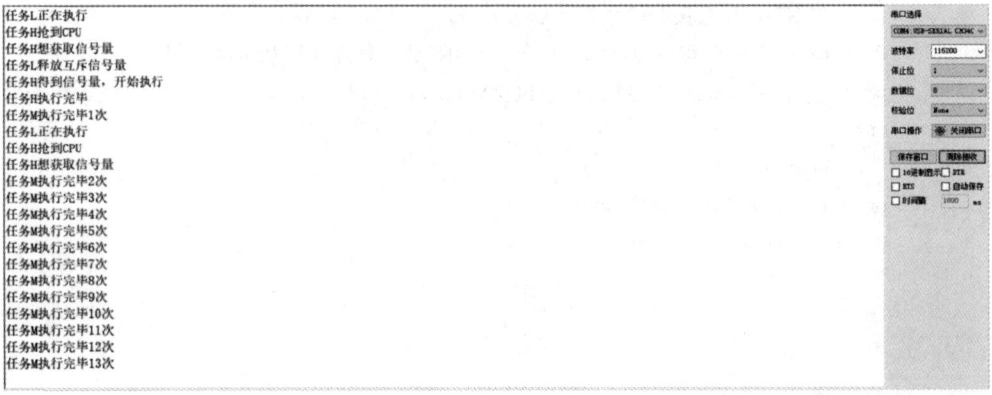

7 μC/OS-Ⅱ消息邮箱管理

7.1 μC/OS-Ⅱ消息邮箱简介

邮箱，顾名思义就是用于通信的。日常生活中，邮箱中的内容一般是信件。在操作系统中也是通过邮箱来管理任务间的通信与同步，但是必须注意的是，系统里邮箱中的内容并不是信件本身，而是指向消息内容的地址。这个指针是 void 类型的，可以指向任何类型的数据结构。因此，邮箱所发送的信息范围更宽，可以容纳下任何长度的数据。

一个任务或者中断服务程序有时需要和另一个任务交流信息，这个消息传递的过程就叫任务间通信。任务间的消息传递可以通过两种途径：一是通过全局变量，二是通过发布消息。

使用全局变量的时候每个任务或者中断服务程序都必须保证其对全局变量的独占访问。消息也可以通过消息队列作为中介发布给任务。

什么是消息？消息包含以下几个部分：指向数据的指针、数据的长度和记录消息发布时刻的时间戳。指针指向的可以是一块数据区域或者是一个函数。消息的内容必须一直保持可见性，可见性是指代表消息的变量必须在接收消息的任务代码范围内有效。这是因为发布数据采用的是指针传递，也就是引用传递，并不是值传递。也就是说，发布的消息本身并不产生拷贝，我们可以使用动态内存分配的方式来给消息分配一个内存块，或者也可以传递一个指向全局变量、全局数据结构、全局数组或者函数的指针。

消息邮箱是一个指针型变量，消息邮箱发送的是一个地址。

7.2 μC/OS-Ⅱ消息邮箱相关函数

7.2.1 OSMboxCreate（）

OSMboxCreate 函数说明如表 7-2-1 所示。

表 7-2-1 OSMboxCreate 函数说明

函数原型	OS_EVENT *OSMboxCreate (void *pmsg)
功能描述	建立并初始化一个消息邮箱。消息邮箱允许任务或中断向其他一个或多个任务发送消息
输入参数	pmsg：参数用来初始化建立的消息邮箱。如果该指针不为空，则建立的消息邮箱将含有消息

续表

输出参数	无
返回值	(OS _ EVENT *) 0：如果没有可用的事件控制块，返回空指针
说明	无

OSMboxCreate 函数调用如例 7-2-1 所示。

【例 7-2-1】

```
OS_EVENT * CommMbox;//定义邮箱指针
void main(void)
{
    //用户代码
    //用户代码
    OSInit()；  //初始化 μC/OS-Ⅱ
    //用户代码
    //用户代码
    CommMbox=OSMboxCreate((void * )0)；  //建立消息邮箱
    OSStart()；  //启动多任务内核
}
```

7.2.2 OSMboxAccept ()

OSMboxAccept 函数说明如表 7-2-2 所示。

表 7-2-2 OSMboxAccept 函数说明

函数原型	void * OSMboxAccept (OS _ EVENT * pevent)
功能描述	函数查看指定的消息邮箱是否有需要的消息。不同于 OSMboxPend 函数，如果没有需要的消息，OSMboxAccept 函数并不挂起任务。如果消息已经到达，该消息被传递到用户任务并且从消息邮箱中清除。通常是中断调用该函数，因为中断不允许挂起等待消息
输入参数	pevent：指向需要查看的消息邮箱的指针。当建立消息邮箱时，该指针返回到用户程序
输出参数	无
返回值	返回如下之一： (1) 等于 (void *) 0：如果消息邮箱没有消息或 pevent 传入为 NULL，或其他不是指向消息邮箱的指针，返回 NULL 指针； (2) 不等于 (void *) 0：如果消息已经到达，返回指向该消息的指针
说明	必须先建立消息邮箱，然后使用

OSMboxAccept 函数调用如例 7-2-2 所示。

【例 7-2-2】

```
OS_EVENT * CommMbox;
void Task(void * pdata)
{
    void * msg;
    pdata=pdata;
```

```
    while(1)
    {
        msg=OSMboxAccept(CommMbox);  //检查消息邮箱是否有消息
        if(msg ! =(void *)0)                //如果 msg 不为空则有消息
        {
            //用户代码 //处理消息
        }
        else
        {
            //用户代码 //没有消息
        }
    }
}
```

7.2.3 OSMboxPend()

OSMboxPend 函数说明如表 7-2-3 所示。

表 7-2-3 OSMboxPend 函数说明

函数原型	void *OSMboxPend(OS_EVENT *pevent，INT16U timeout，INT8U *perr)
功能描述	用于任务等待消息。消息通过中断或另外的任务发送给需要的任务。消息是一个以指针定义的变量，在不同的程序中消息的使用也可能不同。如果调用 OSMboxPend 函数时消息邮箱已经存在需要的消息，该消息就被返回给 OSMboxPend 的调用者，并在消息邮箱中清除该消息。如果调用 OSMboxPend 函数时消息邮箱中没有需要的消息，OSMboxPend 函数挂起当前任务直到得到需要的消息或超出定义的等待超时的时间。如果同时有多个任务等待同一个消息，μC/OS-Ⅱ默认最高优先级的任务取得消息并且任务恢复执行。一个由 OSTaskSuspend 函数挂起的任务也可以接收消息，但这个任务将一直保持挂起状态直到通过调用 OSTaskResume 函数后恢复任务的运行
输入参数 1	pevent：指向消息邮箱的指针
输入参数 2	timeout：任务等待超时周期，为 0 时表示无限等待。若为其他，则递减到 0 时任务恢复执行
输出参数	perr：指向错误代码变量的指针。其值如下之一： (1) OS_ERR_NONE：接收到消息； (2) OS_ERR_TIMEOUT：未在指定的超时周期内收到的消息； (3) OS_ERR_PEND_ABORT：等待中止，是由于另一个任务或通过 ISR 调用 OSMboxPendAbort； (4) OS_ERR_EVENT_TYPE：pevent 不是指向一个消息邮箱； (5) OS_ERR_PEND_LOCKED：在调用本函数时，调度器被锁定； (6) OS_ERR_PEND_ISR：尝试从一个 ISR 调用 OSMboxPend，不允许； (7) OS_ERR_PEVENT_NULL：pevent 传入的是一个空指针
返回值	返回如下之一： (1) 等于 (void *) 0：如果未在指定的超时期限内收到消息，返回的消息是一个 NULL 指针，*perr 值为 OS_ERR_TIMEOUT； (2) 不等于 (void *) 0：返回由任何一个任务或中断服务程序发送的消息，并且 *perr 值为 OS_ERR_NONE
说明	(1) 必须先创建邮箱再使用本函数； (2) 不允许在中断函数中调用本函数

OSMboxPend 函数调用如例 7-2-3 所示。

【例 7-2-3】

```
OS_EVENT * CommMbox;
void CommTask(void * p_arg)
{
    INT8U err;
    void * pmsg;
    p_arg=p_arg;
    while(1)
    {
        //用户代码
        pmsg=OSMboxPend(CommMbox,0,&err);
        if(err==OS_ERR_NONE)
        {
            //处理接收到的消息
        }
        else
        {
            //接收消息失败,检查相关错误代码以查明原因
        }
        //用户代码
    }
}
```

7.2.4 OSMboxPost（）

OSMboxPost 函数说明如表 7-2-4 所示。

表 7-2-4 OSMboxPost 函数说明

函数原型	INT8U OSMboxPost（OS_EVENT * pevent，void * pmsg）
功能描述	函数通过消息邮箱向任务发送消息。消息是一个指针长度的变量，在不同的程序中消息的使用也可能不同。如果消息邮箱中已经存在消息，返回错误码说明消息邮箱已满，OSMbox-Post 函数立即返回调用者，消息没能发到消息邮箱。如果有任何任务在等待消息邮箱的消息，最高优先级的任务将得到这个消息。如果等待消息的任务优先级比发送消息的任务优先级高，那么高优先级的任务将得到消息而恢复执行，也就是说，发生了一次任务切换
输入参数 1	pevent：指向消息邮箱的指针
输入参数 2	pmsg：即将发送给任务的消息。消息是一个指针长度的变量，在不同的程序中消息的使用也可能不同。不允许传递一个空指针
输出参数	无

续表

返回值	返回如下之一： （1）OS _ ERR _ NONE：发送成功； （2）OS _ ERR _ MBOX _ FULL：邮箱已满； （3）OS _ ERR _ EVENT _ TYPE：pevent 不是指向一个消息邮箱； （4）OS _ ERR _ PEVENT _ NULL：pevent 传入的是一个空指针； （5）OS _ ERR _ POST _ NULL _ PTR：发送的内容为 NULL（空），不允许
说明	（1）必须先建立消息邮箱，然后使用； （2）不允许传递一个空指针，因为这意味着消息邮箱为空

OSMboxPost 函数调用如例 7-2-4 所示。

【例 7-2-4】

```
OS_EVENT *CommMbox;
INT8U CommRxBuf[100];
void CommTaskRx(void *p_arg)
{
    INT8U err;
    p_arg=p_arg;
    while(1)
    {
        //用户代码
        err=OSMboxPost(CommMbox,(void *)CommRxBuf);
        //用户代码
    }
}
```

7.2.5 OSMboxDel（）

OSMboxDel 函数说明如表 7-2-5 所示。

表 7-2-5 OSMboxDel 函数说明

函数原型	OS _ EVENT *OSMboxDel（OS _ EVENT *pevent，INT8U opt，INT8U *perr）
功能描述	用于删除一个消息邮箱。使用这个函数是很危险的，因为多个任务可能是依赖于消息邮箱而运行的。所以在删除消息邮箱之前，必须先删除所有访问消息邮箱的任务。使用这个函数要特别小心，删除后，OSMboxAccept 函数并不知道预期的邮箱已被删除，OSMboxPend 函数申请消息也会失败，所以必须要检查它的返回值
输入参数 1	pevent：指向消息邮箱的指针
输入参数 2	opt：选择指定要删除消息邮箱类型。 （1）OS _ DEL _ NO _ PEND：只有当不存在任务等待该消息邮箱时才删除，否则不删除； （2）OS _ DEL _ ALWAYS：不管有多少任务在等待该邮箱，都直接删除。当使用这一项删除消息邮箱时，所有等待该消息邮箱的任务都会被唤醒，并返回 OS _ ERR _ PEND _ ABORT 错误码

续表

输出参数	perr：指向错误代码变量的指针。其值如下之一： （1）OS_ERR_NONE：消息邮箱已经成功被删除； （2）OS_ERR_DEL_ISR：尝试从一个 ISR 删除一个消息邮箱； （3）OS_ERR_PEVENT_NULL：pevent 传入的是一个空指针； （4）OS_ERR_EVENT_TYPE：pevent 不是指向一个消息邮箱； （5）OS_ERR_INVALID_OPT：传入选项参数（opt）有误； （6）OS_ERR_TASK_WAITING：一个或多个任务正在等待消息
返回值	返回如下之一： （1）（OS_EVENT *）0：如果消息邮箱被成功删除，则返回 NULL 指针； （2）其他：删除失败，需要检查错误代码以确定原因
说明	无

OSMboxDel 函数调用如例 7-2-5 所示。

【例 7-2-5】

```
OS_EVENT * DispMbox;
void Task(void * p_arg)
{
    INT8U err;
    p_arg=p_arg;
    while(1)
    {
        //用户代码
        DispMbox=OSMboxDel(DispMbox,OS_DEL_ALWAYS,&err);
        if(DispMbox==(OS_EVENT * )0)
        {
            //消息邮箱被成功删除
        }
        //用户代码
    }
}
```

7.2.6 OSMboxQuery()

OSMboxQuery 函数说明如表 7-2-6 所示。

表 7-2-6 OSMboxQuery 函数说明

函数原型	INT8U OSMboxQuery（OS_EVENT *pevent，OS_MBOX_DATA *p_mbox_data)
功能描述	用来取得消息邮箱的相关信息。用户程序必须分配一个 OS_MBOX_DATA 的数据结构，该结构用来从消息邮箱的事件控制块接收数据。通过调用 OSMboxQuery 函数可以知道任务是否在等待消息以及有多少个任务在等待消息，还可以检查消息邮箱现在的消息

续表

输入参数 1	pevent：指向消息邮箱的指针

输入参数 2	p_mbox_data：指向 OS_MBOX_DATA 数据结构的指针。该数据结构包含下述成员：
	typedef struct
	{
	void * OSMsg;　　//消息邮箱中消息
	INT8U OSEventTbl [OS_EVENT_TBL_SIZE]; //消息邮箱等待队列的任务链表
	INT8U OSEventGrp;
	} OS_MBOX_DATA;

输出参数	无
返回值	返回如下之一： (1) OS_ERR_NONE：调用成功； (2) OS_ERR_EVENT_TYPE：pevent 不是指向一个消息邮箱； (3) OS_ERR_PEVENT_NULL：pevent 传入的是一个空指针； (4) OS_ERR_PNAME_NULL：p_mbox_data 传入的是一个空指针
说明	无

OSMboxQuery 函数调用如例 7-2-6 所示。

【例 7-2-6】

```
OS_EVENT * CommMbox;
void Task(void * p_arg)
{
    OS_MBOX_DATA mbox_data;
    INT8U err;
    p_arg=p_arg;
    while(1)
    {
        //用户代码
        err=OSMboxQuery(CommMbox,&mbox_data);
        if(err==OS_ERR_NONE)
        {
            //邮箱包含的相关信息获取成功
        }
    }
}
```

7.2.7 OSMboxPendAbort ()

OSMboxPendAbort 函数说明如表 7-2-7 所示。

表 7-2-7　OSMboxPendAbort 函数说明

函数原型	INT8U OSMboxPendAbort（OS _ EVENT ＊pevent，INT8U opt，INT8U ＊perr）
功能描述	用来使在等待该邮箱消息的任务取消挂起。取消任务挂起后，μC/OS-Ⅱ会自动执行调度。若应用中无须其在取消任务后实现调度，可在上述两种方式后或上操作宏 OS _ OPT _ POST _ NO _ SCHED
输入参数 1	pevent：指向消息邮箱的指针
输入参数 2	opt：指定要中止消息邮箱等待的类型： （1）OS _ PEND _ OPT _ NONE：只中止最高优先级任务中在等待消息的邮箱； （2）OS _ PEND _ OPT _ BROADCAST：中止所有任务中在等待消息的邮箱
输出参数	perr：指向错误代码变量的指针。其值如下之一： （1）OS _ ERR _ NONE：没有任务在等待该邮箱； （2）OS _ ERR _ EVENT _ TYPE：pevent 不是指向一个消息邮箱； （3）OS _ ERR _ PEND _ ABORT：至少一个任务等待的消息邮箱已经退出等待； （4）OS _ ERR _ PEVENT _ NULL：pevent 传入的是一个空指针
返回值	返回如下之一： （1）等于 0：表示没有任务在等待邮箱消息，因此该功能没作用； （2）不等于 0：返回被本函数中止的正在等待该邮箱消息的任务数
说明	无

OSMboxPendAbort 函数调用如例 7-2-7 所示。

【例 7-2-7】

```
OS_EVENT *CommMbox;
void CommTask(void *p_arg)
{
    INT8U err;
    INT8U nbr_tasks;
    p_arg=p_arg;
    while(1)
    {
        //用户代码
        nbr_tasks=OSMboxPendAbort(CommMbox,OS_PEND_OPT_BROADCAST,&err);
        if(err==OS_ERR_NONE)
        {
            //没有任务在等待该邮箱
        }
        else if(err==OS_ERR_PEND_ABORT)
        {
            //所有在等待该消息邮箱的任务退出等待
        }
        //用户代码
    }
}
```

7.2.8 OSMboxPostOpt ()

OSMboxPostOpt 函数说明如表 7-2-8 所示。

表 7-2-8 OSMboxPostOpt 函数说明

函数原型	INT8U OSMboxPostOpt (OS_EVENT * pevent, void * pmsg, INT8U opt)
功能描述	功能跟 OSMboxPost 类似，不同的是有多个发送选项可选
输入参数 1	pevent：指向消息邮箱的指针
输入参数 2	pmsg：即将发送给任务的消息。消息是一个指针长度的变量，在不同的程序中消息的使用也可能不同。不允许传递一个空指针，因为这意味着消息邮箱为空
输入参数 3	opt：发送选项。有以下几种： (1) OS_POST_OPT_NONE：消息只发给等待邮箱消息的任务中优先级最高的任务； (2) OS_POST_OPT_BROADCAST：消息发给所有等待邮箱消息的任务，所有等待该消息邮箱的任务都会获得消息，进入就绪状态； (3) OS_POST_OPT_NO_SCHED：消息被提交到邮箱，但不马上调用调度器进行任务切换。选项是可以叠加的，例如：OS_POST_OPT_BROADCAST | OS_POST_OPT_NO_SCHED
输出参数	无
返回值	返回如下之一： (1) OS_ERR_NONE：发送成功； (2) OS_ERR_MBOX_FULL：邮箱已满； (3) OS_ERR_EVENT_TYPE：pevent 不是指向一个消息邮箱； (4) OS_ERR_PEVENT_NULL：pevent 传入的是一个空指针； (5) OS_ERR_POST_NULL_PTR：发送的内容为 NULL（空），不允许
说明	(1) 必须先建立消息邮箱，然后使用； (2) 不允许传递一个空指针，因为这意味着消息邮箱为空； (3) 如果需要使用此功能，并希望减少代码空间，可以禁用代码生成 OSMboxPost，因为 OSMboxPostOpt 可以模拟 OSMboxPost

OSMboxPostOpt 函数调用如例 7-2-8 所示。

【例 7-2-8】

```
OS_EVENT * CommMbox;
INT8U CommRxBuf[100];
void CommTaskRx(void * p_arg)
{
    INT8U err;
    p_arg=p_arg;
    while(1)
    {
        //用户代码
        err=OSMboxPostOpt(CommMbox,
        (void * )CommRxBuf,
        OS_POST_OPT_BROADCAST);
        //用户代码
    }
}
```

7.3 μC/OS-Ⅱ消息邮箱的编程思想

1. 消息邮箱的创建

设计 5 个任务，任务 Start _ Task 用于创建其他任务，任务 LED1Task 记录任务执行的次数，通过串口显示任务执行的次数。任务 LED2Task 的功能是等待唤醒 LED3，自我休眠；任务 LED3Task 的功能是等待唤醒 LED1，自我休眠。任务 KeyTask 的功能是扫描按键，当按键按下时发送消息。

2. 消息邮箱的等待与发送

在 μcos-task. c 中设计 4 个任务，任务 LED1Task 执行等待消息邮箱发送的消息，并记录任务执行的发送内容，通过串口显示任务执行的内容。任务 LED2Task 的功能是等待唤醒 LED3，自我休眠；任务 LED3Task 的功能是等待唤醒 LED1，自我休眠。任务 KeyTask 的功能是扫描按键，当按键按下时发送消息。

7.4 μC/OS-Ⅱ消息邮箱编程示例

本实验部分源码如下，完整的工程详见工程示例代码。

1. 在 μcos-task. c 中首先定义一个消息邮箱，如下：

```
OS_EVENT   * mbox;     //消息邮箱事件控制块
```

2. 在 main. c 中创建任务 Start _ Task ()，然后在 μcos-task. c 开始任务 Start _ Task 中调用 OSMboxCreate 函数创建一个消息邮箱，代码如下：

```
void Start_Task(void * p_arg)
{
    OS_CPU_SR  cpu_sr=0u;

    //创建一个消息邮箱
  mbox=OSMboxCreate(NULL);
    if(mbox==NULL)
        printf("OSMboxCreate ERR\r\n");
    OS_ENTER_CRITICAL();  //进入临界
    OSTaskCreate( KeyTask,
    "XYD",
    &KeyTaskStk[256-1],
    KEYTASKPRO);
    OSTaskCreate( LED1Task,                              //任务函数
                                "XYD",                   //传递给任务函数的实参
                                &LED1TaskStk[256-1],     //任务栈栈顶,入栈——出栈
                                LED1TASKPRO);            //任务优先级 最大为 62,μc/os II 最大
的任务数为 64 个。μcos III(N)
    OSTaskCreate( LED2Task,//任务函数
```

```
                    "XYD",                    //传递给任务函数的实参
                    &LED2TaskStk[256-1],      //任务栈栈顶,入栈——出栈
                    LED2TASKPRO);             //任务优先级 最大为62,μc/os II 最大
的任务数为64个。μcos III(N)
    OSTaskCreate( LED3Task,                   //任务函数
                    "XYD",                    //传递给任务函数的实参
                    &LED3TaskStk[256-1],      //任务栈栈顶,入栈——出栈
                    LED3TASKPRO);             //μc/os-Ⅱ任务优先级最大为62
    OSTaskSuspend(LED2TASKPRO);//挂起 LED2 任务
    OSTaskSuspend(LED3TASKPRO);//挂起 LED3 任务
    OS_EXIT_CRITICAL();  //退出临界
    OSTaskSuspend(OS_PRIO_SELF);//挂起自己
}
```

3. 消息邮箱的等待与发送

在μcos-task.c中设计4个任务，任务LED1Task执行等待消息邮箱发送的消息，并记录任务执行的发送内容，通过串口显示任务执行的内容。任务LED2Task的功能是等待唤醒LED3，自我休眠；任务LED3Task的功能是等待唤醒LED1，自我休眠。任务KeyTask的功能是扫描按键，当按键按下时发送消息。

```
typedef struct
{
    char name[20];
    int  age;
    int  num;

}STU;  //存放发送信息结构体


OS_EVENT  * mbox;     //消息邮箱事件控制块


#define KEYTASKPRO  10                        //设置 START 任务优先级
static  OS_STK     KeyTaskStk[256];           //定义 START 任务栈的大小
void KeyTask(void * p_arg);                   //任务的声明

#define LED1TASKPRO  12                       //设置 START 任务优先级
static  OS_STK     LED1TaskStk[256];          //定义 START 任务栈的大小
void LED1Task(void * p_arg);                  //任务的声明

#define LED2TASKPRO  14                       //设置 START 任务优先级
static  OS_STK     LED2TaskStk[256];          //定义 START 任务栈的大小
void LED2Task(void * p_arg);                  //任务的声明

#define LED3TASKPRO  16                       //设置 START 任务优先级
```

```
static  OS_STK      LED3TaskStk[256];          //定义 START 任务栈的大小
void LED3Task(void * p_arg);                   //任务的声明

//任务 1 的代码函数
void KeyTask(void * p_arg)
{
    u8 key;
    while(1)
    {
        key=Key_Scan();//按键扫描
        if(key==1){
            if(OSMboxPost(mbox,"LEDON")==OS_ERR_NONE){ //往消息邮箱中发送一则消息

            }
        }   else if(key==2){
            if(OSMboxPost(mbox,"LEDOFF")==OS_ERR_NONE){ //往消息邮箱中发送一则消息

            }
        }else if(key==3){
                STU s1={"隔壁老王",30,45080};
              if(OSMboxPost(mbox,&s1)==OS_ERR_NONE){ //往消息邮箱中发送一则消息

              }
        }
        OSTimeDlyHMSM(0,0,0,10);
    }
}

//任务 2 的任务函数
void LED1Task(void * p_arg)
{
    INT8U perr;
    while(1)
    {
        #if 0
        u8 * pMsg=NULL;
        pMsg=OSMboxPend(mbox,0,&perr);//等待消息邮箱中有消息
        if(perr==OS_ERR_NONE)//消息邮箱中有消息
        {
            printf("消息邮箱有消息\r\n");
            //判断消息邮箱中的内容
            if(strcmp((char * )pMsg,"LEDON")==0){
                printf("开灯\r\n");//开灯
```

```
            }else if(strcmp((char * )pMsg,"LEDOFF")==0){
                printf("关灯\r\n");//关灯
            }
        }
        #else
        STU * s;
        s=OSMboxPend(mbox,0,&perr);//等待消息邮箱中有消息
        if(perr==OS_ERR_NONE)//消息邮箱中有消息
        {
            printf("name: %s ,age: %d ,num: %d \r\n",s->name,s->age,s->num);
        }
        #endif
        OSTimeDly(100);
        printf("hello sem\r\n");//打印? 次 --n
    }
}
//任务 3 的任务函数
void LED2Task(void * p_arg)
{
    u8 i;
    while(1)
    {
        for(i=0;i<20;i++){
            printf("led2\r\n");
            OSTimeDly(10);//休眠 150ms
        }
        OSTaskResume(LED3TASKPRO);   //唤醒 LED3
        OSTaskSuspend(OS_PRIO_SELF);//挂起自己
    }
}
//任务 4 的任务函数
void LED3Task(void * p_arg)
{
    u8 i;
    while(1)
    {
        for(i=0;i<30;i++){
            printf("led3\r\n");
            OSTimeDly(5);//休眠
        }
        OSTaskResume(LED1TASKPRO);   //唤醒 LED1
        OSTaskSuspend(OS_PRIO_SELF);//挂起自己
    }
```

```
}
```

4. 消息邮箱的检查

```
typedef struct{
    char name[20];
    int  age;
    int  num;

}STU;  //存放发送信息结构体

OS_EVENT  * mbox;    //消息邮箱事件控制块

#define STARTTASKPRO 20                        //设置 START 任务优先级
static  OS_STK       StartTaskStk[256];        //定义 START 任务栈的大小
void Start_Task(void * p_arg);                 //任务的声明

#define KEYTASKPRO  10                         //设置 START 任务优先级
static  OS_STK      KeyTaskStk[256];           //定义 START 任务栈的大小
void KeyTask(void * p_arg);                    //任务的声明

#define LED1TASKPRO  12                        //设置 START 任务优先级
static  OS_STK       LED1TaskStk[256];         //定义 START 任务栈的大小
void LED1Task(void * p_arg);                   //任务的声明

#define LED2TASKPRO  14                        //设置 START 任务优先级
static  OS_STK       LED2TaskStk[256];         //定义 START 任务栈的大小
void LED2Task(void * p_arg);                   //任务的声明

#define LED3TASKPRO  16                        //设置 START 任务优先级
static  OS_STK       LED3TaskStk[256];         //定义 START 任务栈的大小
void LED3Task(void * p_arg);                   //任务的声明

int main()
{
    NVIC_PriorityGroupConfig(NVIC_PriorityGroup_2);//设置系统中断优先级分组 2
    Delay_Init(84);
    Usart1_Init(115200);
    Usart2_Init(115200);
    Led_Init();
    Key_Init();

    OS_CPU_SysTickInit(84000000/OS_TICKS_PER_SEC);//1ms 进一次中断
    OSInit();// ucos 初始化
```

```
OSTaskCreate( Start_Task,                                      //任务函数
                        "XYD",                                 //传递给任务函数的实参
                        &StartTaskStk[256-1],                  //任务栈栈顶,入栈--出栈
                        STARTTASKPRO);                         //任务优先级 最大为 62,μc/
os II 最大的任务数为 64 个。μcos III(N)
OSTaskCreate( KeyTask,                                         //任务函数
                        "XYD",                                 //传递给任务函数的实参
                        &KeyTaskStk[256-1],                    //任务栈栈顶,入栈--出栈
                        KEYTASKPRO);                           //任务优先级 最大为 62,
μc/os II 最大的任务数为 64 个。μcos III(N)
   OSStart();  //启动 μcos
   while(1)/* Should Never Get Here. 这里的程序不会执行 */
   {
      ;
   }
}

//任务函数--起始任务
void Start_Task(void *p_arg)
{
   OS_CPU_SR  cpu_sr=0u;

   //创建一个消息邮箱
 mbox=OSMboxCreate(NULL);
   if(mbox==NULL)
      printf("OSMboxCreate ERR\r\n");
   OS_ENTER_CRITICAL();  //进入临界
   OSTaskCreate( KeyTask,
   "XYD",
   &KeyTaskStk[256-1],
   KEYTASKPRO);
   OSTaskCreate( LED1Task,                          //任务函数
                        "XYD",                      //传递给任务函数的实参
                        &LED1TaskStk[256-1],        //任务栈栈顶,入栈--出栈
                        LED1TASKPRO);               //任务优先级 最大为 62,μc/os II 最大
的任务数为 64 个。μcos III(N)
   OSTaskCreate( LED2Task,//任务函数
                        "XYD",                      //传递给任务函数的实参
                        &LED2TaskStk[256-1],        //任务栈栈顶,入栈--出栈
                        LED2TASKPRO);               //任务优先级 最大为 62,μc/os II 最大
的任务数为 64 个。μcos III(N)
   OSTaskCreate( LED3Task,                          //任务函数
```

```
                        "XYD",                  //传递给任务函数的实参
                        &LED3TaskStk[256-1],     //任务栈栈顶,入栈——出栈
                        LED3TASKPRO);          //任务优先级 最大为62,μc/os II 最大
的任务数为64个。μcos III(N)
    OSTaskSuspend(LED2TASKPRO);//挂起 LED2
    OSTaskSuspend(LED3TASKPRO);//挂起 LED3
    OS_EXIT_CRITICAL();  //退出临界
    OSTaskSuspend(OS_PRIO_SELF);//挂起自己

}
void KeyTask(void * p_arg)
{
    u8 key;
    while(1)
    {
        key=Key_Scan();//按键扫描
        if(key==1){
            if(OSMboxPost(mbox,"LEDON")==OS_ERR_NONE){ //往消息邮箱中发送一则消息

            }
        }   else if(key==2){
            if(OSMboxPost(mbox,"LEDOFF")==OS_ERR_NONE){ //往消息邮箱中发送一则消息

            }
        }else if(key==3){
                STU s1={"隔壁老王",30,45080};
             if(OSMboxPost(mbox,&s1)==OS_ERR_NONE){ //往消息邮箱中发送一则消息

             }
        }
        OSTimeDlyHMSM(0,0,0,10);
    }
}

void LED1Task(void * p_arg)
{
    INT8U perr;
    while(1)
    {
        #if 0
        u8 * pMsg=NULL;
        pMsg=OSMboxPend(mbox,0,&perr);//等待消息邮箱中有消息
        if(perr==OS_ERR_NONE)//消息邮箱中有消息
```

```
        {
            printf("消息邮箱有消息\\r\\n");
            //判断消息邮箱中的内容
            if(strcmp((char * )pMsg,"LEDON")==0){
                printf("开灯\r\n");//开灯
            }else if(strcmp((char * )pMsg,"LEDOFF")==0){
                printf("关灯\r\n");//关灯
            }
        }
        #else
        STU * s;
        s=OSMboxPend(mbox,0,&perr);//等待消息邮箱中有消息
        if(perr==OS_ERR_NONE)//消息邮箱中有消息
        {
            printf("name: %s ,age: %d ,num: %d \r\n",s->name,s->age,s->num);
        }
        #endif
        OSTimeDly(100);
        printf("hello sem\r\n");//打印? 次 ——n
    }
}
void LED2Task(void * p_arg)
{
    u8 i;
    while(1)
    {
        for(i=0;i<20;i++){
            printf("led2\r\n");
            OSTimeDly(10);//休眠 150ms
        }
        OSTaskResume(LED3TASKPRO);  //唤醒 LED3
        OSTaskSuspend(OS_PRIO_SELF);//挂起自己
    }
}
void LED3Task(void * p_arg)
{
    u8 i;
    while(1)
    {
        for(i=0;i<30;i++){
            printf("led3\r\n");
            OSTimeDly(5);//休眠
        }
```

```
        OSTaskResume(LED1TASKPRO);   //唤醒 LED1
        OSTaskSuspend(OS_PRIO_SELF);//挂起自己
    }
}
```

7.5 μC/OS-Ⅱ消息邮箱编程示例代码验证

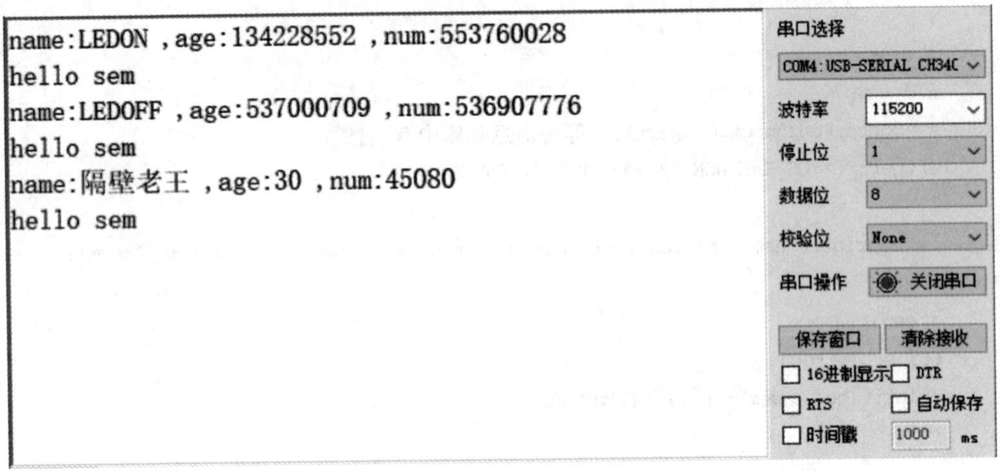

8 μC/OS-Ⅱ消息队列管理

8.1 μC/OS-Ⅱ消息队列简介

消息的集合——存放多条消息。

应用消息队列传输信息就类似于水管，一头流进（发送消息）一头流出（接收消息），这也是它的缺点。μC/OS-Ⅱ补充了一个插队函数 OSQPostFront（）。

消息队列是多个邮箱的数组，可以看作是个指针数组，任务之间可以按照一定顺序以指针定义的变量来传递，即发送一个个指针给任务，任务通过获得指针来处理指向的变量。这个方式有先进先出、先进后出。

一个邮箱只能传递一个指针，而队列可传递多个。

8.2 μC/OS-Ⅱ消息队列相关函数

8.2.1 OSQCreate（）

OSQCreate 函数说明如表 8-2-1 所示。

表 8-2-1 OSQCreate 函数说明

函数原型	OS_EVENT *OSQCreate（void **start，INT16U size）
功能描述	函数建立一个消息队列。任务或中断可以通过消息队列向其他一个或多个任务发送消息。消息的含义是和具体的应用密切相关的
输入参数 1	start：消息内存区的基地址。消息内存区是一个指针数组
输入参数 2	size：消息内存区的大小
输出参数	无
返回值	返回如下之一： （1）（OS_EVENT *）0：如果没有可用的事件控制块，返回空指针； （2）不等于 0：返回一个指向消息队列事件控制块的指针
说明	无

OSQCreate 函数调用如例 8-2-1 所示。

【例 8-2-1】

```
OS_EVENT *CommQ;
void *CommMsg[10];
void main(void)
{
    OSInit();
    //用户代码
    CommQ=OSQCreate(&CommMsg[0],10);
    //用户代码
    OSStart();
}
```

8.2.2 OSQAccept ()

OSQAccept 函数说明如表 8-2-2 所示。

表 8-2-2 OSQAccept 函数说明

函数原型	void *OSQAccept (OS_EVENT *pevent, INT8U *perr)
功能描述	函数检查消息队列中是否已经有需要的消息。不同于 OSQPend 函数，如果没有需要的消息，OSQAccept 函数并不挂起任务。如果消息已经到达，该消息被传递到用户任务。通常是中断调用该函数，因为中断不允许挂起等待消息
输入参数	pevent：指向需要查看的消息队列的指针。当建立消息队列时，该指针返回到用户程序
输出参数	perr：指向错误代码变量的指针。其值如下之一： (1) OS_ERR_NONE：请求成功； (2) OS_ERR_EVENT_TYPE：pevent 不是指向一个消息队列； (3) OS_ERR_PEVENT_NULL：pevent 是一个空指针； (4) OS_ERR_Q_EMPTY：队列不包含任何信息
返回值	返回如下之一： (1) 等于 (void *) 0：如果消息队列没有消息，返回空指针； (2) 不等于 (void *) 0：如果消息已经到达，返回指向该消息的指针
说明	必须先建立消息队列，然后使用

OSQAccept 函数调用如例 8-2-2 所示。

【例 8-2-2】

```
OS_EVENT *CommQ;
void Task(void *p_arg)
{
    void *pmsg;
    p_arg=p_arg;
    while(1)
    {
```

```
        pmsg=OSQAccept(CommQ);
        if(pmsg ! =(void *)0)
        {
            //用户代码
        }
        else
        {
            //用户代码
            //用户代码
        }
        //用户代码
    }
}
```

8.2.3 OSQPend ()

OSQPend 函数说明如表 8-2-3 所示。

表 8-2-3 OSQPend 函数说明

函数原型	void *OSQPend (OS_EVENT *pevent, INT16U timeout, INT8U *perr)
功能描述	函数用于任务等待队列中的消息。消息通过中断或另外的任务发送给需要的任务。消息是一个以指针定义的变量，在不同的程序中消息的使用也可能不同。如果调用 OSQPend 函数时队列中已经存在需要的消息，该消息就被返回给 OSQPend 函数的调用者，队列中清除该消息。如果调用 OSQPend 函数时队列中没有需要的消息，OSQPend 函数挂起当前任务直到得到需要的消息或超出定义的超时时间。如果同时有多个任务等待同一个消息，μC/OS-Ⅱ默认最高优先级的任务取得消息并且任务恢复执行。一个由 OSTaskSuspend 函数挂起的任务也可以接收消息，但这个任务将一直保持挂起状态直到通过调用 OSTaskResume 函数恢复任务的运行
输入参数 1	pevent：指向消息队列的指针。当建立消息队列时，该指针返回到用户程序
输入参数 2	timeout：任务等待超时周期，为 0 时表示无限等待。若为其他，则递减到 0 时任务恢复执行
输出参数	perr：指向错误代码变量的指针。其值如下之一： (1) OS_ERR_NONE：接收到消息； (2) OS_ERR_TIMEOUT：未在指定的超时周期内收到的消息； (3) OS_ERR_PEND_ABORT：等待中止，是由于另一个任务或通过 ISR 调用 OSQPendAbort； (4) OS_ERR_EVENT_TYPE：pevent 不是指向一个消息队列； (5) OS_ERR_PEND_LOCKED：在调用本函数时，调度器被锁定； (6) OS_ERR_PEND_ISR：尝试从一个 ISR 调用 OSMboxPend，不允许； (7) OS_ERR_PEVENT_NULL：pevent 传入的是一个空指针
返回值	无
说明	必须先创建消息队列后，才能使用

OSQPend 函数调用如例 8-2-3 所示。

【例 8-2-3】

```
OS_EVENT * CommQ;
void CommTask(void * p_arg)
{
    INT8U err;
    void * pmsg;
    p_arg=p_arg;
    while(1)
    {
        //用户代码
        pmsg=OSQPend(CommQ,100,&err);
        if(err==OS_ERR_NONE)
        {
            //用户代码
        }
        else
        {
            //用户代码
        }
        //用户代码
    }
}
```

8.2.4 OSQPost ()

OSQPost 函数说明如表 8-2-4 所示。

表 8-2-4 OSQPost 函数说明

函数原型	INT8U OSQPost (OS_EVENT * pevent, void * pmsg)
功能描述	函数通过消息队列向任务发送消息。消息是一个指针长度的变量，在不同的程序中消息的使用也可能不同。如果队列中已经存满消息，返回错误码，OSQPost 函数立即返回调用者，消息也没能发送到队列。如果有任何任务在等待队列中的消息，最高优先级的任务将得到这个消息。如果等待消息的任务优先级比发送消息的任务优先级高，那么高优先级的任务将得到消息而恢复执行，也就是说，发生了一次任务切换。消息队列是先入先出（FIFO）机制的，先进入队列的消息先被传递给任务
输入参数 1	pevent：指向消息队列的指针
输入参数 2	pmsg：即将发送给任务的消息。消息是一个指针长度的变量，在不同的程序中消息的使用也可能不同，不允许传递一个空指针
输出参数	无

续表

返回值	返回如下之一： (1) OS _ ERR _ NONE：发送成功； (2) OS _ ERR _ Q _ FULL：消息队列已满； (3) OS _ ERR _ EVENT _ TYPE：pevent 不是指向消息队列的指针； (4) OS _ ERR _ PEVENT _ NULL：pevent 传入的是一个空指针
说明	必须先创建消息队列，然后才能使用

OSQPost 函数调用如例 8-2-4 所示。

【例 8-2-4】

```
OS_EVENT *CommQ;
INT8U CommRxBuf[100];
void CommTaskRx(void *pdata)
{
    INT8U err;
    pdata=pdata;
    for(;;)
    {
        err=OSQPost(CommQ,(void *)&CommRxBuf[0]);
        if(err==OS_ERR_NONE)
        {
            //将消息放入消息队列
        }
        else
        {
            //消息队列已满
        }
    }
}
```

8.2.5 OSQDel ()

OSQDel 函数说明如表 8-2-5 所示。

表 8-2-5 OSQDel 函数说明

函数原型	OS _ EVENT *OSQDel (OS _ EVENT *pevent，INT8U opt，INT8U *perr)
功能描述	用于删除不再使用的消息队列，使用该函数时需非常谨慎，最好是先删除与该消息队列相关的所有任务，或者事先解除那些任务与该消息队列间的联系，不然会导致这些任务的失效。如果失效的任务是系统或应用中的关键任务，后果将不堪设想，因此，使用该函数时应当非常慎重。如果删除该队列，所有的任务挂起的队列将准备就绪，因此必须小心应用程序中队列用于互斥的情况，因为资源将不再由队列看守。此调用可能会禁止中断很长一段时间。中断禁止时间与任务等待队列的数目成正比。使用这个函数，如果选项是 OS _ DEL _ ALWAYS，OSQAccept 函数并不知道预期的邮箱已被删除，OSQPend 函数申请消息也会失败并返回 OS _ ERR _ PEND _ ABORT，所以必须要检查它的返回值

续表

输入参数1	pevent：指向消息队列的指针。当建立消息队列时，该指针返回到用户程序
输入参数2	opt：选择指定要删除消息队列的类型。 (1) OS_DEL_NO_PEND：只有当不存在悬而未决的任务删除时才删除，否则不删除； (2) OS_DEL_ALWAYS：不管是否有任务等待消息都直接删除
输出参数	perr：指向错误代码变量的指针。其值如下之一： (1) OS_ERR_NONE：消息队列删除成功； (2) OS_ERR_DEL_ISR：试图从ISR删除一个消息队列； (3) OS_ERR_INVALID_OPT：指定操作参数有误； (4) OS_ERR_TASK_WAITING：一个或多个任务正在等待消息队列同时指定了OS_DEL_NO_PEND； (5) OS_ERR_EVENT_TYPE：pevent不是指向一个消息队列； (6) OS_ERR_PEVENT_NULL：pevent是一个空指针
返回值	返回如下之一： (1) (OS_EVENT *) 0：如果消息队列被成功删除，则返回NULL指针； (2) 其他：删除失败，需要检查错误代码以确定原因
说明	无

OSQDel函数调用如例8-2-5所示。

【例8-2-5】

```
OS_EVENT *DispQ;
void Task(void *p_arg)
{
    INT8U err;
    p_arg=p_arg;
    while(1)
    {
        //用户代码
        DispQ=OSQDel(DispQ,OS_DEL_ALWAYS,&err);
        if(DispQ==(OS_EVENT *)0)
        {
            //消息队列删除成功
        }
        //用户代码
    }
}
```

8.2.6 OSQQuery ()

OSQQuery函数说明如表8-2-6所示。

表 8-2-6 OSQQuery 函数说明

函数原型	INT8U OSQQuery（OS_EVENT *pevent，OS_Q_DATA *p_q_data）
功能描述	函数用来取得消息队列的相关信息。用户程序必须建立一个 OS_Q_DATA 的数据结构，该结构用来保存从消息队列的事件控制块得到的数据。通过调用 OSQQuery 函数可以知道任务是否在等待消息、有多少个任务在等待消息、队列中有多少消息以及消息队列可以容纳的消息数。OSQQuery 函数还可以得到即将被传递给任务的消息的信息
输入参数 1	pevent：指向消息队列的指针
输入参数 2	p_q_data：指向 OS_Q_DATA 的一个数据结构。它包含下列字段： typedef struct { void *OSMsg； INT16U OSNMsgs； INT16U OSQSize； OS_PRIO OSEventTbl [OS_EVENT_TBL_SIZE]； OS_PRIO OSEventGrp； } OS_Q_DATA；
输出参数	无
返回值	返回如下之一： （1）OS_ERR_NONE：获取成功； （2）OS_ERR_EVENT_TYPE：pevent 不是指向一个消息队列； （3）OS_ERR_PEVENT_NULL：pevent 是一个空指针； （4）OS_ERR_PDATA_NULL：p_q_data 是一个空指针
说明	必须先创建消息队列才能使用本函数

OSQQuery 函数调用如例 8-2-6 所示。

【例 8-2-6】

```
OS_EVENT *CommQ;
void Task(void *p_arg)
{
    OS_Q_DATA qdata;
    INT8U err;
    p_arg=p_arg;
    while(1)
    {
        //用户代码
        err=OSQQuery(CommQ,&qdata);
        if(err==OS_ERR_NONE)
        {
            //用户代码
        }
        //用户代码
    }
}
```

8.2.7 OSQFlush ( )

OSQFlush 函数说明如表 8-2-7 所示。

表 8-2-7 OSQFlush 函数说明

函数原型	INT8U OSQFlush (OS _ EVENT * pevent)
功能描述	函数清空消息队列并且忽略发送往队列的所有消息。不管队列中是否有消息，这个函数的执行时间都是相同的
输入参数	pevent：指向消息队列的指针。当建立消息队列时，该指针返回到用户程序
输出参数	无
返回值	返回如下之一： (1) OS _ ERR _ NONE：清空成功； (2) OS _ ERR _ EVENT _ TYPE：pevent 不是指向一个消息队列； (3) OS _ ERR _ PEVENT _ NULL：pevent 是一个空指针
说明	必须先创建消息队列，然后才能使用

OSQFlush 函数调用如例 8-2-7 所示。

【例 8-2-7】

```
OS_EVENT  * CommQ;
void main(void)
{
    INT8U err;
    OSInit();
    //用户代码
    err=OSQFlush(CommQ);
    //用户代码
    OSStart();
}
```

8.2.8 OSQPostFront ( )

OSQPostFront 函数说明如表 8-2-8 所示。

表 8-2-8 OSQPostFront 函数说明

函数原型	INT8U OSQPostFront (OS _ EVENT * pevent，void * pmsg)
功能描述	函数通过消息队列向任务发送消息。OSQPostFront 函数和 OSQPost 函数非常相似，不同之处在于 OSQPostFront 函数将发送的消息插到消息队列的最前端。也就是说，OSQPostFront 函数使消息队列按照后入先出（LIFO）的方式工作，而不是先入先出（FIFO）。如果队列中已经存满消息，返回错误码。OSQPost 函数立即返回调用者，消息也没能发送到队列。如果有任何任务在等待队列中的消息，最高优先级的任务将得到这个消息。如果等待消息的任务优先级比发送消息的任务优先级高，那么高优先级的任务将得到消息而恢复执行，也就是说，发生了一次任务切换

续表

输入参数 1	pevent：指向消息队列的指针
输入参数 2	pmsg：即将发送给任务的消息。不允许传递一个空指针
输出参数	无
返回值	返回如下之一： (1) OS_ERR_NONE：发送成功； (2) OS_ERR_Q_FULL：消息队列已满； (3) OS_ERR_EVENT_TYPE：pevent 不是指向消息队列的指针； (4) OS_ERR_PEVENT_NULL：pevent 传入的是一个空指针
说明	必须先建立消息队列然后使用，不允许传递一个空指针

OSQPostFront 函数调用如例 8-2-8 所示。

【例 8-2-8】

```
OS_EVENT *CommQ;
INT8U CommRxBuf[100];
void CommTaskRx(void *pdata)
{
    INT8U err;
    pdata=pdata;
    for(;;)
    {
        err=OSQPostFront(CommQ,(void *)&CommRxBuf[0]);
        if(err==OS_ERR_NONE)
        {
            //将消息放入消息队列
        }
        else
        {
            //消息队列已满
        }
    }
}
```

8.2.9 OSQPendAbort()

OSQPendAbort 函数说明如表 8-2-9 所示。

表 8-2-9 OSQPendAbort 函数说明

函数原型	INT8U OSQPendAbort (OS_EVENT *pevent, INT8U opt, INT8U *perr)
功能描述	用来使正在等待该消息队列的任务取消挂起。取消任务挂起后，μC/OS-Ⅱ会自动执行调度。若应用中无须其在取消任务后实现调度，可在上述两种方式后或上操作宏 OS_OPT_POST_NO_SCHED

续表

输入参数 1	pevent：指向消息队列的指针
输入参数 2	opt：指定要中止消息队列等待的类型。 （1）OS_PEND_OPT_NONE：只使正在等待该队列中消息的最高优先级任务取消挂起； （2）OS_PEND_OPT_BROADCAST：使所有在等待该队列消息的任务取消挂起
输入参数 3	perr：指向错误代码变量的指针。其值如下之一： （1）OS_ERR_NONE：没有任务在等待该消息队列； （2）OS_ERR_EVENT_TYPE：pevent 不是指向一个消息队列； （3）OS_ERR_PEND_ABORT：至少一个任务等待的消息队列已经退出等待； （4）OS_ERR_PEVENT_NULL：pevent 传入的是一个空指针
输出参数	无
返回值	返回如下之一： （1）等于 0：表示没有任务在等待队列中的消息，因此该功能没作用； （2）不等于 0：返回被本函数取消挂起的正在等待队列中消息的任务数
说明	必须先创建消息队列，然后才能使用

OSQPendAbort 函数调用如例 8-2-9 所示。

【例 8-2-9】

```
OS_EVENT *CommQ;
void CommTask(void *p_arg)
{
    INT8U err;
    INT8U nbr_tasks;
    p_arg=p_arg;
    while(1)
    {
        //用户代码
        nbr_tasks=OSQPendAbort(CommQ,OS_PEND_OPT_BROADCAST,&err);
        if(err==OS_ERR_NONE)
        {
            //没有任务在等待该消息队列
        }
        else if(err==OS_ERR_PEND_ABORT)
        {
            //所有在等待该消息队列的任务退出等待
        }
        //用户代码
    }
}
```

8.2.10 OSMboxPostOpt ()

OSMboxPostOpt 函数说明如表 8-2-10 所示。

表 8-2-10 OSMboxPostOpt 函数说明

函数原型	INT8U OSMboxPostOpt（OS _ EVENT ＊pevent，void ＊pmsg，INT8U opt）
功能描述	用于通过一个队列发送一个消息给一个任务。消息是一个指针，大小可变，并且其用途是特定的。如果消息队列已满，返回错误代码，表示队列已满。OSQPostOpt 立即返回其调用者，并且消息不放置在队列中。如果有任何任务是在队列中等待消息，OSQPostOpt 中即可以发布消息的优先级最高的任务队列（OPT 设置为 OS _ POST _ OPT _ NONE）或所有任务在队列中等待（OPT 设置为 OS _ POST _ OPT _ BROADCAST）等。OSQPostOpt 实际上可以代替 OSQPost 和 OSQPostFront，通过选项参数指定的操作模式选择，可以减少所需的 μC/OS-Ⅱ的代码空间
输入参数 1	pevent：指向消息邮箱的指针
输入参数 2	pmsg：即将发送给任务的消息。消息是一个指针长度的变量，在不同的程序中消息的使用也可能不同。不允许传递一个空指针
输入参数 3	opt：发送选项参数。有以下几种： （1）OS _ POST _ OPT _ NONE：发送成功； （2）OS _ POST _ OPT _ BROADCAST：等待队列中的所有任务； （3）OS _ POST _ OPT _ NO _ SCHED：调度程序将不会被调用
输出参数	无
返回值	返回如下之一： （1）OS _ ERR _ NONE：发送成功； （2）OS _ ERR _ Q _ FULL：消息队列已满； （3）OS _ ERR _ EVENT _ TYPE：pevent 不是指向消息队列的指针； （4）OS _ ERR _ PEVENT _ NULL：pevent 传入的是一个空指针； （5）OS _ ERR _ POST _ NULL _ PTR：发送的内容为 NULL（空），不允许
说明	（1）在使用之前必须先创建一个队列； （2）如果需要使用此功能，并希望减少代码空间，可以禁止代码生成 OSQPost 和 OSQPostFront。在 OS _ CFG . H 中设置 OS _ Q _ POST _ EN、OS _ Q _ POST _ FRONT _ EN 均为 0，因为 OSQPostOpt 可以模拟这两种功能； （3）OSQPostOpt 的执行时间取决于任务在等待队列中的数量，若用户发送选项选择 OS _ POST _ OPT _ BROADCAST 使所有等待该消息的任务进入就绪状态； （4）当同时提交多个消息时，可先失能提交后的调度，待到最后一个消息被提交，再使能调度。从而避免了需提交几个消息就得执行几次调度的尴尬局面，提高了系统的实时性

OSMboxPostOpt 函数调用如例 8-2-10 所示。

【例 8-2-10】

```
OS_EVENT *CommQ;
INT8U CommRxBuf[100];
void CommRxTask(void *p_arg)
{
    INT8U err;
    p_arg=p_arg;
    while(1)
    {
        //用户代码
        //用户代码
```

```
        err=OSQPostOpt( CommQ,
                        (void * )&CommRxBuf[0],
                        OS_POST_OPT_BROADCAST);
        //用户代码
        //用户代码
    }
}
```

8.3 μC/OS-Ⅱ消息队列的编程思想

1. 消息队列的等待与发送

设计4个任务，任务Start _ Task用于创建其他任务、发送消息；任务LED1执行等待消息队列发送的消息，并记录任务执行的发送内容；任务LED2执行等待消息队列发送的消息，并记录任务执行发送的内容；任务LED3执行等待消息队列发送的消息，并记录任务执行发送的内容，通过串口显示任务执行的内容。任务KeyTask的功能是扫描按键，当按键按下时发送消息队列的消息。

2. 消息队列的检查

μcos-task. c设计4个任务，任务Start _ Task用于创建其他任务、发送消息，任务LED1执行等待消息队列发送的消息，并记录任务执行发送的内容，任务LED2执行等待消息队列发送的消息，并记录任务执行的发送的内容，任务LED3执行等待消息队列发送的消息，并记录任务执行发送的内容，通过串口显示任务执行的内容。任务KeyTask的功能是扫描按键，当按键按下时发送消息队列的消息。

8.4 μC/OS-Ⅱ消息队列编程示例

本实验部分源码如下，完整的工程详见工程示例代码。

1. 在μcos-task. c中首先定义一个消息队列，如下：

```
OS_EVENT   * qbox;//消息队列事件控制块
char * MessageStorage[3]={"LED1ON","LED2ON","LED3ON"};//消息队列存储区域,存放3则消息
```

2. 在main. c中创建任务Start _ Task（），然后在μcos-task. c开始任务Start _ Task中调用OSQCreate函数创建一个消息队列，代码如下：

```
//任务函数——起始任务
void Start_Task(void * p_arg)
{
    OS_CPU_SR   cpu_sr=0u;
    INT8U perr;
    //创建一个消息队列
    qbox=OSQCreate((void * )MessageStorage,3);//消息队列中没有消息
    if(qbox==NULL)
```

```
    printf("OSQCreate ERR\r\n");
else
    printf("OSQCreate OK\r\n");
OS_ENTER_CRITICAL();  //进入临界
OSTaskCreate( KeyTask,//任务函数
"XYD",  //传递给任务函数的实参
&KeyTaskStk[256－1],//任务栈栈顶,入栈－－出栈
KEYTASKPRO);//任务优先级 最大为62,μc/os II最大的任务数为64个。μcos III(N)
OSTaskCreate( LED1Task,//任务函数
"XYD",//传递给任务函数的实参
&LED1TaskStk[256－1],//任务栈栈顶,入栈－－出栈
LED1TASKPRO);//任务优先级 最大为62,μc/os II最大的任务数为64个。μcos III(N)
OSTaskCreate( LED2Task,//任务函数
"XYD",  //传递给任务函数的实参
&LED2TaskStk[256－1],//任务栈栈顶,入栈－－出栈
LED2TASKPRO);//任务优先级 最大为62,μc/os II最大的任务数为64个。μcos III(N)
OSTaskCreate( LED3Task,//任务函数
"XYD",  //传递给任务函数的实参
&LED3TaskStk[256－1],//任务栈栈顶,入栈－－出栈
LED3TASKPRO);//任务优先级 最大为62,μc/os II最大的任务数为64个。μcos III(N)
OSTaskSuspend(LED2TASKPRO);  //挂起LED2
OSTaskSuspend(LED3TASKPRO);  //挂起LED3
//消息队列向任务发送消息
OSQPost(qbox,MessageStorage[0]);//发送第一则消息
OSQPost(qbox,MessageStorage[1]);//发送第二则消息
OSQPost(qbox,MessageStorage[2]);//发送第三则消息

printf("postRes:%d\r\n",OSQPost(qbox,"haha"));  //无效

OSQPost(qbox,"hehe");//无效
OSQPost(qbox,"1234");//无效
OS_EXIT_CRITICAL();  //退出临界
OSTaskSuspend(OS_PRIO_SELF);//挂起自己

}
```

3. 消息队列的等待与发送

在μcos-task.c中设计4个任务，任务Start _ Task用于创建其他任务、发送消息；任务LED1执行等待消息队列发送的消息，并记录任务执行发送的内容；任务LED2执行等待消息队列发送的消息，并记录任务执行发送的内容；任务LED3执行等待消息队列发送的消息，并记录任务执行发送的内容，通过串口显示任务执行的内容。任务KeyTask的功能是扫描按键，当按键按下时发送消息队列的消息。

```
typedef struct{
    char name[20];
    int  age;
    int  num;

}STU;//结构体存放信息



OS_EVENT  * qbox;//消息队列事件控制块

char * MessageStorage[3]={"LED1ON","LED2ON","LED3ON"};//消息队列存储区域,存放 3 则消息

#define STARTTASKPRO 20                          //设置 START 任务优先级
static  OS_STK      StartTaskStk[256];           //定义 START 任务栈的大小
void Start_Task(void * p_arg);                   //任务的声明


#define KEYTASKPRO  10                           //设置 START 任务优先级
static  OS_STK      KeyTaskStk[256];             //定义 START 任务栈的大小
void KeyTask(void * p_arg);                      //任务的声明


#define LED1TASKPRO  12                          //设置 START 任务优先级
static  OS_STK      LED1TaskStk[256];            //定义 START 任务栈的大小
void LED1Task(void * p_arg);                     //任务的声明

#define LED2TASKPRO  14                          //设置 START 任务优先级
static  OS_STK      LED2TaskStk[256];            //定义 START 任务栈的大小
void LED2Task(void * p_arg);                     //任务的声明

#define LED3TASKPRO  16                          //设置 START 任务优先级
static  OS_STK      LED3TaskStk[256];            //定义 START 任务栈的大小
void LED3Task(void * p_arg);                     //任务的声明
//任务 1 的任务函数
void KeyTask(void * p_arg)
{
    u8 key;
    while(1)
    {
        key=Key_Scan();
        if(key==1){
            printf("key1 press\r\n");
```

```
            OSQPost(qbox,MessageStorage[0]);//"LED1ON"
        }else if(key==2){

        }else if(key==3){
        }
        OSTimeDlyHMSM(0,0,0,10);
    }
}

//任务 2 的任务函数
void LED1Task(void * p_arg)
{
    INT8U perr;
    while(1)
    {
        #if 1
        u8 * pMsg=NULL;
        pMsg=OSQPend(qbox,0,&perr);//等待消息邮箱中有消息
        if(perr==OS_ERR_NONE)//消息邮箱中有消息
        {
            printf("pMsg: % s\r\n",pMsg);
        }
        #else
        #endif
        OSTimeDly(100);
        printf("hello sem\r\n");//打印? 次 ——n
    }
}
//任务 3 的任务函数
void LED2Task(void * p_arg)
{
    u8 i;
    while(1)
    {
        for(i=0;i<20;i++){
            printf("led2\r\n");
            OSTimeDly(10);//休眠 150ms
        }
        OSTaskResume(LED3TASKPRO);//唤醒 LED3
        OSTaskSuspend(OS_PRIO_SELF);//挂起自己
    }
}
//任务 4 的任务函数
```

```
void LED3Task(void * p_arg)
{
    u8 i;
    while(1)
    {
        for(i=0;i<30;i++){
            printf("led3\r\n");
            OSTimeDly(5);
        }
        OSTaskResume(LED1TASKPRO);//唤醒 LED1
        OSTaskSuspend(OS_PRIO_SELF);//挂起自己
    }
}
```

4. 消息队列的检查

```
typedef struct{
    char name[20];
    int  age;
    int  num;

}STU;//结构体存放信息



OS_EVENT  * qbox;//消息队列事件控制块

char * MessageStorage[3]={"LED1ON","LED2ON","LED3ON"};//消息队列存储区域,存放 3 则消息

#define STARTTASKPRO 20                              //设置 START 任务优先级
static  OS_STK      StartTaskStk[256];               //定义 START 任务栈的大小
void Start_Task(void * p_arg);                       //任务的声明


#define KEYTASKPRO  10                               //设置 START 任务优先级
static  OS_STK      KeyTaskStk[256];                 //定义 START 任务栈的大小
void KeyTask(void * p_arg);                          //任务的声明


#define LED1TASKPRO  12                              //设置 START 任务优先级
static  OS_STK      LED1TaskStk[256];                //定义 START 任务栈的大小
void LED1Task(void * p_arg);                         //任务的声明

#define LED2TASKPRO  14                              //设置 START 任务优先级
```

```
static   OS_STK       LED2TaskStk[256];              //定义 START 任务栈的大小
void LED2Task(void * p_arg);                          //任务的声明

#define LED3TASKPRO   16                               //设置 START 任务优先级
static   OS_STK       LED3TaskStk[256];              //定义 START 任务栈的大小
void LED3Task(void * p_arg);                          //任务的声明

int main()
{
    NVIC_PriorityGroupConfig(NVIC_PriorityGroup_2);//设置系统中断优先级分组 2
    Delay_Init(84);
    Usart1_Init(115200);
    Usart2_Init(115200);
    Led_Init();
    Key_Init();

    OS_CPU_SysTickInit(84000000/OS_TICKS_PER_SEC);//1ms 进一次中断
    OSInit();// ucos 初始化
    OSTaskCreate( Start_Task,                       //任务函数
                  "XYD",          //传递给任务函数的实参
                  &StartTaskStk[256-1],                  //任务栈栈顶,入栈一一出栈
                  STARTTASKPRO);                          //任务优先级 最大为 62,μc/os
II 最大的任务数为 64 个。μcos III(N)
    OSTaskCreate( KeyTask,                          //任务函数
                  "XYD",          //传递给任务函数的实参
                  &KeyTaskStk[256-1],                    //任务栈栈顶,入栈一一出栈
                  KEYTASKPRO);                            //任务优先级 最大为 62,μc/os
II 最大的任务数为 64 个。μcos III(N)
    OSStart();  //启动 μcos
    while(1)/* Should Never Get Here. 这里的程序不会执行 */
    {
        ;
    }
}

//任务函数一一起始任务
void Start_Task(void * p_arg)
    {
    OS_CPU_SR   cpu_sr=0u;
    INT8U perr;
    //创建一个消息队列
    qbox=OSQCreate((void * )MessageStorage,3);//消息队列中没有消息
```

```
    if(qbox==NULL)
        printf("OSQCreate ERR\r\n");
    else
        printf("OSQCreate OK\r\n");
    OS_ENTER_CRITICAL();  //进入临界
    OSTaskCreate( KeyTask,//任务函数
    "XYD",  //传递给任务函数的实参
    &KeyTaskStk[256-1],//任务栈栈顶,入栈--出栈
    KEYTASKPRO);//任务优先级 最大为 62,μc/os II 最大的任务数为 64 个。μcos III(N)
    OSTaskCreate( LED1Task,//任务函数
    "XYD",//传递给任务函数的实参
    &LED1TaskStk[256-1],//任务栈栈顶,入栈--出栈
    LED1TASKPRO);//任务优先级 最大为 62,μc/os II 最大的任务数为 64 个。μcos III(N)
    OSTaskCreate( LED2Task,//任务函数
    "XYD",  //传递给任务函数的实参
    &LED2TaskStk[256-1],//任务栈栈顶,入栈--出栈
    LED2TASKPRO);//任务优先级 最大为 62,μc/os II 最大的任务数为 64 个。μcos III(N)
    OSTaskCreate( LED3Task,//任务函数
    "XYD",  //传递给任务函数的实参
    &LED3TaskStk[256-1],//任务栈栈顶,入栈--出栈
    LED3TASKPRO);//任务优先级 最大为 62,μc/os II 最大的任务数为 64 个。μcos III(N)
    OSTaskSuspend(LED2TASKPRO);  //挂起 LED2
    OSTaskSuspend(LED3TASKPRO);  //挂起 LED3
    //消息队列向任务发送消息
    OSQPost(qbox,MessageStorage[0]);//发送第一则消息
    OSQPost(qbox,MessageStorage[1]);//发送第二则消息
    OSQPost(qbox,MessageStorage[2]);//发送第三则消息

    printf("postRes:%d\r\n",OSQPost(qbox,"haha"));  //无效

    OSQPost(qbox,"hehe");//无效
    OSQPost(qbox,"1234");//无效
    OS_EXIT_CRITICAL();  //退出临界
    OSTaskSuspend(OS_PRIO_SELF);//挂起自己

}
void KeyTask(void *p_arg)
{
    u8 key;
    while(1)
    {
        key=Key_Scan();
```

```
        if(key==1){
            printf("key1 press\r\n");
            OSQPost(qbox,MessageStorage[0]);//"LED1ON"
        }else if(key==2){

        }else if(key==3){
        }
        OSTimeDlyHMSM(0,0,0,10);
    }
}

void LED1Task(void *p_arg)
{
    INT8U perr;
    while(1)
    {
        #if 1
        u8 *pMsg=NULL;
        pMsg=OSQPend(qbox,0,&perr);//等待消息邮箱中有消息
        if(perr==OS_ERR_NONE)//消息邮箱中有消息
        {
            printf("pMsg:%s\r\n",pMsg);
        }
        #else
        #endif
        OSTimeDly(100);
        printf("hello sem\r\n");//打印? 次 ——n
    }
}
void LED2Task(void *p_arg)
{
    u8 i;
    while(1)
    {
        for(i=0;i<20;i++){
            printf("led2\r\n");
            OSTimeDly(10);//休眠 150ms
        }
        OSTaskResume(LED3TASKPRO);//唤醒 LED3
        OSTaskSuspend(OS_PRIO_SELF);//挂起自己
    }
}
void LED3Task(void *p_arg)
```

```
{
    u8 i;
    while(1)
    {
        for(i=0;i<30;i++){
            printf("led3\r\n");
            OSTimeDly(5);//休眠 0ms
        }
        OSTaskResume(LED1TASKPRO);//唤醒 LED1
        OSTaskSuspend(OS_PRIO_SELF);//挂起自己
    }
}
```

8.5 μC/OS-Ⅱ消息队列编程示例代码验证

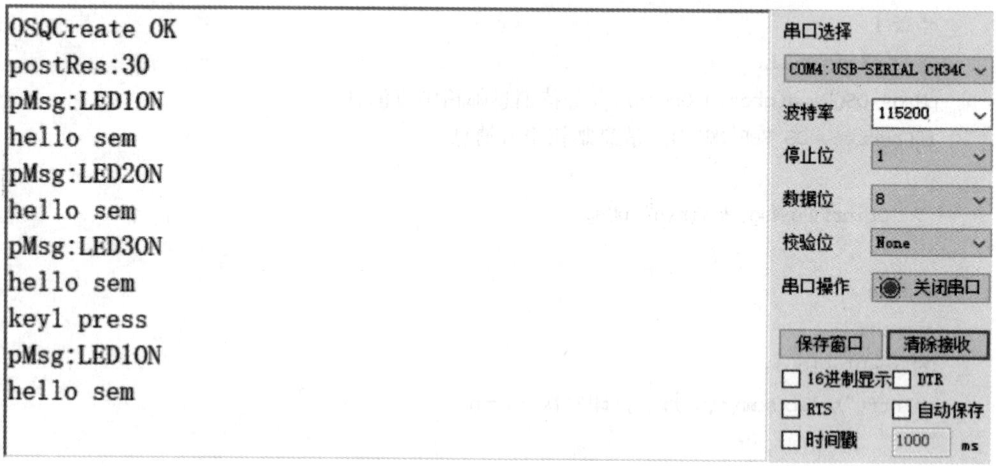

9 μC/OS-Ⅱ事件标志组管理

9.1 μC/OS-Ⅱ事件标志组简介

在信号量和互斥信号量的管理中，任务请求资源，如果资源未被占用就继续运行，否则只能阻塞，等待资源释放事件的发生。这种事件是单一的事件，如果任务要等待多个事件的发生，或者多个事件中某一个事件发生就可以继续运行，那么就应该采用事件标志组管理。事件标志组管理的条件组合可以是多个事件都发生（与关系），也可以是多个事件中有任何一个事件发生（或关系）。

有时候一个任务需要与多个事件同步（多个条件成立时才执行任务，如双击鼠标运行），这个时候就需要使用事件标志组。事件标志组与任务之间有两种同步机制——“或”同步和“与”同步。

“或”同步：等待多个事件时，任何一个事件发生，任务都被同步，这个就称为“或”同步。

“与”同步：当所有的事件都发生时任务才被同步，这种同步机制被称为“与”同步。

事件标志组由两部分组成：一是保存各事件状态的标志位；二是等待这些标志位置位或清除的任务列表。可以用 8 位、16 位或 32 位的序列表示事件标志组，每一位表示一个事件的发生。要使系统支持事件标志组功能，需要在 OS_CFG.H 文件中打开 OS_FLAG_EN 选项。

9.2 μC/OS-Ⅱ事件标志组相关函数

9.2.1 OSFlagCreate ()

OSFlagCreate 函数说明如表 9-2-1 所示。

表 9-2-1 OSFlagCreate 函数说明

函数名	OSFlagCreate
函数原型	OS_FLAG_GRP *OSFlagCreate (OS_FLAGS flags，INT8U *perr)
功能描述	用于创建和初始化一个事件标志组
输入参数	flags：包含在事件标志组中存储的初始值

续表

输出参数	perr：指向错误代码变量的指针。其值如下之一： (1) OS _ ERR _ NONE：事件标志组创建成功； (2) 2OS _ ERR _ CREATE _ ISR：程序尝试从一个 ISR 创建事件标志组； (3) OS _ ERR _ FLAG _ GRP _ DEPLETED：没有更多可用的事件标志组，此时需要在 os _ cfg. H 中增加 os _ max _ flags 数量以解决本错误
返回值	其返回值如下： (1) (OS _ FLAG _ GRP ＊) 0：如果没有可用的事件标志控制块，返回空指针； (2) 不等于 0：指向分配给所建立的事件标志组的事件标志控制块的指针
说明	无

OSFlagCreate 函数调用如例 9-2-1 所示。

【例 9-2-1】

```
OS_FLAG_GRP * EngineStatus;//创建事件标志组指针
void main(void)
{
    INT8U err;//存放错误代码变量
    //... 用户代码
    OSInit();//初始化 μC/OS-Ⅱ
    //... 用户代码
    //... 用户代码
    //创建一个事件标志组并初始
    EngineStatus=OSFlagCreate(0x00,&err);
    //... 用户代码
    //... 用户代码
    OSStart();//启动多任务
}
```

9.2.2 OSFlagAccept ()

OSFlagAccept 函数说明如表 9-2-2 所示。

表 9-2-2 OSFlagAccept 函数说明

函数名	OSFlagAccept
函数原型	OS _ FLAGS OSFlagAccept (OS _ FLAG _ GRP ＊pgrp，OS _ FLAGS flags，INT8U wait _ type，INT8U ＊perr)
功能描述	函数查看指定的事件标志组的组合状态，OSFlagAccept 函数并不挂起任务
输入参数 1	pgrp：指向事件标志组的指针
输入参数 2	flags：期望的标志位组合值，如：0x80、0x11 等

续表

输入参数 3	wait _ type：指定的检查类型。有以下几种选项： （1）OS _ FLAG _ WAIT _ CLR _ ALL（AND）：期望的所有事件标志位都清零时（与关系）有效； （2）OS _ FLAG _ WAIT _ CLR _ ANY（OR）：期望的所有事件标志位有一个清零时（或关系）有效； （3）OS _ FLAG _ WAIT _ SET _ ALL（AND）：期望的所有事件标志位都置位时（与关系）有效； （4）OS _ FLAG _ WAIT _ SET _ ANY（OR）：期望的所有事件标志位有一个置位时（或关系）有效
输出参数	perr：指向错误代码变量的指针。其值如下之一： （1）OS _ ERR _ NONE：成功获取到指定标志； （2）OS _ ERR _ EVENT _ TYPE pgrp：不是指向一个事件标志组； （3）OS _ ERR _ FLAG _ WAIT _ TYPE：没有指定一个合适的 wait _ type 类型； （4）OS _ ERR _ FLAG _ INVALID _ PGRP：pgrp 传入的是一个空指针，可能事件标志组没有被创建； （5）OS _ ERR _ FLAG _ NOT _ RDY：等待所需的标志不可用
返回值	在 OSFlagAccept 调用成功时返回事件标志组当前的标志
说明	（1）本函数在成功获取到期望的标志位后，并不会清掉或设置相关标志位； （2）如果想在成功获取到期望的标志位后清除相关标志位，则可以在原有 wait _ type 类型的基础上加上 OS _ FLAG _ CONSUME 项，如：（OS _ FLAG _ WAIT _ SET _ ANY | OS _ FLAG _ CONSUME）

OSFlagAccept 函数调用如例 9-2-2 所示。

【例 9-2-2】

```
//LED2 任务
void led2_task(void * pdata)
{
    u8 err;
    OS_FLAGS value;
    pdata=pdata;//防止编译器优化警告
    while(1)
    {
        //查询标志
        value=OSFlagAccept(FlagStat,(1<<2)|(1<<1),OS_FLAG_WAIT_SET_AND,&err);
        if(err==OS_ERR_NONE)//成功获取标志
        {
            LED2=0;
            OSTimeDly(60);//延时 60 个时钟节拍
            LED2=1;
            OSTimeDly(100);//延时 100 个时钟节拍
        }
        sprintf((char * )str,"value: 0x%x",value);
        lcd_show_str(35,60,240,16,str,16,RED,WHITE,0);//实时显示 value 值
        OSTimeDly(20);//延时 20 个时钟节拍
    }
}
```

9.2.3 OSFlagPend ()

OSFlagPend 函数说明如表 9-2-3 所示。

表 9-2-3 OSFlagPend 函数说明

函数名	OSFlagPend
函数原型	OS_FLAGS OSFlagPend (OS_FLAG_GRP * pgrp, OS_FLAGS flags, INT8U wait_type, INT16U timeout, INT8U * perr)
功能描述	用来在任务中等待事件标志组中条件的组合（置位或清零）。如果调用任务的条件不可用，那么调用本函数的任务将被挂起，直到所需条件满足或指定的时间超时，任务才恢复执行
输入参数 1	pgrp：指向事件标志组的指针
输入参数 2	flags：包含在事件标志组中存储的初始值
输入参数 3	wait_type：指定的检查类型。有以下几种选项： (1) OS_FLAG_WAIT_CLR_ALL (AND)：期望的所有事件标志位都清零时（与关系）有效； (2) OS_FLAG_WAIT_CLR_ANY (OR)：期望的所有事件标志位有一个清零时（或关系）有效； (3) OS_FLAG_WAIT_SET_ALL (AND)：期望的所有事件标志位都置位时（与关系）有效； (4) OS_FLAG_WAIT_SET_ANY (OR)：期望的所有事件标志位有一个置位时（或关系）有效
输入参数 4	timeout：任务等待超时值，为 0 时表示无限等待；其他的，递减到 0 时任务恢复执行
输出参数	perr：指向错误代码变量的指针。其值如下之一： (1) OS_ERR_NONE：成功获取到指定标志； (2) OS_ERR_EVENT_TYPE pgrp：不是指向一个事件标志组； (3) OS_ERR_FLAG_WAIT_TYPE：没有指定一个合适的 wait_type 类型； (4) OS_ERR_FLAG_INVALID_PGRP：pgrp 传入的是一个空指针，可能事件标志组没有被创建； (5) OS_ERR_TIMEOUT：未在指定的超时周期内获取到期望标志位； (6) OS_ERR_PEND_ISR：尝试从一个 ISR 调用 OSFlagPend，不允许
返回值	使任务准备就绪的标志（或 0），如果没有一个标志是准备好的，或许是出现错误
说明	(1) 必须先创建事件标志组再使用本函数； (2) 不允许在中断函数中调用本函数； (3) 本函数在成功获取到期望的标志位后，并不会清掉或设置相关标志位； (4) 如果想在成功获取到期望的标志位后清除相关标志位，则可以在原有 wait_type 类型的基础上加上 OS_FLAG_CONSUM 项，如：(OS_FLAG_WAIT_CLR_AND | OS_FLAG_CONSUME)

OSFlagPend 函数调用如例 9-2-3 所示。

【例 9-2-3】

```
//LED3 任务
void led3_task(void * pdata)
{
    u8 err;
```

```
    pdata=pdata;//防止编译器优化警告
    while(1)
    {
        OSFlagPend(FlagStat,0x10 | 0x02,OS_FLAG_WAIT_SET_AND,0,&err);
        LED3=0;
        OSTimeDly(50);//延时 50 个时钟节拍
        LED3=1;
        OSTimeDly(120);//延时 120 个时钟节拍
    }
}
```

9.2.4 OSFlagPost ()

OSFlagPost 函数说明如表 9-2-4 所示。

表 9-2-4 OSFlagPost 函数说明

函数名	OSFlagPost
函数原型	OS _ FLAGS OSFlagPost (OS _ FLAG _ GRP * pgrp, OS _ FLAGS flags, INT8U opt, INT8U * perr)
功能描述	根据位掩码 (flags) 置位或者清零事件标志组中的对应位
输入参数 1	pgrp：指向事件标志组的指针
输入参数 2	flags：包含在事件标志组中存储的初始值
输入参数 3	opt：指定的操作类型。有以下两种： (1) OS _ FLAG _ SET：置位； (2) OS _ FLAG _ CLR：清零
输出参数	perr：指向错误代码变量的指针。其值如下之一： (1) OS _ ERR _ NONE：设置成功； (2) OS _ ERR _ FLAG _ INVALID _ PGRP：pgrp 传入的是一个空指针，可能事件标志组没有被创建； (3) OS _ ERR _ EVENT _ TYPE：pgrp 不是指向一个事件标志组； (4) OS _ ERR _ FLAG _ INVALID _ OPT：opt 指定了一个无效的选项
返回值	事件标志组中新的标志状态
说明	无

OSFlagPost 函数调用如例 9-2-4 所示。

【例 9-2-4】

```
//按键任务
void key_task(void * pada)
{
    u8 kdat,err;
    pada=pada;//防止编译器警告
    while(1)
    {
```

```
        kdat=KEY_Scan(0);
        switch(kdat)
        {
            case Up_KEY: OSFlagPost(FlagStat,0xffff,OS_FLAG_CLR,&err);//清零所有位
                break;
            case Down_KEY: OSFlagPost(FlagStat,(1<<1),OS_FLAG_SET,&err);//第 1 位置位
                break;
            case Left_KEY: OSFlagPost(FlagStat,(1<<2),OS_FLAG_SET,&err);//第 2 位置位
                break;
            case Right_KEY: OSFlagPost(FlagStat,(1<<3),OS_FLAG_SET,&err);//第 3 位置位
                break;
            default:
                break;
        }
        OSTimeDly(20);//延时 20 个时钟节拍
    }
}
```

9.2.5 OSFlagDel ()

OSFlagDel 函数说明如表 9-2-5 所示。

表 9-2-5 OSFlagDel 函数说明

函数名	OSFlagDel
函数原型	OS_FLAG_GRP *OSFlagDel (OS_FLAG_GRP *pgrp，INT8U opt，INT8U *perr)
功能描述	用于删除一个事件标志组。使用这个函数是很危险的，因为多个任务可能是依赖于事件标志组而运行的。所以在删除事件标志组之前，必须先删除所有访问事件标志组的任务
输入参数 1	pgrp：指向事件标志组的指针
输入参数 2	opt：选择指定要删除事件标志组的类型。 (1) OS_DEL_NO_PEND：只有当不存在因等待事件标志组而挂起的任务删除时才删除，否则不删除； (2) OS_DEL_ALWAYS：直接删除
输出参数	perr：指向错误代码变量的指针。其值如下之一： (1) OS_ERR_NONE：事件标志组已经删除； (2) OS_ERR_DEL_ISR：尝试从一个 ISR 删除一个事件标志组； (3) OS_ERR_FLAG_INVALID_PGRP：pgrp 传入的是一个空指针； (4) OS_ERR_EVENT_TYPE：pgrp 不是指向一个事件标志组； (5) OS_ERR_INVALID_OPT：传入选项参数（opt）有误； (6) OS_ERR_TASK_WAITING：一个或多个任务正在等待事件标志组量
返回值	(1) (OS_FLAG_GRP *) 0：如果事件标志组被成功删除，则返回空指针； (2) 其他：删除失败，需要检查错误代码以确定原因
说明	必须先创建事件标志组再使用本函数，不允许在中断函数中调用本函数

OSFlagDel 函数调用如例 9-2-5 所示。

【例 9-2-5】

```
OS_FLAG_GRP *EngineStatusFlags;
void Task(void *p_arg)
{
    INT8U err;
    OS_FLAG_GRP *pgrp;
    p_arg=p_arg;
    while(1)
    {
        //... 用户代码
        //... 用户代码
        pgrp=OSFlagDel(EngineStatusFlags,OS_DEL_ALWAYS,&err);
        if(pgrp==(OS_FLAG_GRP *)0)
        {
            //事件标志组已被成功删除
        }
        //... 用户代码
        //... 用户代码
    }
}
```

9.2.6 OSFlagQuery ()

OSFlagQuery 函数说明如表 9-2-6 所示。

表 9-2-6 OSFlagQuery 函数说明

函数名	OSFlagQuery
函数原型	OS _ FLAGS OSFlagQuery (OS _ FLAG _ GRP *pgrp, INT8U *perr)
功能描述	被用于获得一组事件标志的当前值。此时，这个函数不返回任务等待事件标志组的列表
输入参数	pgrp：指向事件标志组的指针
输出参数	perr：指向错误代码变量的指针。其值如下之一： (1) OS _ ERR _ NONE：获取成功； (2) OS _ ERR _ FLAG _ INVALID _ PGRP：pgrp 传入的是一个空指针，可能事件标志组没有被创建； (3) OS _ ERR _ EVENT _ TYPE：pgrp 不是指向一个事件标志组
返回值	事件标志组中的标志状态
说明	无

OSFlagQuery 函数调用如例 9-2-6 所示。

【例 9-2-6】

```
OS_FLAG_GRP *EngineStatusFlags;
void Task(void *p_arg)
```

```
{
    OS_FLAGS flags;
    INT8U err;
    p_arg=p_arg;
    while(1)
    {
        //... 用户代码
        //... 用户代码
        flags=OSFlagQuery(EngineStatusFlags,&err);//获取当前事件标志组标志位
        //... 用户代码
        //... 用户代码
    }
}
```

9.2.7 OSFlagNameGet ()

OSFlagNameGet 函数说明如表 9-2-7 所示。

表 9-2-7 OSFlagNameGet 函数说明

函数名	OSFlagNameGet
函数原型	INT8U OSFlagNameGet (OS_FLAG_GRP * pgrp, INT8U * pname, INT8U * perr)
功能描述	可以获取分配给事件标志组的名称
输入参数 1	pgrp：指向事件标志组的指针
输入参数 2	pname：一个指向指针的事件标志组的名称
输出参数	perr：指向错误代码变量的指针。其值如下之一： (1) OS_ERR_NONE：获取成功； (2) OS_ERR_FLAG_INVALID_PGRP：pgrp 传入的是一个空指针，可能事件标志组没有被创建； (3) OS_ERR_PNAME_NULL：pname 指向 NULL； (4) OS_ERR_EVENT_TYPE：pgrp 不是指向一个事件标志组
返回值	(1) 指向 PNAME 的 ASCII 字符串的大小； (2) 如果为 0，说明遇到错误
说明	无

OSFlagNameGet 函数调用如例 9-2-7 所示。

【例 9-2-7】

```
INT8U *EngineStatusName;//事件标志组名称指针
OS_FLAG_GRP *EngineStatusFlags;//事件标志组指针
void Task(void *p_arg)
{
    INT8U err;
    INT8U size;
    p_arg=p_arg;
    while(1)
```

```
    {
        size=OSFlagNameGet(EngineStatusFlags,
                           &EngineStatusName,
                           &err);//获取事件标志组名称
        //... 用户代码
        //... 用户代码
    }
}
```

9.2.8 OSFlagNameSet ()

OSFlagNameSet 函数说明如表 9-2-8 所示。

表 9-2-8 OSFlagNameSet 函数说明

函数名	OSFlagNameSet
函数原型	void OSFlagNameSet (OS_FLAG_GRP * pgrp, INT8U * pname, INT8U * perr)
功能描述	可以设置事件标志组的名称
输入参数 1	pgrp：指向事件标志组的指针
输入参数 2	pname：指向包含该事件标志组名称的 ASCII 字符串
输出参数	perr：指向错误代码变量的指针。其值如下之一： (1) OS_ERR_NONE：设置成功； (2) OS_ERR_FLAG_INVALID_PGRP：pgrp 传入的是一个空指针，可能事件标志组没有被创建； (3) OS_ERR_PNAME_NULL：pname 指向 NULL； (4) OS_ERR_EVENT_TYPE：pgrp 不是指向一个事件标志组； (5) OS_ERR_NAME_SET_ISR：在 ISR 中使用本函数，不允许
返回值	(1) 指向 PNAME 的 ASCII 字符串的大小； (2) 如果为 0，说明遇到错误
说明	无

OSFlagNameSet 函数调用如例 9-2-8 所示。

【例 9-2-8】

```
OS_FLAG_GRP * EngineStatus;//事件标志组指针
void Task(void * p_arg)
{
    INT8U err;
    p_arg=p_arg;
    while(1)
    {
        //设置事件标志组名称
        OSFlagNameSet(EngineStatus,"Engine Status Flags",&err);
        //... 用户代码
        //... 用户代码
    }
}
```

9.2.9 OSFlagPendGetFlagsRdy ()

OSFlagPendGetFlagsRdy 函数说明如表 9-2-9 所示。

表 9-2-9 OSFlagPendGetFlagsRdy 函数说明

函数名	OSFlagPendGetFlagsRdy
函数原型	OS _ FLAGS OSFlagPendGetFlagsRdy (void)
功能描述	用于获取当前使任务就绪的标志
输入参数	无
输出参数	无
返回值	使任务就绪的标志
说明	无

OSFlagPendGetFlagsRdy 函数调用如例 9-2-9 所示。

【例 9-2-9】

```
//LED3 任务
void led3_task(void * pdata)
{
    u8 err;
    OS_FLAGS flags;
    pdata=pdata;//防止编译器优化警告
    while(1)
    {
        OSFlagPend(FlagStat,(1<<4)|(1<<1),OS_FLAG_WAIT_SET_AND,100,&err);
        if(err==OS_ERR_NONE)//成功获取到期望的标志
        {
            flags=OSFlagPendGetFlagsRdy();//获取使任务就绪的标志
            printf("FlagsRdy: 0x%x",flags);
            LED3=0;
            OSTimeDly(50);//延时 50 个时钟节拍
            LED3=1;
            OSTimeDly(120);//延时 120 个时钟节拍
        }
    }
}
```

9.3 μC/OS-Ⅱ事件标志组的编程思想

1. 事件标志组的创建与删除

设计 3 个任务，任务 Start 用于创建其他任务；任务 LED 在执行事件标志组时显示内容，并记录任务执行的次数，通过串口显示任务执行的内容。任务 KEY 的功能是扫描按键，当按键按下时删除事件标志组。

2. 事件标志组的等待与发送

设计 3 个任务，任务 LED1Task 执行等待事件标志组，并记录任务执行的内容，通过串口显示任务执行的内容。任务 KeyTask 的功能是扫描按键，当按键按下时发送事件标志组标志。

3. 事件标志组的检查

设计 3 个任务：任务 Start 用于创建其他任务；任务 LED 执行等待事件标志组，并记录任务执行的内容，通过串口显示任务执行的内容；任务 KEY 的功能是扫描按键，当 up 和 down 键按下时发送事件标志组标志，当 left 键按下时删除事件标志组，当 right 键按下时，还可以检查事件标志组的当前值。

9.4 μC/OS-Ⅱ事件标志组编程示例

本实验部分源码如下，完整的工程详见工程示例代码。

1. 在 μcos-task. c 中首先定义一个事件标志组指针，如下：

```
OS_FLAG_GRP   * flag;  //事件标志组事件控制块
```

2. 在 main. c 中创建任务 Start _ Task，然后在 μcos-task. c 开始任务 Start _ Task 中调用 OSFlagCreate 函数创建一个事件标志组，代码如下：

```
//任务函数——起始任务
voidStart_Task(void * p_arg)
{
    OS_CPU_SR  cpu_sr=0u;
    INT8U perr;
    //创建一个事件标志组,初始值为 0
    flag=OSFlagCreate(0x00,&perr);
    if(perr==OS_ERR_NONE)
        printf("OSFlagCreate OK\r\n");
    OS_ENTER_CRITICAL();  //进入临界
    OSTaskCreate( KeyTask,                        //任务函数
                  "XYD",                          //传递给任务函数的实参
                  &KeyTaskStk[256-1],             //任务栈栈顶,入栈——出栈
                  KEYTASKPRO);                    //任务优先级 最大为 62,μc/os II 最
大的任务数为 64 个。μcos III(N)
    OSTaskCreate( LED1Task,                       //任务函数
                  "XYD",                          //传递给任务函数的实参
                  &LED1TaskStk[256-1],            //任务栈栈顶,入栈——出栈
                  LED1TASKPRO);                   //任务优先级 最大为 62,μc/os II 最
大的任务数为 64 个。μcos III(N)
    OSTaskCreate( LED2Task,                       //任务函数
                  "XYD",                          //传递给任务函数的实参
```

```
                          &LED2TaskStk[256-1],      //任务栈栈顶,入栈——出栈
                          LED2TASKPRO);             //任务优先级 最大为62,μc/os II 最
大的任务数为64个。μcos III(N)
    OSTaskCreate( LED3Task,                         //任务函数
                          "XYD",                    //传递给任务函数的实参
                          &LED3TaskStk[256-1],      //任务栈栈顶,入栈——出栈
                          LED3TASKPRO);             //任务优先级 最大为62,μc/os II 最
大的任务数为64个。μcos III(N)
    OSTaskSuspend(LED2TASKPRO);//等待
    OSTaskSuspend(LED3TASKPRO);//等待
    OS_EXIT_CRITICAL();  //退出临界
    OSTaskSuspend(OS_PRIO_SELF);//挂起自己  -->start 任务处于等待态
//  OSTaskDel(OS_PRIO_SELF);//删除自己 -->start 任务处于休眠态
}
```

3. 事件标志组的等待与发送

设计3个任务，任务LED1Task执行等待事件标志组，并记录任务执行的内容，通过串口显示任务执行的内容。任务KeyTask的功能是扫描按键，当按键按下时发送事件标志组标志。

```
OS_FLAG_GRP  *flag;  //事件标志组事件控制块

#define STARTTASKPRO 20 //设置 START 任务优先级
static  OS_STK      StartTaskStk[256];//定义 START 任务栈的大小
void StartTask(void *p_arg);//任务的声明

#define KEYTASKPRO  10//设置 START 任务优先级
static  OS_STK      KeyTaskStk[256];//定义 START 任务栈的大小
void KeyTask(void *p_arg);//任务的声明

#define LED1TASKPRO  12//设置 START 任务优先级
static  OS_STK      LED1TaskStk[256];//定义 START 任务栈的大小
void LED1Task(void *p_arg);//任务的声明

#define LED2TASKPRO  14//设置 START 任务优先级
static  OS_STK      LED2TaskStk[256];//定义 START 任务栈的大小
void LED2Task(void *p_arg);//任务的声明

#define LED3TASKPRO  16//设置 START 任务优先级
static  OS_STK      LED3TaskStk[256];//定义 START 任务栈的大小
void LED3Task(void *p_arg);//任务的声明
//任务1的任务函数
//定时器回调函数
```

```
// void( * OS_TMR_CALLBACK)(void * ptmr,void * parg)
void MyTimerCallback(OS_TMR * ptmr,void * p_arg)
{
        printf("单次模式定时时间到了\r\n");
}
//定时器回调函数
void MyTimer1Callback(OS_TMR * ptmr,void * p_arg)
{
    printf("循环定时时间到了：% s\r\n",p_arg);
}

void KeyTask(void * p_arg)
{
    u8 key,cnt=0;
    INT8U perr;
    OS_FLAGS res;
    while(1)
    {
        key=Key_Scan();
        #if 1
        if(key==1){//0000 1100
            printf("按键第 % d 次按下\r\n",cnt+1);
            if(cnt % 2==0){
                res=OSFlagPost(flag,0x80,OS_FLAG_SET,&perr);//把第 3 位设置为 1
                if( perr==OS_ERR_NONE){
                    printf("OSFlagPost: % #x\r\n",res);
                }
            }
            else{
                res=OSFlagPost(flag,0x40,OS_FLAG_SET,&perr);//把第 2 位设置为 1
                if( perr==OS_ERR_NONE){
                    printf("OSFlagPost: % #x\r\n",res);
                }
            }
            cnt++;
        }
        #else
            if(key==1){
            //printf("key1 press\r\n");
            OSSchedUnlock();
        }
        #endif
```

```
        //printf("key\r\n");
        OSTimeDly(2);
    }
}

//任务 2 的任务函数
void LED1Task(void *p_arg)
{
    INT8U perr;
    OS_FLAGS res;
    while(1)
    {
        printf("led1 \r\n");
        res=OSFlagPend(flag,0xC0,OS_FLAG_WAIT_SET_ALL+OS_FLAG_CONSUME,0,&perr);
        if(perr==OS_ERR_NONE)
        {
            printf("事件标志组成立\r\n");
            printf("res:%#x\r\n",res);
        }
        OSTimeDly(200);//  200*5
    }
}
//任务 3 的任务函数
void LED2Task(void *p_arg)
{
u8 i;
    while(1)
    {
        printf("led2\r\n");
        OSTimeDly(200);
    }
}
//任务 4 的任务函数
void LED3Task(void *p_arg)
{
    u8  i;
    while(1)
    {
        printf("led3\r\n");
        OSTimeDly(200);
    }
}
```

4. 事件标志组的检查

```
OS_FLAG_GRP  *flag;  //事件标志组事件控制块

#define STARTTASKPRO 20 //设置 START 任务优先级
static  OS_STK      StartTaskStk[256];//定义 START 任务栈的大小
void StartTask(void *p_arg);//任务的声明

#define KEYTASKPRO  10//设置 START 任务优先级
static  OS_STK      KeyTaskStk[256];//定义 START 任务栈的大小
void KeyTask(void *p_arg);//任务的声明

#define LED1TASKPRO  12//设置 START 任务优先级
static  OS_STK      LED1TaskStk[256];//定义 START 任务栈的大小
void LED1Task(void *p_arg);//任务的声明

#define LED2TASKPRO  14//设置 START 任务优先级
static  OS_STK      LED2TaskStk[256];//定义 START 任务栈的大小
void LED2Task(void *p_arg);//任务的声明

#define LED3TASKPRO  16//设置 START 任务优先级
static  OS_STK      LED3TaskStk[256];//定义 START 任务栈的大小
void LED3Task(void *p_arg);//任务的声明

void MyTimerCallback(OS_TMR *ptmr,void *p_arg);
void MyTimer1Callback(OS_TMR *ptmr,void *p_arg);
int main()
{
    NVIC_PriorityGroupConfig(NVIC_PriorityGroup_2);//设置系统中断优先级分组 2
    Delay_Init(84);
    Usart1_Init(115200);
    Usart2_Init(115200);
    Led_Init();
    Key_Init();
    OS_CPU_SysTickInit(84000000/OS_TICKS_PER_SEC);//1ms 进一次中断
    OSInit();// ucos 初始化
    OSTaskCreate( StartTask,                         //任务函数
                  "XYD",                             //传递给任务函数的实参
                  &StartTaskStk[256-1],              //任务栈栈顶,入栈——出栈
                  STARTTASKPRO);                     //任务优先级最大为 62,μc/os
II 最大的任务数为 64 个。μcos III(N)
    OSStart();  //启动 μcos
    while(1)/* Should Never Get Here. 这里的程序不会执行 */
```

```
    {
        ;
    }
}

//任务函数——起始任务
void StartTask(void * p_arg)
{
    OS_CPU_SR  cpu_sr=0u;
    INT8U perr;
    //创建一个事件标志组,初始值为 0
    flag=OSFlagCreate(0x00,&perr);
    if(perr==OS_ERR_NONE)
        printf("OSFlagCreate OK\r\n");
    OS_ENTER_CRITICAL();  //进入临界
    OSTaskCreate( KeyTask,                              //任务函数
                  "XYD",                                 //传递给任务函数的实参
                  &KeyTaskStk[256-1],                    //任务栈栈顶,入栈——出栈
                  KEYTASKPRO);                           //任务优先级 最大为 62,μc/os II 最
大的任务数为 64 个。μcos III(N)
    OSTaskCreate( LED1Task,                              //任务函数
                  "XYD",                                 //传递给任务函数的实参
                  &LED1TaskStk[256-1],                   //任务栈栈顶,入栈——出栈
                  LED1TASKPRO);                          //任务优先级 最大为 62,μc/os II 最
大的任务数为 64 个。μcos III(N)
    OSTaskCreate( LED2Task,                              //任务函数
                  "XYD",                                 //传递给任务函数的实参
                  &LED2TaskStk[256-1],                   //任务栈栈顶,入栈——出栈
                  LED2TASKPRO);                          //任务优先级 最大为 62,μc/os II 最
大的任务数为 64 个。μcos III(N)
    OSTaskCreate( LED3Task,                              //任务函数
                  "XYD",                                 //传递给任务函数的实参
                  &LED3TaskStk[256-1],                   //任务栈栈顶,入栈——出栈
                  LED3TASKPRO);                          //任务优先级 最大为 62,μc/os II 最
大的任务数为 64 个。μcos III(N)
    OSTaskSuspend(LED2TASKPRO);//等待
    OSTaskSuspend(LED3TASKPRO);//等待
    OS_EXIT_CRITICAL();  //退出临界
    OSTaskSuspend(OS_PRIO_SELF);//挂起自己  ——>start 任务处于等待态
//  OSTaskDel(OS_PRIO_SELF);//删除自己 ——>start 任务处于休眠态
}
```

```
//定时器回调函数
// void( * OS_TMR_CALLBACK)(void * ptmr,void * parg)
void MyTimerCallback(OS_TMR * ptmr,void * p_arg)
{
        printf("单次模式定时时间到了\r\n");
}
//定时器回调函数
void MyTimer1Callback(OS_TMR * ptmr,void * p_arg)
{
    printf("循环定时时间到了:%s\r\n",p_arg);
}

void KeyTask(void * p_arg)
{
    u8 key,cnt=0;
    INT8U perr;
    OS_FLAGS res;
    while(1)
    {
        key=Key_Scan();
        #if 1
        if(key==1){//0000 1100
            printf("按键第%d次按下\r\n",cnt+1);
            if(cnt%2==0){
                res=OSFlagPost(flag,0x80,OS_FLAG_SET,&perr);//把第3位设置为1
                if( perr==OS_ERR_NONE){
                    printf("OSFlagPost:%#x\r\n",res);
                }
            }
            else{
                res=OSFlagPost(flag,0x40,OS_FLAG_SET,&perr);//把第2位设置为1
                if( perr==OS_ERR_NONE){
                    printf("OSFlagPost:%#x\r\n",res);
                }
            }
            cnt++;
        }
        #else
            if(key==1){
            //printf("key1 press\r\n");
            OSSchedUnlock();
        }
        #endif
```

```
        //printf("key\r\n");
        OSTimeDly(2);
    }
}

void LED1Task(void * p_arg)
{
    INT8U perr;
    OS_FLAGS res;
    while(1)
    {
        printf("led1 \r\n");
        res=OSFlagPend(flag,0xC0,OS_FLAG_WAIT_SET_ALL+OS_FLAG_CONSUME,0,&perr);
        if(perr==OS_ERR_NONE)
        {
            printf("事件标志组成立\r\n");
            printf("res: % #x\r\n",res);
        }
        OSTimeDly(200);//  200 * 5
    }
}
void LED2Task(void * p_arg)
{
    u8 i;
    while(1)
    {
        printf("led2\r\n");
        OSTimeDly(200);
    }
}
void LED3Task(void * p_arg)
{
    u8 i;
    while(1)
    {
        printf("led3\r\n");
        OSTimeDly(200);
    }
}
```

9.5 μC/OS-Ⅱ事件标志组编程示例代码验证

10 μC/OS-Ⅱ软件定时器管理

10.1 μC/OS-Ⅱ软件定时器简介

10.1.1 软件定时器介绍

定时器的本质是递减计数器，当计数器减到零时可以触发某种动作的执行，这个动作通过回调函数来实现。当定时器计时完成时，定义的回调函数就会被立即调用。应用程序可以有任意数量的定时器，μC/OS-Ⅱ中定时器的时间分辨率由一个宏 OS_TMR_CFG_TICKS_PER_SEC 决定，单位为 Hz，默认为 10Hz。

注意：一定要避免在回调函数中使用阻塞调用或者可以阻塞或删除定时器任务的函数。

10.1.2 回调函数的介绍

回调函数，就是一个通过函数指针调用的函数。如果把函数的指针（地址）作为参数传递给另一个函数，当这个指针被用来调用其所指向的函数时，我们就说这是回调函数。回调函数不是由该函数的实现方法直接调用的，而是在特定的事件或条件发生时由另外一方调用的，用于对该事件或条件进行响应。

10.1.3 单次定时器

单次定时器从初始值（也就是 OSTmrCreate 函数中的参数 dly）开始倒计数，直到为 0，调用回调并停止。单次定时器只执行一次，如图 10-1-1、图 10-1-2 所示。

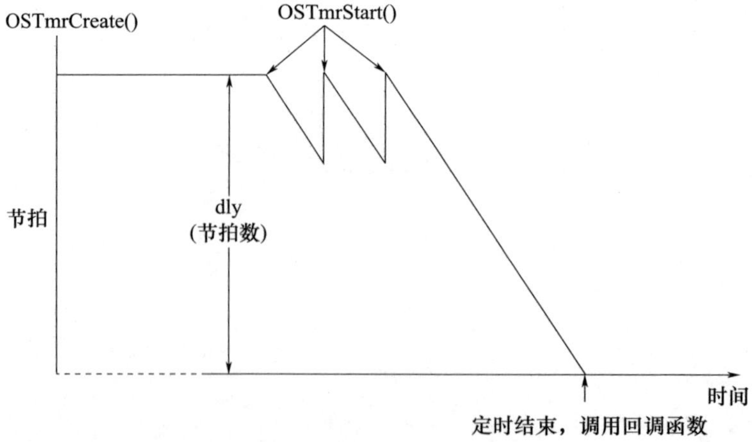

图 10-1-1　减到 0 前重新启动定时器

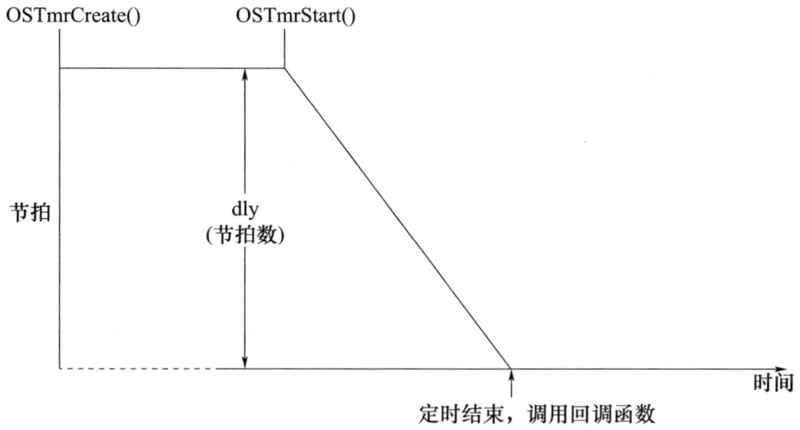

图 10-1-2 减到 0 前未重新启动定时器

10.1.4 周期模式——无初始延迟

创建定时器的时候我们可以设定为周期模式（图 10-1-3），当倒计时完成后，定时器调用回调函数，并重置计数器重新开始计时，一直循环下去。如果在调用函数 OSTmrCreate 创建周期定时器时让参数 dly 为 0，那么定时器每个周期就是 period。

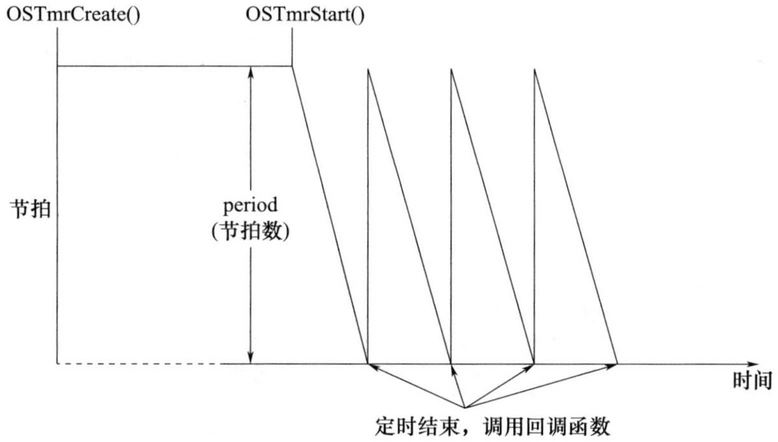

图 10-1-3 周期模式下的定时器

10.2 μC/OS-Ⅱ软件定时器相关函数

10.2.1 OSTmrCreate ()

OSTmrCreate 函数说明如表 10-2-1 所示。

表 10-2-1　OSTmrCreate 函数说明

函数名	OSTmrCreate
函数原型	OS _ TMR * OSTmrCreate（INT32U dly，INT32U period，INT8U opt，OS _ TMR _ CALLBACK callback，void * callback _ arg，INT8U * pname，INT8U * perr）
功能描述	用于创建一个定时器，定时器可以被配置为周期性运行或单次运行。当倒计时（设定的定时值）到 0，可选的“回调”函数会被执行。回调函数用于发信号告诉任务定时器时间到或者执行任何其他功能。但是建议保持回调函数可能短。使用时必须调用 OSTmrStart（）来启动计时器。如果配置了定时器单次计时模式，定时时间到，需要调用 OSTmrStart（）来重新触发定时器。如果不打算重新触发它，或者不使用定时器了，可以调用 OSTmrDel（）来删除定时器。如果使用单次计时模式，可以在回调函数里调用 OSTmrDel（）删除定时器。使用软件定时器时，必须指定本任务的优先级（OS _ TASK _ TMR _ PRIO），一般设置为最高优先级
输入参数 1	dly：指定使用的计时器初始延迟时间。在单次触发模式时，这是单次定时的时间；在周期模式下，这是最初定时器进入周期模式之前的延时。延时单位取决于多久调用一次 OSTmr-Signal，如果 OS _ TMR _ CFG _ TICKS _ PER _ SEC 设置为 10，则 DLY 指定延迟时间为 1/10s（也就是 100ms），OS _ TMR _ CFG _ TICKS _ PER _ SEC 设置为多少，就是 1/OS _ TMR _ CFG _ TICKS _ PER _ SEC 秒。需要注意的是，在创建时的定时器不能启动
输入参数 2	period：指定计时器周期性定时的时间量，如果设置为 0 那么将使用单次模式
输入参数 3	opt：指定定时器的工作模式。有如下选项： （1）OS _ TMR _ OPT _ PERIODIC：指定周期性定时模式； （2）OS _ TMR _ OPT _ ONE _ SHOT：指定单次定时模式；
输入参数 4	OS _ TMR _ CALLBACK callback：指定一个回调函数的地址（可选），这个函数将被调用，处理定时结束的相关事项，回调函数必须声明如下：void MyCallback（void * ptmr，void * callback _ arg）；如果不需要回调函数，可以传入一个空指针
输入参数 5	callback _ arg：传递给回调函数参数。如果回调函数不需要参数，可以是一个空指针
输入参数 6	pname：指向一个 ASCII 字符串，用于设置定时器名称。通过调用 ostmrnameget 获取这个名称
输出参数	perr：指向错误代码变量的指针。其值如下之一： （1）OS _ ERR _ NONE：定时器已成功创建； （2）OS _ ERR _ TMR _ INVALID _ DLY：在单次延时模式下指定了 0 延时； （3）OS _ ERR _ TMR _ INVALID _ PERIOD：在周期性延时模式下指定了 0 延时； （4）OS _ ERR _ TMR _ INVALID _ OPT：指定的延时模式有误； （5）OS _ ERR _ TMR _ ISR：在中断函数中调用本函数，不允许； （6）OS _ ERR _ TMR _ NON _ AVAIL：当不能启动一个计时器时，会得到这个错误，因为所有的定时器元素（即对象）已经被分配； （7）OS _ ERR _ TMR _ NAME _ TOO _ LONG：设置的定时器的名字太长，必须比 OS _ TMR _ CFG _ NAME _ SIZE 小
返回值	（1）（OS _ TMR *）0：如果没有可用的时间控制块，返回空指针； （2）不等于 0：返回指向分配给所建立的定时器的时间控制块的指针
说明	（1）建议检查返回值，以确保计时器成功创建； （2）不能从一个中断服务程序调用这个函数； （3）请注意，在创建时不启动计时器。开始计时必须调用 OSTmrSTart 启动计时器

OSTmrCreate 函数调用如例 10-2-1 所示。

【例 10-2-1】

```
OS_TMR * CloseDoorTmr;
void Task(void * p_arg)
{
    INT8U err;
    p_arg=p_arg;
    for(;;)
    {
        CloseDoorTmr=OSTmrCreate (10,100,OS_TMR_OPT_PERIODIC,DoorCloseFnct,(void * )0,
                                "Door Close",&err);
        if(err==OS_ERR_NONE)
        {
            //定时器创建成功,但还没启动
        }
    }
}
```

10.2.2 OSTmrStart ()

OSTmrStart 函数说明如表 10-2-2 所示。

表 10-2-2 OSTmrStart 函数说明

函数名	OSTmrStart
函数原型	BOOLEAN OSTmrStart (OS _ TMR * ptmr, INT8U * perr)
功能描述	启动（或重新启动）计时器的倒计时过程，要启动的计时器必须是先前已经建立的
输入参数	ptmr：指向想要启动的定时器，该指针的值为在创建定时器时返回的值［见 OSTmrCreate ()］
输出参数	perr：指向错误代码变量的指针。其值如下之一： (1) OS _ ERR _ NONE：启动成功； (2) OS _ ERR _ TMR _ INVALID：ptmr 传入一个空指针； (3) OS _ ERR _ TMR _ INVALID _ TYPE：ptmr 不是指向一个计时器； (4) OS _ ERR _ NAME _ GET _ ISR：在 ISR 中调用本函数，不允许； (5) OS _ ERR _ TMR _ INACTIVE：ptmr 指向一个已被删除或没有创建一个定时器
返回值	(1) OS _ TRUE：定时器启动成功； (2) OS _ FALSE：操作有误
说明	建议检查函数的返回值，不能在中断函数调用本函数。要启动的计时器必须是先前已经建立的

OSTmrStart 函数调用如例 10-2-2 所示。

【例 10-2-2】

```
OS_TMR * CloseDoorTmr;
BOOLEAN status;
```

```
void Task(void *p_arg)
{
    INT8U err;
    p_arg=p_arg;
    for(;;)
    {
        status=OSTmrStart(CloseDoorTmr,&err);
        if(err==OS_ERR_NONE)//定时器创建成功,但还没启动
        {
            //用户代码
        }
    }
}
```

10.2.3 OSTmrStop ()

OSTmrStop 函数说明如表 10-2-3 所示。

表 10-2-3 OSTmrStop 函数说明

函数名	OSTmrStop
函数原型	BOOLEAN OSTmrStop (OS_TMR *ptmr, INT8U opt, void *callback_arg, INT8U *perr)
功能描述	用于停止（即中止）定时器
输入参数 1	ptmr：指向想要停止的定时器。该指针的值为在创建定时器时返回的值［见 OSTmrCreate ()］
输入参数 2	opt：定时器停止后需要处理的事件。 （1）OS_TMR_OPT_NONE：直接停止，不做任何其他处理； （2）OS_TMR_OPT_CALLBACK：停止，用初始化的参数执行一次回调函数； （3）OS_TMR_OPT_CALLBACK_ARG：停止，用新的参数执行一次回调函数
输入参数 3	callback_arg：新的回调函数参数。如果回调函数不需要参数，可以是一个空指针
输出参数	perr：指向错误代码变量的指针。其值如下之一： （1）OS_ERR_NONE：计时器已停止； （2）OS_ERR_TMR_INVALID：ptmr 传入一个空指针； （3）OS_ERR_TMR_INVALID_TYPE：ptmr 不是指向一个计时器； （4）OS_ERR_NAME_GET_ISR：在 ISR 中调用本函数，不允许； （5）OS_ERR_TMR_INVALID_OPT：指定了无效选项； （6）OS_ERR_TMR_STOPPED：试图停止一个已停止的计时器； （7）OS_ERR_TMR_INACTIVE：ptmr 指向一个已被删除或没有创建一个定时器； （8）OS_ERR_TMR_NO_CALLBACK：选项中指定了调用回调函数，但没有传入回调函数相关参数
返回值	（1）OS_TRUE：定时器停止成功； （2）OS_FALSE：操作有误
说明	（1）建议检查函数的返回值； （2）不能在中断函数中调用本函数； （3）要停止的计时器必须是先前已经建立的

OSTmrStop 函数调用如例 10-2-3 所示。

【例 10-2-3】

```
OS_TMR *CloseDoorTmr;
void Task(void *p_arg)
{
    INT8U err;
    p_arg=p_arg;
    for(;;)
    {
        OSTmrStop (CloseDoorTmr,
                   OS_TMR_OPT_CALLBACK,
                   (void *)0,
                   &err);
        if(err==OS_ERR_NONE || err==OS_ERR_TMR_STOPPED)
        {
            //用户代码
        }
    }
}
```

10.2.4 OSTmrDel ()

OSTmrDel 函数说明如表 10-2-4 所示。

表 10-2-4 OSTmrDel 函数说明

函数名	OSTmrDel
函数原型	BOOLEAN OSTmrDel (OS_TMR *ptmr, INT8U *perr)
功能描述	删除一个定时器，如果一个计时器正在运行，它会先被停止然后被删除。如果定时器时间已经到了，并且不再计时，那么将直接被删除。它是由你来删除未使用的计时器，如果删除了一个计时器，必须不能再使用它
输入参数	ptmr：指向想要删除的定时器。该指针的值为在创建定时器时返回的值［见 OSTmrCreate ()］
输出参数	perr：指向错误代码变量的指针。其值如下之一： （1）OS_ERR_NONE：定时器被成功删除； （2）OS_ERR_TMR_INVALID：ptmr 传入一个空指针； （3）OS_ERR_TMR_INVALID_TYPE：ptmr 不是指向一个计时器； （4）OS_ERR_TMR_ISR：在 ISR 中调用本函数，不允许； （5）OS_ERR_TMR_INACTIVE：ptmr 指向一个已被删除或没有创建一个定时器
返回值	（1）OS_TRUE：定时器已删除； （2）OS_FALSE：出现错误
说明	（1）建议检查返回值，以确认本函数的执行结构是有效的； （2）不能调用 ISR 本函数； （3）如果删除了一个定时器，必须不能再使用它

OSTmrDel 函数调用如例 10-2-4 所示。

【例 10-2-4】

```
OS_TMR *CloseDoorTmr;
void Task(void *p_arg)
{
    INT8U err;
    p_arg=p_arg;
    for(;;)
    {
        CloseDoorTmr=OSTmrDel(CloseDoorTmr,&err);
        if(err==OS_ERR_NONE)
        {
            //用户代码
        }
    }
}
```

10.2.5 OSTmrStateGet ()

OSTmrStateGet 函数说明如表 10-2-5 所示。

表 10-2-5 OSTmrStateGet 函数说明

函数名	OSTmrStateGet
函数原型	INT8U OSTmrStateGet (OS_TMR *ptmr, INT8U *perr)
功能描述	用来获取计时器的当前状态
输入参数	ptmr：指向想要获取信息的定时器。该指针的值为在创建定时器时返回的值
输出参数	perr：指向错误代码变量的指针。其值如下之一： (1) OS_ERR_NONE：启动成功； (2) OS_ERR_TMR_INVALID：ptmr 传入一个空指针； (3) OS_ERR_TMR_INVALID_TYPE：ptmr 不是指向一个计时器； (4) OS_ERR_NAME_GET_ISR：在 ISR 中调用本函数，不允许； (5) OS_ERR_TMR_INACTIVE：ptmr 指向一个已被删除或没有创建一个定时器
返回值	定时器当前的状态，有以下几种： (1) OS_TMR_STATE_UNUSED：计时器尚未创建； (2) OS_TMR_STATE_STOPPED：定时器已创建，但尚未开始或已经停止计时； (3) OS_TMR_STATE_COMPLETED：定时器在单次模式，已经完成了延时； (4) OS_TMR_STATE_RUNNING：当前定时器正在运行
说明	建议检查函数的返回值，不能在中断函数中调用本函数

OSTmrStateGet 函数调用如例 10-2-5 所示。

【例 10-2-5】

```
INT8U CloseDoorTmrState;
OS_TMR *CloseDoorTmr;
```

```
void Task(void *p_arg)
{
    INT8U err;
    p_arg=p_arg;
    for(;;)
    {
        CloseDoorTmrState=OSTmrStateGet(CloseDoorTmr,&err);
        if(err==OS_ERR_NONE)
        {
            // Call was successful
        }
    }
}
```

10.2.6 周期模式——有初始延迟

周期定时器也可以设定为带初始延迟时间的运行模式，使用函数 OSTmrCreate 参数 dly 来确定第一个周期，以后的每个周期开始时将定时器值重置为 period。示意如图 10-2-1所示。

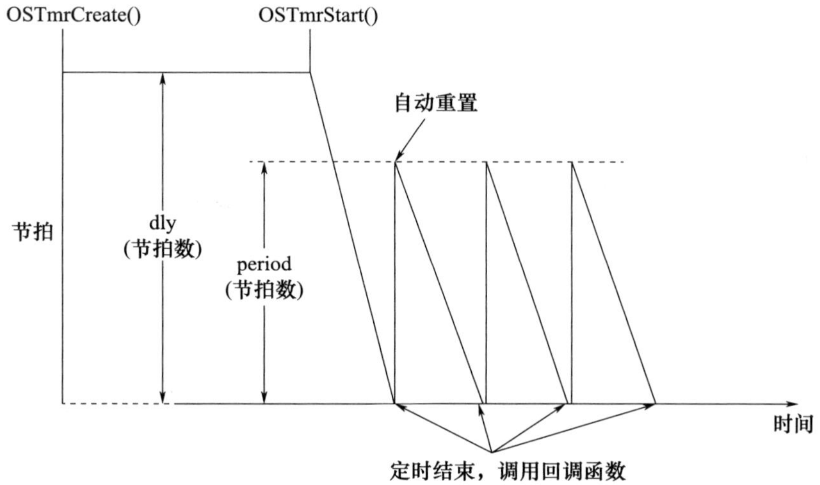

图 10-2-1 有延迟的周期模式

10.2.7 OSTmrNameGet ()

OSTmrNameGet 函数说明如表 10-2-6 所示。

表 10-2-6 OSTmrNameGet 函数说明

函数名	OSTmrNameGet
函数原型	INT8U OSTmrNameGet (OS_TMR *ptmr, INT8U *pdest, INT8U *perr);
功能描述	用于获取定时器的名称

续表

输入参数 1	ptmr：指向想要获取名称的定时器。该指针的值为在创建定时器时返回的值
输入参数 2	pdest：指向一个要存放 ASCII 字符串内存区的首地址
输出参数	perr：指向错误代码变量的指针。其值如下之一： （1）OS _ ERR _ NONE：获取成功； （2）OS _ ERR _ TMR _ INVALID _ DEST：pname 传入一个空指针； （3）OS _ ERR _ TMR _ INVALID：ptmr 传入一个空指针； （4）OS _ ERR _ TMR _ INVALID _ TYPE：ptmr 不是指向一个计时器； （5）OS _ ERR _ NAME _ GET _ ISR：在 ISR 中调用本函数，不允许； （6）OS _ ERR _ TMR _ INACTIVE：ptmr 指向一个已被删除或没有创建一个定时器
返回值	计数器名称的字符长度
说明	建议检查函数的返回值，不能在中断函数中调用本函数

OSTmrNameGet 函数调用如例 10-2-6 所示。

【例 10-2-6】

```
INT8U *CloseDoorTmrName;
OS_TMR *CloseDoorTmr;
void Task(void *p_arg)
{
    INT8U err;
    p_arg=p_arg;
    for(;;)
    {
        OSTmrNameGet(CloseDoorTmr,&CloseDoorTmrName,&err);
        if(err==OS_ERR_NONE)
        {
            //用户代码
        }
    }
}
```

10.2.8 OSTmrRemainGet ()

OSTmrRemainGet 函数说明如表 10-2-7 所示。

表 10-2-7 OSTmrRemainGet 函数说明

函数名	OSTmrRemainGet
函数原型	INT32U OSTmrRemainGet（OS _ TMR *ptmr，INT8U *perr）
功能描述	可以获取指定定时器的剩余（定时）时间，该返回值表示的时间取决于 OS _ TMR _ CFG _ TICKS _ PER _ SEC 的配置。如果 OS _ TMR _ CFG _ TICKS _ PER _ SEC 设置为 10，那么返回的剩下的真实时间为：返回时间 * 100ms。如果定时器超时，返回值为 0
输入参数	ptmr：指向想要获取剩余时间的定时器。该指针的值为在创建定时器时返回的值

续表

输出参数	perr：指向错误代码变量的指针。其值如下之一： （1）OS_ERR_NONE：获取成功； （2）OS_ERR_TMR_INVALID：ptmr 传入一个空指针； （3）OS_ERR_TMR_INVALID_TYPE：ptmr 不是指向一个计时器； （4）OS_ERR_NAME_GET_ISR：在 ISR 中调用本函数，不允许； （5）OS_ERR_TMR_INACTIVE：ptmr 指向一个已被删除或没有创建一个定时器
返回值	返回指定的计时器的剩余时间，如果指定了无效计时器或者定时器时间已到，返回的值将是 0
说明	建议检查函数的返回值，不能在中断函数中调用本函数

OSTmrNameGet 函数调用如例 10-2-7 所示。

【例 10-2-7】

```
INT32U TimeRemainToCloseDoor;
OS_TMR *CloseDoorTmr;
void Task(void *p_arg)
{
    INT8U err;
    p_arg=p_arg;
    for(;;)
    {
        TimeRemainToCloseDoor=OSTmrRemainGet(CloseDoorTmr,&err);
        if(err==OS_ERR_NONE)
        {
            //用户代码
        }
    }
}
```

10.2.9 OSTmrSignal（）

OSTmrSignal 函数说明如表 10-2-8 所示。

表 10-2-8 OSTmrSignal 函数说明

函数名	OSTmrSignal
函数原型	INT8U OSTmrSignal（void）
功能描述	通过任务或中断服务程序被调用，用以更新计时器。通常情况下，OSTmrSignal 将由 OSTimeTickHook 按照 OS_TICKS_PER_SEC/OS_TMR_CFG_TICKS_PER_SEC 的时间来调用。换句话说，如果 OS_CFG.H 中的 OS_TICKS_PER_SEC 设置为 1000，那么应该每 10 个或 100 个滴答中断（100 赫兹或 10 赫兹）调用 OSTmrSignal。一般情况下，建议 100ms 调用一次 OSTmrSignal 更新计时器，因为更高的计时器速率会使系统的开销增大
输入参数	无

续表

输出参数	无
返回值	返回 OS_ERR_NONE，表明调用成功
说明	本函数一般由系统中断调用，用户代码尽量不要调用

OSTmrSignal 函数调用如例 10-2-8 所示。

【例 10-2-8】

```
#if OS_TMR_EN >0
static INT16U OSTmrTickCtr=0;
#endif
void OSTimeTickHook(void)
{
    #if OS_TMR_EN > 0
    OSTmrTickCtr++;
    if(OSTmrTickCtr >=(OS_TICKS_PER_SEC / OS_TMR_CFG_TICKS_PER_SEC))
    {
        OSTmrTickCtr=0;
        OSTmrSignal();
    }
    #endif
}
```

10.3 μC/OS-Ⅱ软件定时器的编程思想

1. 软件定时器的创建与删除

设计 2 个任务，任务 Start 用于创建其他任务并且创建软件定时器。任务 KEY 的功能是扫描按键，当按键按下时删除软件定时器。

2. 软件定时器单次模式

在 main.c 中设计 2 个任务，用于创建其他任务并且创建软件定时器。任务 KeyTask 的功能是扫描按键，当 key1 键按下时开启软件定时器 1，当 key2 键按下时开启软件定时器 2，当 key3 键按下时关闭软件定时器 2。

3. 软件定时器任务检查

在 main.c 中设计 2 个任务，用于创建其他任务并且创建软件定时器。任务 KeyTask 的功能是扫描按键，当 key1 键按下时开启软件定时器 1，当 key2 键按下时开启软件定时器 2，当 key3 键按下时关闭软件定时器 2。

10.4 μC/OS-Ⅱ软件定时器编程示例

本实验部分源码如下，完整的工程详见工程示例代码。

1. 在 main.c 中首先定义两个软件定时器指针，如下：

```
OS_TMR   *timer1;    //软件定时器控制块
OS_TMR   *timer2;    //软件定时器控制块
```

2. 在 main.c 中创建任务 Start _ Task (),然后在任务 Start _ Task () 中调用 OSTmrCreate () 函数创建两个软件定时器,代码如下:

```
//任务函数——起始任务
void Start_Task(void *p_arg)
{
    OS_CPU_SR  cpu_sr=0u;
    INT8U perr;
    //创建一个软件定时器——还没有开始执行的
  timer1=OSTmrCreate(1000,     //1000*5=5000ms delay 定时时间,单次模式及周期模式的第一次
定时时间
                        0,  //定时时间,周期模式的第二次及之后的定时时间
                        OS_TMR_OPT_ONE_SHOT,    //模式选择 ——单次模式
                        MyTimerCallback,//回调函数,定时时间到了之后执行的函数
                        NULL,//传递给回调函数的实参
                        "CXX",  //定时器的名字。自定义
                        &perr);  //错误码

    if(perr==OS_ERR_NONE)
        printf("OSTmrCreate1 OK\r\n");

    timer2=OSTmrCreate(200,//1000*5=5000ms delay 定时时间,单次模式及周期模式的第一次定
时时间
                        1000,  //200*5=1000ms 定时时间,周期模式的第二次及之后的定时时间
                        OS_TMR_OPT_PERIODIC,    //模式选择 ——单次模式
                        MyTimer1Callback,//回调函数,定时时间到了之后执行的函数
                        "PERIODIC",//传递给回调函数的实参
                        "CXX",  //定时器的名字。自定义
                        &perr);  //错误码

    if(perr==OS_ERR_NONE)
        printf("OSTmrCreate2 OK\r\n");
    OS_ENTER_CRITICAL();  //进入临界
    OSTaskCreate( KeyTask,                        //任务函数
                        "XYD",              //传递给任务函数的实参
                        &KeyTaskStk[256-1],  //任务栈栈顶,入栈——出栈
                        KEYTASKPRO);          //任务优先级 最大为 62,μc/os II 最大的
任务数为 64 个。μcos III(N)
    OSTaskCreate( LED1Task,                       //任务函数
                        "XYD",              //传递给任务函数的实参
                        &LED1TaskStk[256-1],//任务栈栈顶,入栈——出栈
```

```
                        LED1TASKPRO);          //任务优先级 最大为 62,μc/os II 最大的
任务数为 64 个。μcos III(N)
    OSTaskCreate( LED2Task,                 //任务函数
                        "XYD",                //传递给任务函数的实参
                        &LED2TaskStk[256-1],//任务栈栈顶,入栈——出栈
                        LED2TASKPRO);          //任务优先级 最大为 62,μc/os II 最大的
任务数为 64 个。μcos III(N)
    OSTaskCreate( LED3Task,                 //任务函数
                        "XYD",                //传递给任务函数的实参
                        &LED3TaskStk[256-1],//任务栈栈顶,入栈——出栈
                        LED3TASKPRO);          //任务优先级 最大为 62,μc/os II 最大的
任务数为 64 个。μcos III(N)
    OSTaskSuspend(LED2TASKPRO);//等待
    OSTaskSuspend(LED3TASKPRO);//等待
    //OSSchedLock();

    OS_EXIT_CRITICAL();  //退出临界
    OSTaskSuspend(OS_PRIO_SELF);//挂起自己  ——>start 任务处于等待态
//  OSTaskDel(OS_PRIO_SELF);//删除自己 ——>start 任务处于休眠态
}

//定时器回调函数
// void( * OS_TMR_CALLBACK)(void * ptmr,void * parg)
void MyTimerCallback(OS_TMR * ptmr,void * p_arg)
{
        printf("单次模式定时时间到了\r\n");
}
//定时器回调函数
void MyTimer1Callback(OS_TMR * ptmr,void * p_arg)
{
    printf("循环定时时间到了:%s\r\n",p_arg);
}
```

3. 软件定时器的开启和关闭

在 main. c 中设计两个任务，用于创建其他任务并且创建软件定时器。任务 KeyTask 的功能是扫描按键，当 key1 键按下时开启软件定时器 1，当 key2 键按下时开启软件定时器 2，当 key3 键按下时关闭软件定时器 2。

```
//任务函数
void KeyTask(void * p_arg)
{
    u8 key;
```

```
    INT8U perr;
    while(1)
    {
        key=Key_Scan();
        #if 1
        if(key==1){
            printf("key1 press\r\n");
            OSTmrStart(timer1,&perr);
            printf("perr: %d\r\n",perr);
        }else if(key==2){
            printf("key2 press\r\n");
            OSTmrStart(timer2,&perr);
            printf("perr: %d\r\n",perr);
        }else if(key==3){
            printf("key3 press\r\n");
        ;
            OSTmrStop(timer2,OS_TMR_OPT_CALLBACK_ARG,"haha",&perr);
        }
        #else
            if(key==1){
            //printf("key1 press\r\n");
            OSSchedUnlock();
        }
        #endif

        //printf("key\r\n");
        OSTimeDly(2);
    }
}
//任务 1 函数
void LED1Task(void *p_arg)
{
    while(1)
    {
        printf("led1\r\n");
        OSTimeDly(200);//  200*5
    }
}
//任务 2 函数
void LED2Task(void *p_arg)
{
    u8 i;
    while(1)
    {
```

```
        printf("led2\r\n");
        OSTimeDly(200);
    }
}
//任务 3 函数
void LED3Task(void * p_arg)
{
    u8 i;
    while(1)
    {
        printf("led3\r\n");
        OSTimeDly(200);
    }
    }
```

4. 软件定时器的检查

```
typedef struct{
    char name[20];
    int  age;
    int  num;

}STU;

OS_EVENT   * qbox;

char * MessageStorage[3]={"LED1ON","LED2ON","LED3ON"};//消息队列存储区域,存放 3 则消息

OS_TMR   * timer1;     //软件定时器控制块
OS_TMR   * timer2;     //软件定时器控制块
#define STARTTASKPRO 20
static  OS_STK        StartTaskStk[256];
void Start_Task(void * p_arg);


#define KEYTASKPRO   10
static  OS_STK        KeyTaskStk[256];
void KeyTask(void * p_arg);

#define LED1TASKPRO   12
static  OS_STK        LED1TaskStk[256];
void LED1Task(void * p_arg);

#define LED2TASKPRO   14
```

```
static  OS_STK      LED2TaskStk[256];
void LED2Task(void * p_arg);

#define LED3TASKPRO  16
static  OS_STK      LED3TaskStk[256];
void LED3Task(void * p_arg);

void MyTimerCallback(OS_TMR * ptmr,void * p_arg);
void MyTimer1Callback(OS_TMR * ptmr,void * p_arg);
int main()
{
    NVIC_PriorityGroupConfig(NVIC_PriorityGroup_2);//设置系统中断优先级分组 2
    Delay_Init(84);
    Usart1_Init(115200);
    Usart2_Init(115200);
    Led_Init();
    Key_Init();

    OS_CPU_SysTickInit(84000000/OS_TICKS_PER_SEC);//1ms 进一次中断
    OSInit();// ucos 初始化
    OSTaskCreate( Start_Task,                //任务函数
                  "XYD",                     //传递给任务函数的实参
                  &StartTaskStk[256-1],//任务栈栈顶,入栈——出栈
                  STARTTASKPRO);//任务优先级 最大为 62,μc/os II 最大的任务数为
64 个。μcos III(N)
    OSStart();  //启动 μcos
    while(1)/* Should Never Get Here. 这里的程序不会执行 */
    {
        ;
    }
}

//任务函数——起始任务
void Start_Task(void * p_arg)
{
    OS_CPU_SR  cpu_sr=0u;
    INT8U perr;
    //创建一个软件定时器——还没有开始执行的
  timer1=OSTmrCreate(1000,        //1000 * 5=5000ms delay 定时时间,单次模式及周期模式的第
一次定时时间
                    0,  //定时时间,周期模式的第二次及之后的定时时间
                    OS_TMR_OPT_ONE_SHOT,     //模式选择 ——单次模式
                    MyTimerCallback,//回调函数,定时时间到了之后执行的函数
                    NULL,//传递给回调函数的实参
```

```
                    "CXX",  //定时器的名字。自定义
                    &perr);  //错误码

    if(perr==OS_ERR_NONE)
        printf("OSTmrCreate1 OK\r\n");

    timer2=OSTmrCreate(200,//1000 * 5=5000ms delay 定时时间,单次模式及周期模式的第一次定时时间
                    1000,  //200 * 5=1000ms 定时时间,周期模式的第二次及之后的定时时间
                    OS_TMR_OPT_PERIODIC,    //模式选择 ——单次模式
                    MyTimer1Callback,//回调函数,定时时间到了之后执行的函数
                    "PERIODIC",//传递给回调函数的实参
                    "CXX",  //定时器的名字。自定义
                    &perr);  //错误码

    if(perr==OS_ERR_NONE)
        printf("OSTmrCreate2 OK\r\n");
    OS_ENTER_CRITICAL();  //进入临界
    OSTaskCreate( KeyTask,                  //任务函数
                  "XYD",                    //传递给任务函数的实参
                  &KeyTaskStk[256-1],  //任务栈栈顶,入栈——出栈
                  KEYTASKPRO);              //任务优先级 最大为 62,μc/os II 最大的任务数为 64 个。μcos III(N)
    OSTaskCreate( LED1Task,                 //任务函数
                  "XYD",                    //传递给任务函数的实参
                  &LED1TaskStk[256-1],//任务栈栈顶,入栈——出栈
                  LED1TASKPRO);             //任务优先级 最大为 62,μc/os II 最大的任务数为 64 个。μcos III(N)
    OSTaskCreate( LED2Task,                 //任务函数
                  "XYD",                    //传递给任务函数的实参
                  &LED2TaskStk[256-1],//任务栈栈顶,入栈——出栈
                  LED2TASKPRO);             //任务优先级 最大为 62,μc/os II 最大的任务数为 64 个。μcos III(N)
    OSTaskCreate( LED3Task,                 //任务函数
                  "XYD",                    //传递给任务函数的实参
                  &LED3TaskStk[256-1],//任务栈栈顶,入栈——出栈
                  LED3TASKPRO);             //任务优先级 最大为 62,μc/os II 最大的任务数为 64 个。μcos III(N)
    OSTaskSuspend(LED2TASKPRO);//等待
    OSTaskSuspend(LED3TASKPRO);//等待
    //OSSchedLock();

    OS_EXIT_CRITICAL();  //退出临界
    OSTaskSuspend(OS_PRIO_SELF);//挂起自己 ——>start 任务处于等待态
```

```
//  OSTaskDel(OS_PRIO_SELF);//删除自己 -->start任务处于休眠态
}

//定时器回调函数
// void(*OS_TMR_CALLBACK)(void *ptmr,void *parg)
void MyTimerCallback(OS_TMR *ptmr,void *p_arg)
    {
        printf("单次模式定时时间到了\r\n");
}
//定时器回调函数
void MyTimer1Callback(OS_TMR *ptmr,void *p_arg)
{
    printf("循环定时时间到了:%s\r\n",p_arg);
}

void KeyTask(void *p_arg)
{
    u8 key;
    INT8U perr;
    while(1)
    {
        key=Key_Scan();
        #if 1
        if(key==1){
            printf("key1 press\r\n");
            OSTmrStart(timer1,&perr);
            printf("perr:%d\r\n",perr);
        }else if(key==2){
            printf("key2 press\r\n");
            OSTmrStart(timer2,&perr);
            printf("perr:%d\r\n",perr);
        }else if(key==3){
            printf("key3 press\r\n");
        ;
            OSTmrStop(timer2,OS_TMR_OPT_CALLBACK_ARG,"haha",&perr);
        }
        #else
            if(key==1){
            //printf("key1 press\r\n");
            OSSchedUnlock();
        }
        #endif

        //printf("key\r\n");
```

```
        OSTimeDly(2);
    }
}

void LED1Task(void *p_arg)
{
    while(1)
    {
        printf("led1\r\n");
        OSTimeDly(200);//  200*5
    }
}
void LED2Task(void *p_arg)
{
    u8 i;
    while(1)
    {
        printf("led2\r\n");
        OSTimeDly(200);
    }
}
void LED3Task(void *p_arg)
{
    u8 i;
    while(1)
    {
        printf("led3\r\n");
        OSTimeDly(200);
    }
}
```

10.5 μC/OS-Ⅱ软件定时器编程示例代码验证

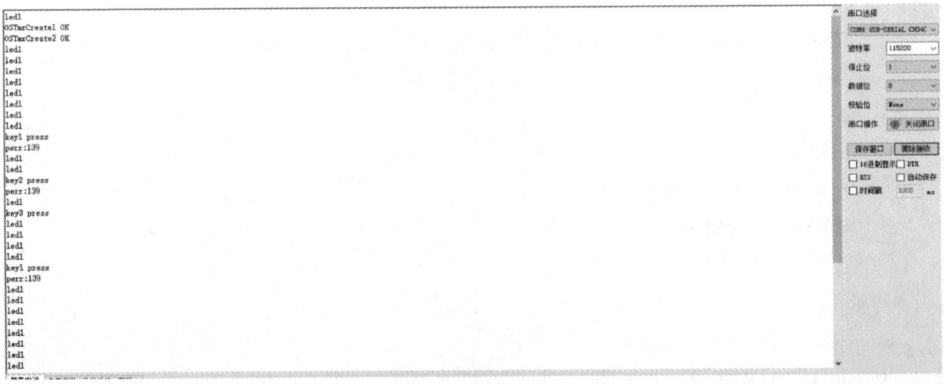

11 μC/OS-Ⅱ内存管理

11.1 μC/OS-Ⅱ内存管理介绍

在标准 C 语言中，用户可以使用 malloc 函数动态地申请内存空间，用 free 函数释放 malloc 函数申请到的内存空间。但是，如果用户在 μC/OS-Ⅱ操作系统中多次调用 malloc 函数来申请内存空间的话，就有可能把原来很大的一块内存分割成很多小块的内存空间，并且这些内存空间不是连续的，也就是常说的内存碎片。如果工程中存在太多的内存碎片，那么到最后将会导致连一小块内存都分配不到了。另外，由于内存管理算法的原因，malloc 和 free 函数的执行时间是不确定的。

在 μC/OS-Ⅱ中，操作系统把连续的大块内存按分区来管理，每个分区中包含有整数个大小相同的内存块。

利用这种机制，μC/OS-Ⅱ对 malloc 和 free 函数进行了改进，使它们可以分配和释放固定大小的内存块。这样一来，malloc 和 free 函数的执行时间也成为固定的。如图 11-1-1所示。

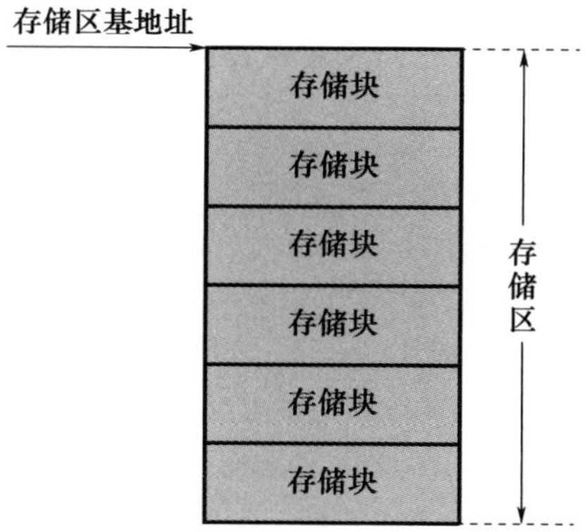

图 11-1-1　固定大小内存块

一般情况下，存储区是固定的，所以用户可以在程序中用数组来表示一个存储区，比如 unsigned char mem_buffer [50] [32]，就可以表示一个拥有 50 个存储块，每个存储块 32 个字节的存储区。

内存控制块

为了方便内存管理，μC/OS-Ⅱ中使用内存控制块来表示内存区，内存控制块定义为一个类型为 OS_MEM 的结构体。此结构体在 μcos_Ⅱ.h 中定义：

```
typedef struct os_mem {
    void   *OSMemAddr;//指向内存分区开始部分的指针
    void   *OSMemFreeList;//指向空闲内存块列表的指针
    INT32U  OSMemBlkSize;//每个内存块的大小(以字节为单位)
    INT32U  OSMemNBlks;// 此分区中的块总数
    INT32U  OSMemNFree;//此分区中剩余的内存块数
#if OS_MEM_NAME_SIZE > 1
    INT8U  OSMemName[OS_MEM_NAME_SIZE];
#endif
} OS_MEM
```

成员说明：

OSMemAddr：指向内存分区中的基地址的指针，在创建内存分区时被初始化，之后无法被改变。

OSMemFreeList：指向下一个空闲的内存控制块。

OSMemBlkSize：内存控制块的大小，在创建内存分区时初始化。

OSMemNBlks：控制块的数量，在创建内存分区时初始化。

OSMemNFree：当前空闲的内存控制块。

11.2 μC/OS-Ⅱ内存管理相关函数

11.2.1 OSMemCreate ()

OSMemCreate 函数说明如表 11-2-1 所示。

表 11-2-1 OSMemCreate 函数说明

函数名	OSMemCreate
函数原型	OS _ MEM *OSMemCreate (void *addr, INT32U nblks, INT32U blksize, INT8U *perr)
功能描述	函数建立并初始化一块内存区，一块内存区包含指定数目的大小确定的内存块。程序可以包含这些内存块并在用完后释放回内存区
输入参数 1	addr：建立的内存区的起始地址。内存区可以使用静态数组或在初始化时使用 malloc 函数建立
输入参数 2	nblks：需要的内存块的数目。每一个内存区最少需要定义两个内存块
输入参数 3	blksize：每个内存块的大小。最少应该能够容纳一个指针
输出参数	perr：指向错误代码变量的指针。其值如下之一： (1) OS _ ERR _ NONE：成功建立内存区； (2) OS _ ERR _ MEM _ INVALID _ ADDR：指定一个无效的地址（空指针）或分区没有正确对齐； (3) OS _ MEM _ INVALID _ PART：没有空闲的内存区； (4) OS _ MEM _ INVALID _ BLKS：没有为每一个内存区建立至少两个内存块； (5) OS _ MEM _ INVALID _ SIZE：内存块大小不足以容纳一个指针变量
返回值	(1) 等于 (OS _ MEM *) 0：如果没有空闲内存区，返回空指针； (2) 不等于 (OS _ MEM *) 0：返回指向内存区控制块的指针
说明	必须首先建立内存区，然后使用

OSMemCreate 函数调用如例 11-2-1 所示。

【例 11-2-1】

```
OS_MEM *CommMem;
INT32U CommBuf[16][32];
void main(void)
{
    INT8U err;
    OSInit();// Initialize μC/OS-Ⅱ
    //... 用户代码
    CommMem=OSMemCreate(&CommBuf[0][0],16,32 * sizeof(INT32U),&err);
    //... 用户代码
    OSStart();// Start Multitasking
}
```

11.2.2 OSMemGet ()

OSMemGet 函数说明如表 11-2-2 所示。

表 11-2-2 OSMemGet 函数说明

函数名	OSMemGet
函数原型	void *OSMemGet (OS_MEM *pmem, INT8U *perr)
功能描述	函数用于从内存区分配一个内存块，用户程序必须知道所建立的内存块的大小，同时用户程序必须在使用完内存块后释放内存块。可以多次调用 OSMemGet () 函数
输入参数	pmem：指向内存区控制块的指针。可以从 OSMemCreate 函数返回得到
输出参数	perr：指向错误代码变量的指针。其值如下之一： （1）OS_ERR_NONE：成功得到一个内存块； （2）OS_MEM_NO_FREE_BLKS：内存区已经没有空间分配给内存块
返回值	返回指向内存区控制块的指针，如果没有空闲的内存区，返回空指针
说明	必须首先建立内存区，然后使用

OSMemGet 函数调用如例 11-2-2 所示。

【例 11-2-2】

```
OS_MEM *CommMem;
void Task(void *p_arg)
{
    INT8U *pmsg;
    p_arg=p_arg;
    while(1)
    {
        pmsg=OSMemGet(CommMem,&err);
        if(pmsg ! =(INT8U *)0)
        {
```

```
            //内存申请成功
        }
        //... 用户代码
    }
}
```

11.2.3 OSMemPut ()

OSMemPut 函数说明如表 11-2-3 所示。

表 11-2-3 OSMemPut 函数说明

函数名	OSMemPut
函数原型	INT8U OSMemPut（OS _ MEM ＊pmem，void ＊pblk）
功能描述	函数释放一个内存块，内存块必须释放回原先申请的内存区
输入参数 1	pmem：指向内存区控制块的指针。可以从 OSMemCreate 函数返回得到
输入参数 2	pblk：指向将被释放的内存块的指针
输出参数	无
返回值	返回如下之一： （1）OS _ ERR _ NONE：释放成功； （2）OS _ ERR _ MEM _ FULL：释放的空间比申请的多； （3）OS _ ERR _ MEM _ INVALID _ PMEM：pmem 传递了一个空指针； （4）OS _ ERR _ MEM _ INVALID _ PBLK：pblk 传递了一个空指针
说明	必须首先建立内存区，然后使用

OSMemPut 函数调用如例 11-2-3 所示。

【例 11-2-3】

```
OS_MEM ＊CommMem;
INT8U ＊CommMsg;
void Task(void ＊p_arg)
{
    INT8U err;
    p_arg=p_arg;
    while(1)
    {
        err=OSMemPut(CommMem,(void ＊)CommMsg);//释放内存块
        if(err==OS_ERR_NONE)
        {
            //内存块释放成功
        }
        //... 用户代码
    }
}
```

11.2.4 OSMemQuery ()

OSMemQuery 函数说明如表 11-2-4 所示。

表 11-2-4 OSMemQuery 函数说明

函数名	OSMemQuery
函数原型	INT8U OSMemQuery (OS _ MEM * pmem，OS _ MEM _ DATA * p _ mem _ data)
功能描述	函数得到内存区的信息。该函数返回 OS _ MEM 结构包含的信息，但使用了一个新的 OS _ MEM _ DATA 的数据结构。OS _ MEM _ DATA 数据结构还包含了正被使用的内存块数目的域
输入参数 1	pmem：指向内存区控制块的指针。可以从 OSMemCreate 函数返回得到
输入参数 2	p _ mem _ data：指向 OS _ MEM _ DATA 数据结构的指针。该数据结构包含了以下的域： typedef struct { Void OSAddr；　　//指向内存区起始地址的指针 Void OSFreeList；　　//指向空闲内存块列表起始地址的指针 INT32U OSBlkSize；　　//每个内存块的大小 INT32U OSNBlks；　　//该内存区的内存块总数 INT32U OSNFree；　　//空闲的内存块数目 INT32U OSNUsed；　　//使用的内存块数目 } OS _ MEM _ DATA；
输出参数	无
返回值	返回如下之一： (1) OS _ ERR _ NONE：获取成功； (2) OS _ ERR _ MEM _ INVALID _ PMEM：pmem 传递了一个空指针； (3) OS _ ERR _ MEM _ INVALID _ PBLK：pblk 传递了一个空指针
说明	必须首先建立内存区，然后使用

OSMemQuery 函数调用如例 11-2-4 所示。

【例 11-2-4】

```
OS_MEM * CommMem;
void Task(void * p_arg)
{
    INT8U err;
    OS_MEM_DATA mem_data;
    p_arg=p_arg;
    while(1)
    {
        //... 用户代码
        err=OSMemQuery(CommMem,&mem_data);//获取内存分区信息
        //... 用户代码
    }
}
```

11.2.5 OSMemNameGet ()

OSMemNameGet 函数说明如表 11-2-5 所示。

表 11-2-5 OSMemNameGet 函数说明

函数名	OSMemNameGet
函数原型	INT8U OSMemNameGet (OS _ MEM * pmem, INT8U * pname, INT8U * perr)
功能描述	获取存储分区的名称
输入参数 1	pmem：指向存储器分区
输入参数 2	pname：指向一个要存放 ASCII 字符串内存区的首地址
输出参数	perr：指向错误代码变量的指针。其值如下之一： （1）OS _ ERR _ NONE：获取成功； （2）OS _ ERR _ INVALID _ PMEM：pmem 传递一个 NULL 指针； （3）OS _ ERR _ PNAME _ NULL：pname 传递一个 NULL 指针； （4）OS _ ERR _ NAME _ GET _ ISR：尝试从 ISR 使用本功能，不允许
返回值	获取到的 pname 字符串的长度或者 0
说明	必须首先建立内存区，然后使用

OSMemNameGet 函数调用如例 11-2-5 所示。

【例 11-2-5】

```
OS_MEM  * CommMem;
INT8U  * CommMemName;
void Task(void  * pdata)
{
    INT8U err;
    INT8U size;
    pdata=pdata;
    while(;;)
    {
        //获取内存分区名称
        size=OSMemNameGet(CommMem,&CommMemName,&err);
        //... 用户代码
    }
}
```

11.2.6 OSMemNameSet ()

OSMemNameSet 函数说明如表 11-2-6 所示。

表 11-2-6 OSMemNameSet 函数说明

函数名	OSMemNameSet
函数原型	void OSMemNameSet (OS _ MEM * pmem, INT8U * pname, INT8U * perr)
功能描述	设置存储分区名称

续表

输入参数 1	pmem：指向存储器分区
输入参数 2	pname：指向一个 ASCII 字符串的首地址
输出参数	perr：指向错误代码变量的指针。其值如下之一： （1）OS_ERR_NONE：设置成功； （2）OS_ERR_INVALID_PMEM：pmem 传递一个 NULL 指针； （3）OS_ERR_PNAME_NULL：pname 传递一个 NULL 指针； （4）OS_ERR_MEM_NAME_TOO_LONG：设置的内存分区名称长度太长； （5）OS_ERR_NAME_GET_ISR：尝试从 ISR 使用本功能，不允许
返回值	无
说明	必须首先建立内存区，然后使用

OSMemNameSet 函数调用如例 11-2-6 所示。

【例 11-2-6】

```
OS_MEM *CommMem;
void Task(void *p_arg)
{
    INT8U err;
    p_arg=p_arg;
    while(1)
    {
        OSMemNameSet(CommMem,"Comm. Buffer",&err);
        //... 用户代码
    }
}
```

11.3　μC/OS-Ⅱ内存管理的编程思想

1. 任务的创建与申请

设计两个任务，任务 Start 用于创建其他任务并且创建内存分区。任务 KEY 的功能是扫描按键，当按键按下时申请一个内存块。

2. 任务的释放与当前信息

设计两个任务，任务 Start 用于创建其他任务并且创建内存分区。任务 KEY 的功能是扫描按键，当按下 up 键时申请一个内存块，当按下 down 键时释放一个内存块，当按下 right 键时获取内存块的当前信息。

11.4　μC/OS-Ⅱ内存管理编程示例

本实验部分源码如下，完整的工程详见工程示例代码。

1. 在 μcos-task. c 中首先定义一个内存控制块，如下：

```
OS_MEM   * osmen ;     //内存控制块指针
INT8U mem_buffer[10][32];//内存控制块
```

2. 在 main. c 中创建任务 Start _ Task（），然后在 μcos-task. c 开始任务 Start _ Task 中调用 OSMemCreate 函数创建一个内存块，代码如下：

```
void Start_Task(void * p_arg)  //创建一个内存分区
{
    INT8U perr;
    p_arg=p_arg;
    //创建一个内存分区,有 10 个内存块,每个内存块的大小为 32 个字节
    osmen=OSMemCreate(mem_buffer,10,32,&perr);
    if(perr==OS_ERR_NONE)
    {
        printf("成功创建内存分区\r\n");
    }
    OSTaskCreate(Led_Task,NULL,&Led_Task_Stk[Led_Stk_Size-1],Led_Task_Pro);//创建一个名为
Led_Task 的任务
    OSTaskCreate(Key_Task,NULL,&Key_Task_Stk[Key_Stk_Size-1],Key_Task_Pro);//创建一个名为
Key_Task 的任务
    while(1)
    {
        OSTaskSuspend(Start_Task_Pro);//把任务挂起
    }
}
```

3. 任务的申请与释放

在 μcos-task. c 中设计两个任务，任务 Start 用于创建其他任务并且创建内存分区。任务 KEY 的功能是扫描按键，当按下 up 键时申请一个内存块，当按下 down 键时释放一个内存块，当按下 right 键时获取内存块的当前信息。

```
//任务函数
static INT8U memget_num=0;
u8 memget_num_buf[30];
void Key_Task(void * p_arg)
{
    u8 key;
    INT8U perr;
    INT8U * mem;
    OS_MEM_DATA mem_data;
    INT8U OSBlkSize_Buf[30]={0};
    INT8U OSNBlks_Buf[30]={0};
    INT8U OSNFree_Buf[30]={0};
    INT8U OSNUsed_Buf[30]={0};
    p_arg=p_arg;
```

```
while(1)
{
    key=KEY_Scan(0);
    switch(key)
    {
        case up_press:  //当 up 键按下,申请一个内存块
            mem=OSMemGet(osmen,&perr);
            if(perr==OS_ERR_NONE)
            {
                printf("成功申请到内存空间,其地址为 0x%x\r\n",(u32)mem);
                LCD_Show_String(30,150,280,16,BLUE,WHITE," Get Memory OK");
                memget_num++;
                printf("内存申请的次数为:%d 次\r\n",memget_num);
                sprintf((char*)memget_num_buf,"Memory Use cnt: %d",memget_num);
                LCD_Show_String(30,170,280,16,BLUE,WHITE,memget_num_buf);
            }
            if(perr==OS_ERR_MEM_NO_FREE_BLKS)
            {
                printf("内存不足\r\n");
                LCD_Show_String(30,190,280,16,BLUE,WHITE,"there is not enough memory");
            }
            break;
        case down_press://当 down 键按下
            if(mem !=NULL )
            {
                perr=OSMemPut(osmen,mem);
                if(perr==OS_ERR_NONE)
                {
                    printf("成功释放内存空间,其地址为 0x%x\r\n",(u32)mem);
                    LCD_Show_String(30,150,280,16,BLUE,WHITE," Put Memory OK");
                    memget_num--;
                    printf("内存申请的次数为:%d 次\r\n",memget_num);
                    sprintf((char*)memget_num_buf,"Memory Use cnt: %d",memget_num);
                    LCD_Show_String(30,170,280,16,BLUE,WHITE,memget_num_buf);
                }
            }
            break;
        case right_press:
            if(mcm !-NULL )
            {
                perr=OSMemQuery(osmen,&mem_data);
                if(perr==OS_ERR_NONE)
                {
```

```
                printf("内存区的起始地址为：0x%x\r\n",(u32)mem_data.OSAddr);
                printf("内存区的空闲区起始地址为：0x%x\r\n",(u32)mem_data.OSFreeList);
                printf("内存块的大小为：%d\r\n",(u32)mem_data.OSBlkSize);
                printf("内存块的总数量为：%d\r\n",(u32)mem_data.OSNBlks);
                printf("内存块的空闲数量为：%d\r\n",(u32)mem_data.OSNFree);
                printf("内存块的已用数量为：%d\r\n",(u32)mem_data.OSNUsed);

                //LCD 显示
                sprintf((char *)OSBlkSize_Buf,"OSBlkSize: %d",mem_data.OSBlkSize);
                sprintf((char *)OSNBlks_Buf,"OSNBlks   : %d",mem_data.OSNBlks);
                sprintf((char *)OSNFree_Buf,"OSNFree   : %d",mem_data.OSNFree);
                sprintf((char *)OSNUsed_Buf,"OSNUsed   : %d",mem_data.OSNUsed);

                LCD_Show_String(30,210,280,16,BLUE,WHITE,OSBlkSize_Buf);
                LCD_Show_String(30,230,280,16,BLUE,WHITE,OSNBlks_Buf);
                LCD_Show_String(30,250,280,16,BLUE,WHITE,OSNFree_Buf);
                LCD_Show_String(30,270,280,16,BLUE,WHITE,OSNUsed_Buf);
            }
        }
        break;
    }
    OSTimeDly(10);
  }
}
```

12 μC/OS-Ⅱ其他功能函数

1. OSStatInit ()

OSStatInit 函数说明如表 12-1-1 所示。

表 12-1-1 OSStatInit 函数说明

函数名	OSStatInit
函数原型	void OSStatInit (void)
功能描述	统计任务初始化，OSStatInit () 获取当系统中没有其他任务运行时，32 位计数器所能达到的最大值。OSStatInit () 的调用时机是当多任务环境已经启动，且系统中只有一个任务在运行。也就是说，该函数只能在第一个被建立并运行的任务中调用。在使用本函数时，OS_TASK_STAT_EN 必须置为 1。这时候 μCOS-Ⅱ会自动创建一个统计任务 OSTaskStat ()。这个统计任务每秒计算一次 CPU 在单位时间内被使用的时间，并把计算结果以百分比的形式存放在变量 OSCPUUsage 中，以便应用程序通过访问它来了解 CPU 的利用率
输入参数	无
输出参数	无
返回值	无
说明	如果用户应用程序要使用统计任务，则必须把定义在系统头文件 OS_CFG.H 中的系统配置常量 OS_TASK_STAT_EN 设置为 1，并且必须在创建统计任务之前调用函数 OSStatInit () 对统计任务进行初始化

OSStatInit 函数调用如例 12-1-1 所示。

【例 12-1-1】

```
void main(void)
{
    //……用户代码
    OSInit();//初始化 μC/OS-Ⅱ
    //……用户代码 // 最少创建一个任务
    OSStart();//启动多任务内核
}
```

2. OSIntEnter ()

OSIntEnter 函数说明如表 12-1-2 所示。

表 12-1-2 OSIntEnter 函数说明

函数名	OSIntEnter
函数原型	void OSIntEnter（void）
功能描述	通知 μC/OS-Ⅱ一个中断处理函数正在执行，这有助于 μC/OS-Ⅱ掌握中断嵌套的情况。OSIntEnter（）函数通常和 OSIntExit（）函数联合使用
输入参数	无
输出参数	无
返回值	无
说明	（1）在任务级不能调用该函数； （2）如果用户使用的微处理器有存储器直接加 1 的单条指令的话，将全程变量 OSIntNesting 直接加 1，可以避免调用函数所带来的额外的开销； （3）如果用户使用的微处理器没有这样的指令，必须先将 OSIntNesting 读入寄存器，再将寄存器加 1，再写回到变量 OSIatNesting 中去，就不如调用 OSIntEnter（）。OSIntNesting 是共享资源。OSIntEnter（）把上述三条指令用开中断、关中断保护起来，以保证处理 OSIntNesting 时的排他性。直接给 OSIntNesting 加 1 比调用 OSIntEnter（）快得多，如可能时，直接加 1 更好。需要注意的是，在有些情况下，从 OSIntEnter（）返回时，会把中断打开。这种情况，在调用 OSIntEnter（）之前要先清中断源，否则中断将连续反复打入，用户应用程序就会崩溃

OSIntEnter 函数调用如例 12-1-2 所示。

【例 12-1-2】

```
void USART1_IRQHandler(void)
{
    OSIntEnter();
    //用户代码
    OSIntExit()
}
```

3. OSIntExit（）

OSIntExit 函数说明如表 12-1-3 所示。

表 12-1-3 OSIntExit 函数说明

函数名	OSIntExit
函数原型	void OSIntExit（void）
功能描述	通知 μC/OS-Ⅱ一个中断服务已执行完毕，这有助于 μC/OS-Ⅱ掌握中断嵌套的情况。通常 OSIntExit 和 OSIntEnter 函数联合使用，当最后一层嵌套的中断执行完毕后，如果有更高优先级的任务准备就绪，μC/OS-Ⅱ会调用任务调度函数，在这种情况下，中断返回到更高优先级的任务而不是被中断了的任务
输入参数	无
输出参数	无
返回值	无
说明	（1）在任务级不能调用该函数； （2）并且即使没有调用 OSIntEnter 函数而是使用直接递增 OSIntNesting 的方法，也必须调用 OSIntExit 函数

OSIntExit 函数调用如例 12-1-3 所示。

【例 12-1-3】

```
void USART1_IRQHandler(void)
{
    OSIntEnter();
    //用户代码
    OSIntExit()
}
```

4. OS_ENTER_CRITICAL（）/OS_EXIT_CRITICAL（）

OS_ENTER_CRITICAL/OS_EXIT_CRITICAL 函数说明如表 12-1-4 所示。

表 12-1-4　OS_ENTER_CRITICAL/OS_EXIT_CRITICAL 函数说明

函数名	OS_ENTER_CRITICAL，OS_EXIT_CRITICAL
函数原型	OS_ENTER_CRITICAL（），OS_EXIT_CRITICAL（）
功能描述	OS_ENTER_CRITICAL（）和 OS_EXIT_CRITICAL（）为定义的宏，用来关闭、打开 CPU 的中断
输入参数	无
输出参数	无
返回值	无
说明	OS_ENTER_CRITICAL（）和 OS_EXIT_CRITICAL（）必须成对使用

OS_ENTER_CRITICAL/OS_EXIT_CRITICAL 函数调用如例 12-1-4 所示。

【例 12-1-4】

```
void TaskX(void * pdata)
{
for(;;){
    OS_ENTER_CRITICAL();//关闭中断
    //… …用户代码 // 进入核心代码
    OS_EXIT_CRITICAL();//打开中断
    }
}
```

5. OSSchedLock（）

OSSchedLock 函数说明如表 12-1-5 所示。

表 12-1-5　OSSchedLock 函数说明

函数名	OSSchedLock
函数原型	void OSSchedLock（void）
功能描述	函数停止任务调度，只有使用配对的函数 OSSchedUnlock 才能重新开始内核的任务调度。调用 OSSchedLock 函数的任务独占 CPU，不管有没有其他高优先级的就绪任务。在这种情况下，中断仍然可以被接受和执行（中断必须允许）。OSSchedLock 函数和 OSSchedUnlock 函数必须配对使用。μC/OS-Ⅱ可以支持多达 254 层的 OSSchedLock 函数嵌套，必须调用同样次数的 OSSchedUnlock 函数才能恢复任务调度

续表

输入参数	无
输出参数	无
返回值	无
说明	任务调用 OSSchedLock () 函数后，决不能再调用可能导致当前任务挂起的系统函数：OS-TimeDly ()、OSTimeDlyHMSM ()、OSSemPend ()、OSMboxPend ()、OSQPend ()。因为任务调度已经被禁止，其他任务不能运行，这会导致系统锁死

OSSchedLock 函数调用如例 12-1-5 所示。

【例 12-1-5】

```
void TaskX(void * pdata)
{
    pdata=pdata;
    for(;;){
        OSSchedLock();//停止任务调度
        .//不允许被打断的执行代码
        OSSchedUnlock();//恢复任务调度
    }
}
```

6. OSSchedUnlock ()

OSSchedUnlock 函数说明如表 12-1-6 所示。

表 12-1-6 OSSchedUnlock 函数说明

函数名	OSSchedUnlock
函数原型	void OSSchedUnlock (void)
功能描述	在调用了 OSSchedLock 函数后，OSSchedUnlock 函数恢复任务调度
输入参数	无
输出参数	无
返回值	无
说明	任务调用了 OSSchedLock () 函数后，决不能再调用可能导致当前任务挂起的系统函数：OSTimeDly ()，OSTimeDlyHMSM ()，OSSemPend ()，OSMboxPend ()，OSQPend ()，因为任务调度已经被禁止，其他任务不能运行，这会导致系统锁死

OSSchedUnlock 函数调用如例 12-1-6 所示。

【例 12-1-6】

```
void TaskX(void * pdata)
{
    pdata=pdata;
    for(;;){
```

```
        OSSchedLock();//停止任务调度
        .//不允许被打断的执行代码
        OSSchedUnlock();//恢复任务调度
    }
}
```

7. OSVersion ()

OSVersion 函数说明如表 12-1-7 所示。

表 12-1-7 OSVersion 函数说明

函数名	OSVersion
函数原型	INT16U OSVersion (void)
功能描述	获取当前 μC/OS-Ⅱ的版本号
输入参数	无
输出参数	无
返回值	返回的是版本号 * 100
说明	无

OSVersion 函数调用如例 12-1-7 所示。

【例 12-1-7】

```
void TaskX(void * pdata)
{
    INT16U os_version;
    for(;;){
        os_version=OSVersion();//获取 μC/OS-Ⅱ的版本
    }
}
```

8. OSTimeGet ()

OSTimeGet 函数说明如表 12-1-8 所示。

表 12-1-8 OSTimeGet 函数说明

函数名	OSTimeGet
函数原型	INT32U OSTimeGet (void);
功能描述	获取当前系统时钟节拍数值
输入参数	无
输出参数	无
返回值	当前时钟计数 (时钟节拍数)
说明	无

OSTimeGet 函数调用如例 12-1-8 所示。

【例 12-1-8】

```
void TaskX(void * pdata)
{
    INT32U clk;
    While(1)
    {
        clk=OSTimeGet();//获取当前系统时钟的值
    }
}
```

13 μC/OS-Ⅱ智能穿戴开发平台项目

13.1　项目需求与注意事项

13.1.1　项目需求

（1）功能页面：①页面1：时间、星期、温湿度。②页面2：心率测量。心率测量过程中，心率UI动态变化，测量成功或者失败马达振动。③页面3：血压测量。测量过程中，UI动态变化，测量成功或者失败马达振动。④功能页面4：计步页面，UI动态变化。⑤功能页面5：卡路里、里程。

（2）功能页面要求：①如果没有任何按键动作，6秒钟后OLED屏需要关掉以进入“低耗电”模式；②屏幕关掉后，再次点击按键则唤醒OLED屏，并进入“页面1”；②页面切换的过程是：功能页面1→功能页面→功能页面→功能页面→功能页面5→功能页面1→循环。

（3）按键功能：①长按按键开机，长按按键关机。②短按按键切换功能页面。

（4）心率测量、血压测量，测量成功或者测量失败后，需要关闭HP6心率/血压传感器。

（5）闹钟功能：闹钟时间到，马达振动10次。

（6）开关机：按键长按关机，长按开机。

（7）蓝牙功能：支持串口蓝牙设置时间、闹钟、开关心率测量、开关血压测量，设置身高、体重请参考手机APP与手表的通信协议。

（8）计步功能：支持后台计步（OLED屏关掉后，后台仍然计步）。

13.1.2　注意事项

（1）在合并计步功能时，程序上需要每20mm获取一次MPU6050的加速度并输入到计步算法接口函数，进行计步测量。

（2）在合并心率测量功能时需要注意：心率是静态测量的，即成功测量一次后需要关闭心率传感器。传感器内部算法并不支持动态连续测量。

（3）测量心率时，注意第一个获取到的心率结果是上次心率测量的结果，需要丢弃。

（4）做串口蓝牙部分功能时，需要拨动拨码开关，建立CC2541和STM32F411CEU6的串口连接关系。串口协议请参考第4章。

13.2 硬件版本说明

13.2.1 V1.2版

V1.2版本为初版，V1.2的硬件外观图如图13-2-1所示。

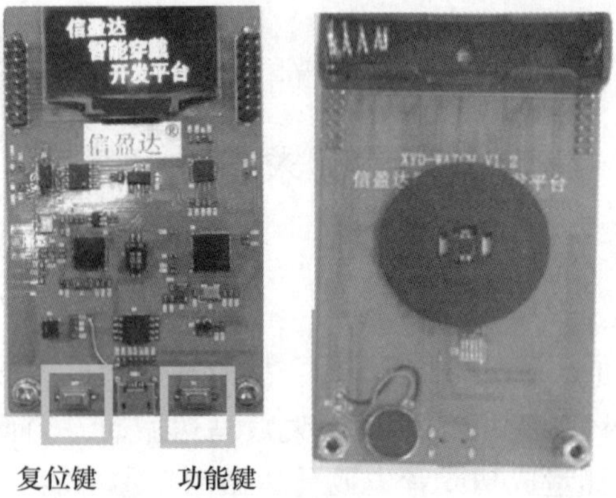

图13-2-1 V1.2硬件外观图

智能穿戴开发平台相关图片见图13-2-2。

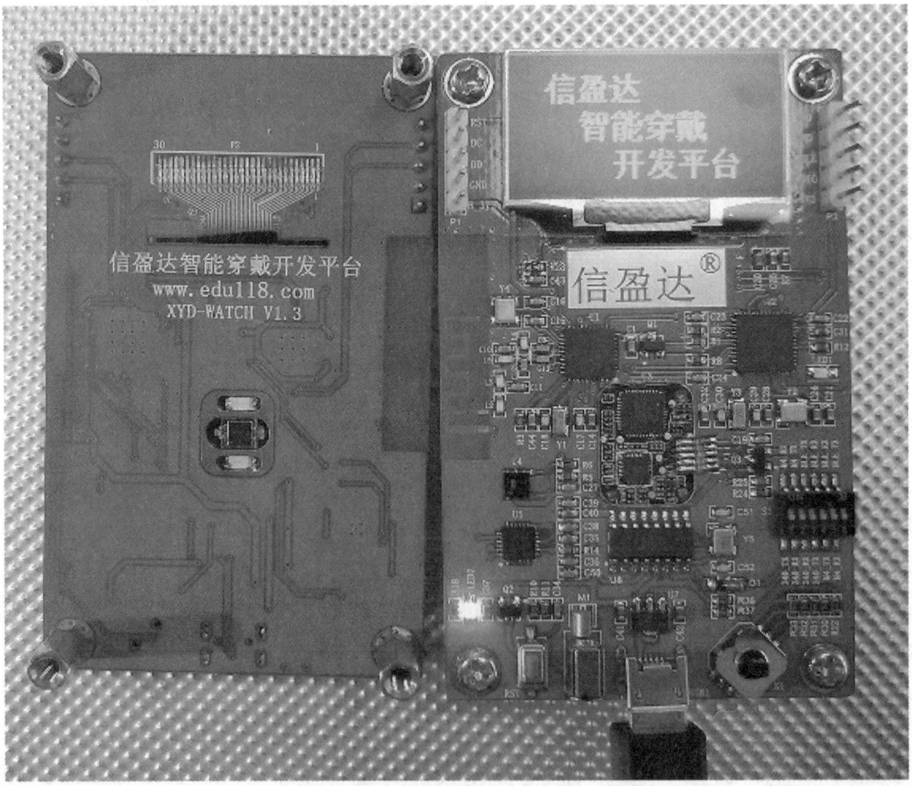

(a)

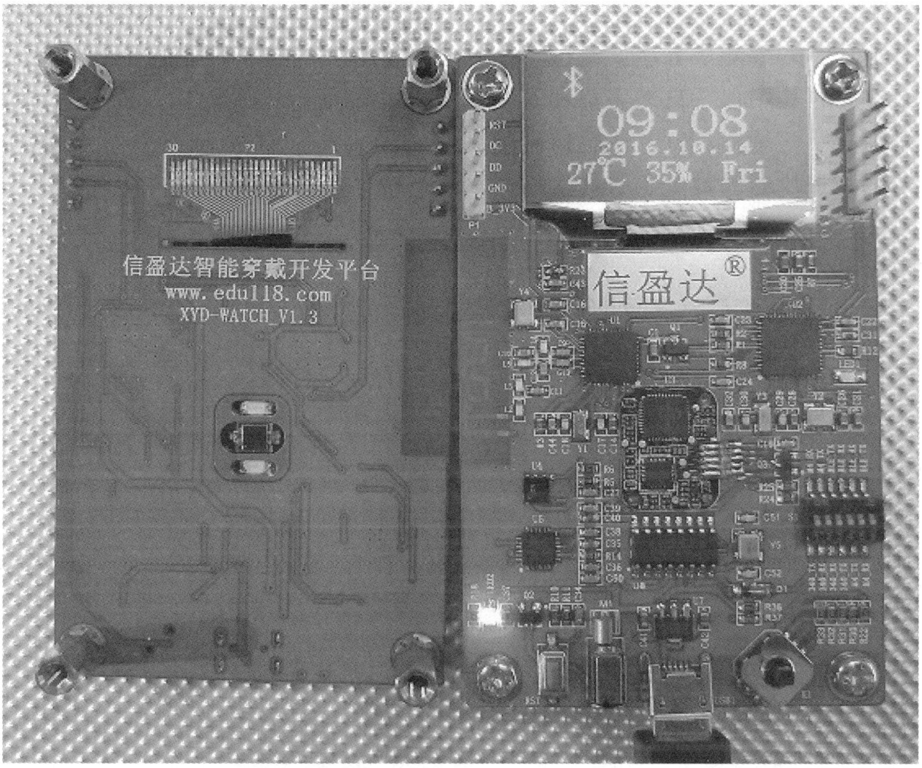

(b)

图 13-2-2　智能穿戴开发平台相关图片

13.2.2　V1.3 版

V1.3 版主要修改内容如下：

（1）按键改为五向按键（下按是普通按键，上下左右是 AD 按键）。

（2）HP6 心率血压模块单独 IIC 总线；MPU6050 与 SHT20 共用 IIC 总线。

（3）步进电机改为贴片振动马达。

（4）优化整体结构。

（5）添加了 CH340G。

（6）增加了拨码开关（拨码开关的主要作用是控制 CC2541、STM32F411、CH340G 三者之间的串口通信关系）。

（7）排针改为间距为 2.54mm 的单排排针。

（8）去掉了电池功能。

13.3　信盈达智能穿戴开发平台使用说明

13.3.1　使用注意事项

（1）不使用信盈达智能穿戴开发平台时，要将电池拆下，用塑料袋包装保存。

（2）测量心率、血压时，心率/血压传感器必须贴近手腕背部，不可空置传感器。

（3）血压、心率测量方法：测试开始时，尽量把测试的那只手平放于胸前，心脏保持齐平，测量过程中保持自然姿势和安静状态，坐在椅子上，身体放松挺直，不要说话不要动，保持手腕稳定。打开传感器进行测量。

（4）测量血压、测量心率时，计步器停止工作（符合功能逻辑）。

（5）测量心率、血压时，不可以空置传感器。如果空置传感器，会因为光干扰而导致误差。

（6）心率/血压传感器测量的位置是手腕背部，测量其他部位会导致测量的结果不准确。

13.3.2 按键说明

信盈达智能穿戴开发平台的按键有两个，左边按键是复位键，右边按键是功能键。短按功能键，可以实现时钟/温湿度→心率→血压→计步→里程/卡路里功能切换。长按功能键关机，短按后开机。如图 13-3-1 所示，左图是 V1.2 版本的硬件，右图是 V1.3 版本的硬件。按了“复位键”，需要重新短按“功能键”开机。

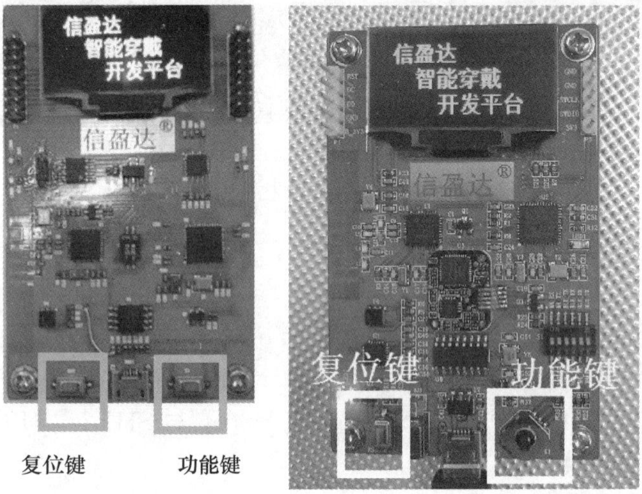

图 13-3-1　按键说明

13.3.3 开关键说明

短按“功能键”开机，显示“信盈达智能穿戴开发平台”。如图 13-3-2 所示，左图是 V1.2 版本的硬件，右图是 V1.3 版本的硬件。长按“功能键”关机。开关机，马达会振动。

13.3.4 时钟/温湿度功能

短按“功能键”进入时钟/温湿度界面，该界面主要显示：时间、日期、星期、温湿度、剩余电量、蓝牙连接状态（蓝牙连接上信盈达智能穿戴开发平台则显示蓝牙图标）。如图 13-3-3 所示，左图是 V1.2 版本的硬件，右图是 V1.3 版本的硬件。

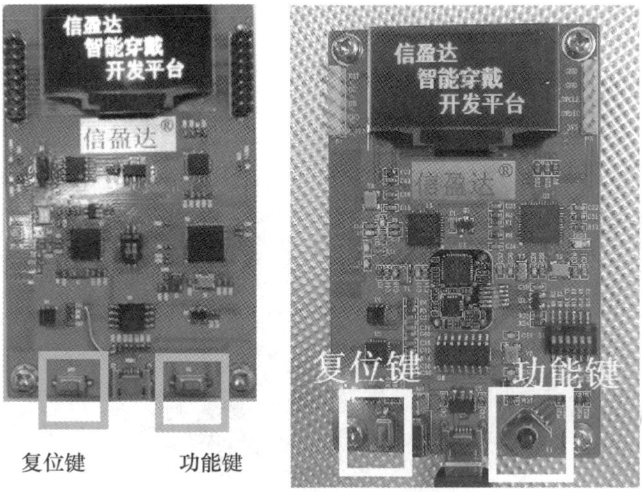

图 13-3-2 开关键说明

图 13-3-3 时钟/温湿度说明

13.3.5 心率测量

心率测量姿势参考图 13-3-4。具体为：将心率传感器放置于手腕背部，切换到“心率”界面，则开始心率测量，此时，心率传感器灯会点亮，发出绿光。心率测量值是动态变化的。

注意：开启测量，空置心率/血压传感器，由于环境光干扰的影响，出现“心率值”，但是这不是实际的心率值。

心率测量的范围值：30～200 次/分。

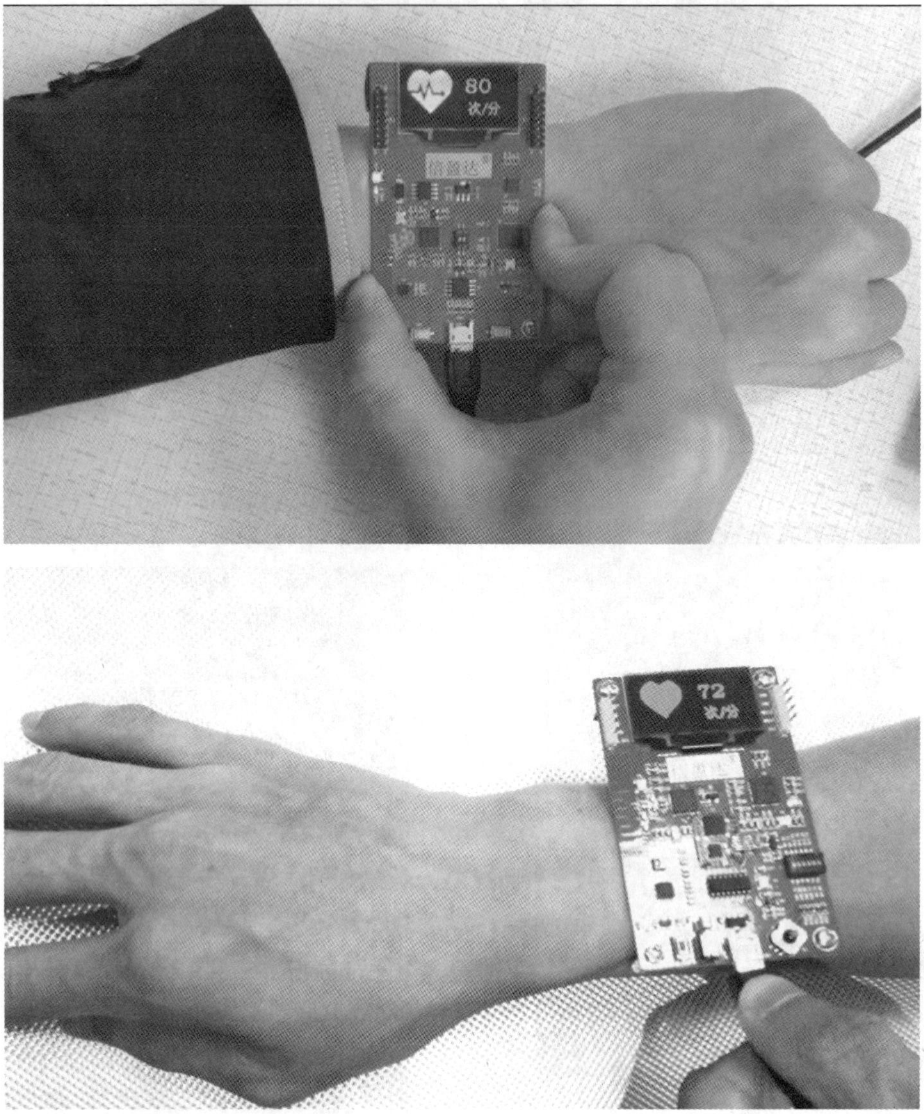

图 13-3-4　心率测量

13.3.6　血压测量

血压测量姿势如图 13-3-5 所示，具体测量方法和心率测量一样。测量中，显示“test”；测量失败，显示“fail”；测量成功，显示“高压值/低压值 MMGH”。

测量范围值，高压测量结果，80～210MMGH；低压测量结果，45～180MMGH。

注意：(1) 不可空置心率/血压传感器。(2) 血压测量需平心静气，时间 1～1.5 分钟。血压测量见图 13-3-5。

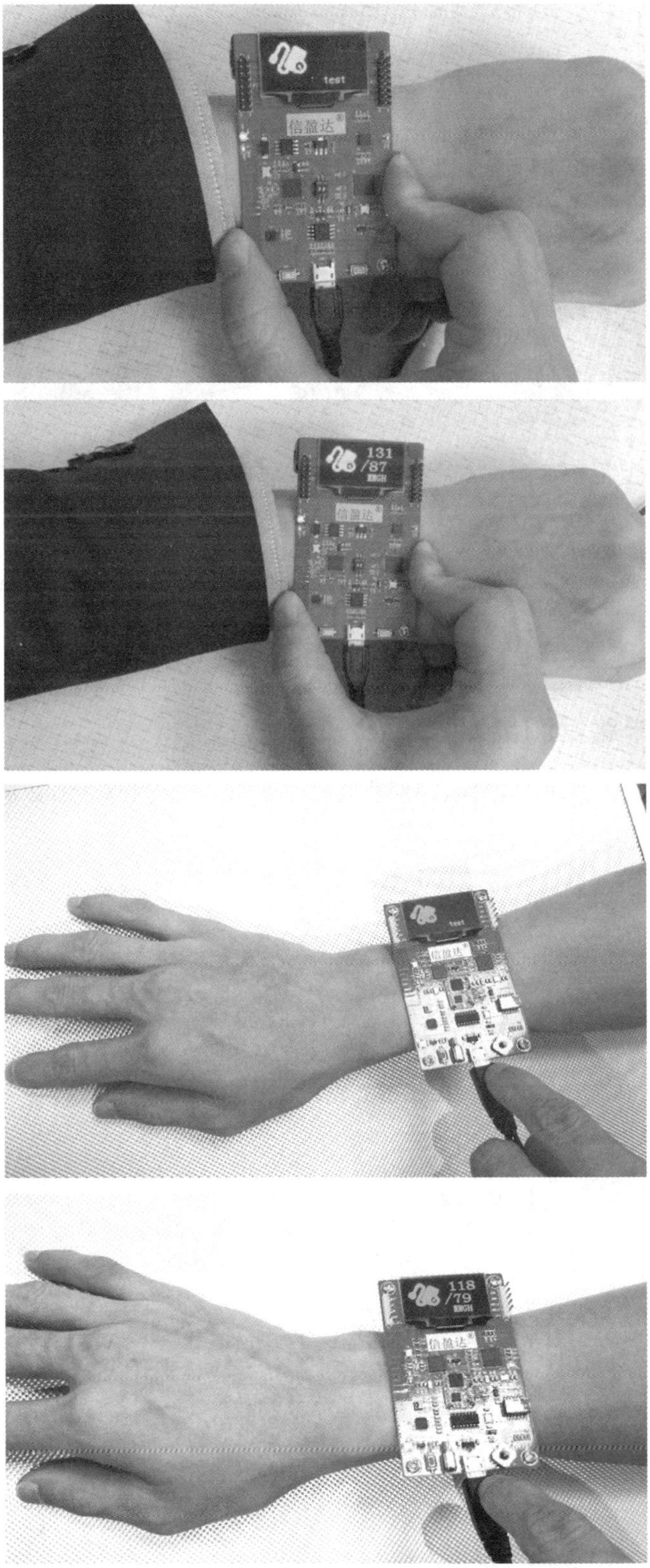

图 13-3-5 血压测量

13.3.7 计步测量

计步测量方法为：手持“信盈达智能穿戴开发平台”，甩动手臂即可计步。切换到“计步”界面，如图 13-3-6 所示。左图是 V1.2 版本的硬件，右图是 V1.3 版本的硬件。

注意：(1) 手臂“来回”甩动，则为两步。(2) 目前不支持动态显示计步步数。

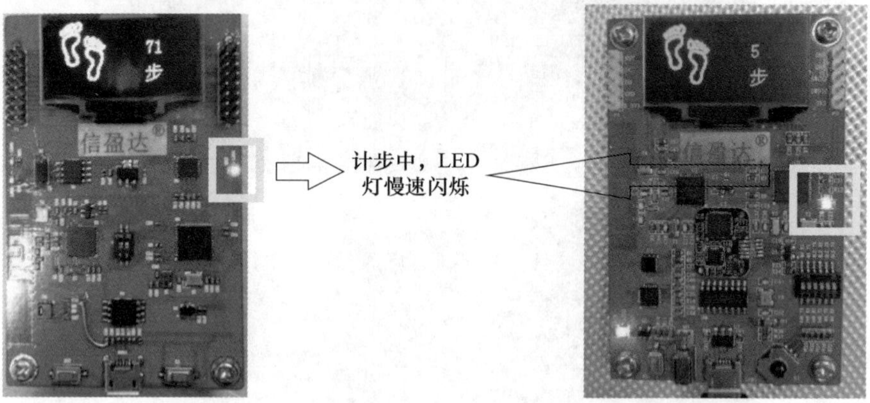

图 13-3-6 计步测量

13.3.8 里程/卡路里测量

切换到“里程/卡路里”界面，如图 13-3-7 所示，左图是 V1.2 版本的硬件，右图是 V1.3 版本的硬件。

注意：里程/卡路里计算需要通过 APP 输入个人“身高”“体重”。默认身高为 170cm，默认体重为 65kg。

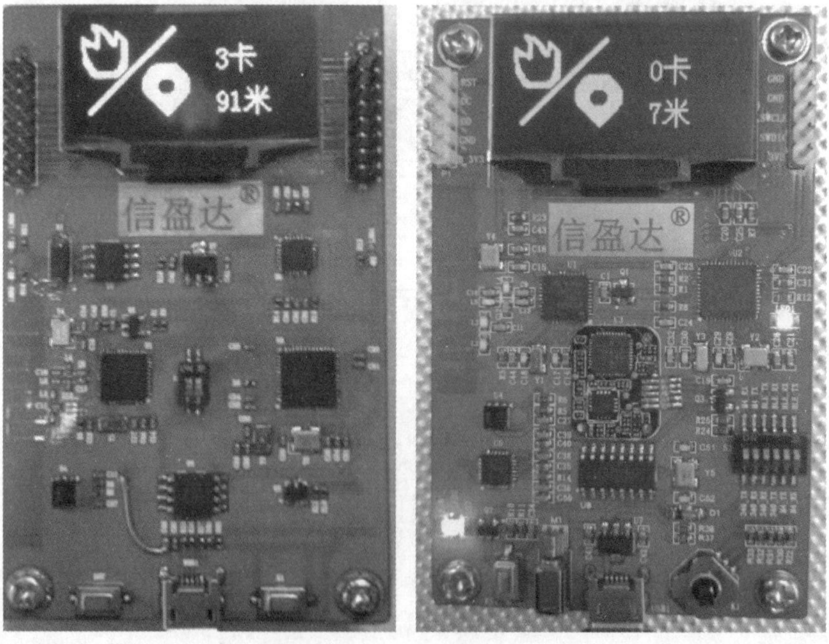

图 13-3-7 里程/卡路里测量

13.3.9 供电

使用标准的安卓充电线供电。

13.4 手机 APP 与手表的通信协议

13.4.1 概述

13.4.1.1 APP 发送的指令格式

CMD	Data	
Byte [0]	Byte [1]	Byte [2] ~Byte [17]
命令	子命令	数据

13.4.1.2 手表回发指令的格式

CMD	Data	
Byte [0]	Byte [1]	Byte [2] ~Byte [17]
命令	子命令	数据

13.4.2 心率测量控制指令

13.4.2.1 打开心率测量指令及其返回

（1）打开心率测量指令

CMD	Data	
Byte [0]	Byte [1]	Byte [2] ~Byte [17]
0xD0	0x01	保留

（2）返回

CMD	Data		
Byte [0]	Byte [1]	Byte [2]	Byte [3] ~Byte [17]
0xD0	0x01	ack	保留

说明：
Byte [2]：
ack 为 0x01，即打开心率测量成功。
ack 为 0x00，即打开心率测量失败。

13.4.2.2 关闭心率测量指令及其返回

（1）关闭心率测量指令

CMD	Data	
Byte [0]	Byte [1]	Byte [2] ~Byte [17]
0xD0	0x00	保留

（2）返回

CMD	Data		
Byte [0]	Byte [1]	Byte [2]	Byte [3] ～Byte [17]
0xD0	0x00	ack	保留

说明：
Byte [2]：
ack 为 0x01，即关闭心率测量成功。
ack 为 0x00，即关闭心率测量失败。

13.4.2.3 心率测量结果读取指令

发送自开启测量第 5 秒开始，每隔 1.25 秒可以读取一次测量心率信息并发送。

（1）读取心率结果指令

CMD	Data	
Byte [0]	Byte [1]	Byte [2] ～Byte [17]
0xD0	0x02	保留

说明：手机 APP 端打开心率测量之后，可以定时发送“读取心率指令”来读取心率的结果值，心率值会动态变化。

（2）返回

CMD	Data		
Byte [0]	Byte [1]	Byte [2]	Byte [3] ～Byte [17]
0xD0	0x02	心率值	保留

说明：Byte [2]：返回的是心率测量的结果。

13.4.2.4 读取心率波形指令

具体功能表现为，手机 APP 动态读取心率测量过程的脉搏波形数据，动态显示在手机 APP 端，心率脉搏波形如图 13-4-1 所示。

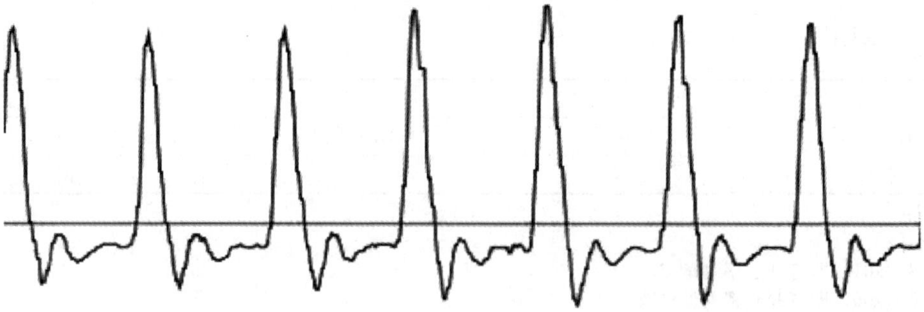

图 13-4-1 心率波形

13.4.3 血压测量控制指令

13.4.3.1 打开血压测量指令及其返回

（1）打开血压测量指令

CMD	Data	
Byte [0]	Byte [1]	Byte [2] ~Byte [17]
0x90	0x01	保留

（2）返回

CMD	Data		
Byte [0]	Byte [1]	Byte [2]	Byte [3] ~Byte [17]
0x90	0x01	ack	保留

说明：
Byte [2]：
ack 为 0x01，即打开血压测量成功。
ack 为 0x00，即打开血压测量失败。

13.4.3.2 关闭血压测量指令及其返回

（1）关闭血压测量指令

CMD	Data	
Byte [0]	Byte [1]	Byte [2] ~Byte [17]
0x90	0x00	保留

（2）返回

CMD	Data		
Byte [0]	Byte [1]	Byte [2]	Byte [3] ~Byte [17]
0x90	0x00	ack	保留

说明：
Byte [2]：
ack 为 0x01，即关闭血压测量成功。
ack 为 0x00，即关闭血压测量失败。

13.4.3.3 读取血压测量结果指令及其返回

发送自开启测量第 2.56 秒开始，每隔 1.28 秒可以读取一次测量血压信息，发送指令如下。

（1）读取血压结果指令

CMD	Data	
Byte [0]	Byte [1]	Byte [2] ~Byte [17]
0x90	0x02	保留

说明：手机 APP 端打开血压测量之后，可以定时地发送“读取血压指令”来读取血压的结果值。

（2）返回

CMD	Data				
Byte [0]	Byte [1]	Byte [2]	Byte [3]	Byte [4]	Byte [5] ~Byte [17]
0x90	0x02	测量状态	高压值	低压值	保留

说明：
Byte [2]：测量状态，0—测量中，1—测试完成，2—测试失败。
Byte [3]：高压测量结果：80～210。
Byte [4]：低压测量结果：45～180。

13.4.4 信息设置类指令

13.4.4.1 个人信息设置指令

（1）个人信息设置指令

CMD	Data			
Byte [0]	Byte [1]	Byte [2]	Byte [3]	Byte [2] ～Byte [17]
0x80	0x00	身高	体重	保留

说明：
Byte [2]：为一个人的身高（cm）对应的 16 进制数。
Byte [3]：为一个人的体重（斤）对应的 16 进制数。

（2）返回

CMD	Data		
Byte [0]	Byte [1]	Byte [2]	Byte [3] ～Byte [17]
0x80	0x00	ack	保留

说明：
Byte [2]：
ack 值为 0x01，表示设置成功。
ack 值为 0x00，表示设置失败。

13.4.4.2 时间设置指令

（1）时间设置指令

CMD	Data								
Byte [0]	1	2～3	4	5	6	7	8	9	10～17
0x80	0x01	年	月	日	星期	时	分	秒	保留

说明：
① 该指令主要用于设置手表的时间。对应的是 16 进制的数。
② 年份需要用一个 16 位的数据表示，如 2016 年对应的“20”表示为 0x14，“16”表示为 0x10，则 byte [2] 的值为 0x14，byte [3] 的值为 0x10。
③ 年（2000～2099），月（1～12），日（0～31）。
④ Byte [6]：星期，0x01～0x07 分别代表星期一到星期日，0x00 为非法输入。

（2）返回

CMD	Data		
Byte [0]	Byte [1]	Byte [2]	Byte [3] ～Byte [17]
0x80	0x01	ack	保留

说明：
Byte [2]：
ack 值为 0x01，表示设置成功。
ack 值为 0x00，表示设置失败。

13.4.4.3 闹钟设置

（1）闹钟设置命令

CMD	Data					
Byte［0］	1	2	3	4	5	6～17
0x80	0x02	时	分	秒	星期	保留

说明：
Byte［5］：星期，0x01～0x07 分别代表星期一到星期日，0x00 为非法输入。

（2）返回

CMD	Data		
Byte［0］	Byte［1］	Byte［2］	Byte［3］～Byte［17］
0x80	0x02	ack	保留

说明：
Byte［2］：
ack 值为 0x01，表示设置成功。
ack 值为 0x00，表示设置失败。

13.5　开发环境搭建

13.5.1　MDK5 简介

MDK 源自德国的 KEIL 公司，是 RealView MDK 的简称。在全球，MDK 被超过 10 万的嵌入式开发工程师使用。最新版本为 MDK5.14，该版本使用 μVision5 IDE 集成开发环境，是目前针对 ARM 处理器，尤其是 Cortex M 内核处理器的最佳开发工具。MDK5 向后兼容 MDK4 和 MDK3 等，以前的项目同样可以在 MDK5 上进行开发（但是头文件方面需全部自己添加），MDK5 同时加强了针对 Cortex-M 微控制器开发的支持，并且对传统的开发模式和界面进行升级。MDK5 由 MDK Core 和 Software Packs 两部分组成。其中，Software Packs 可以独立于工具链进行新芯片支持和中间库的升级，如图 13-5-1 所示。

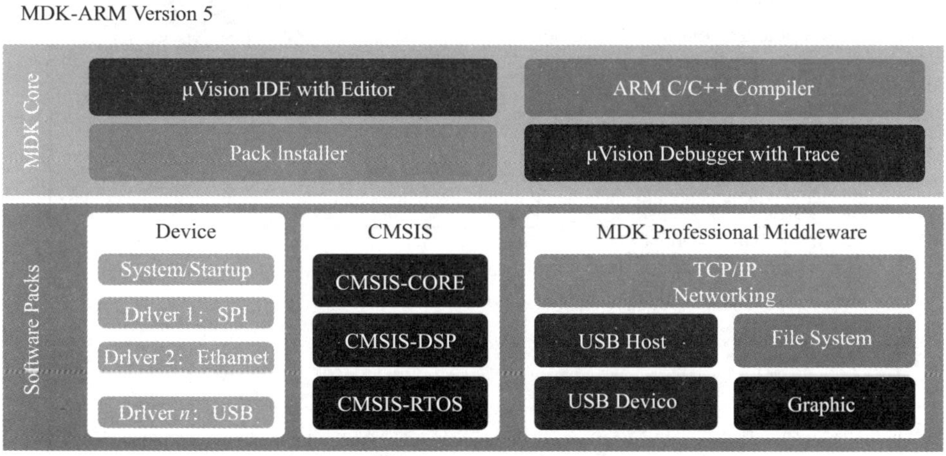

图 13-5-1　MDK5 的组成

从图 13-5-1 可以看出，MDK Core 又分成四个部分：μVision IDE with Editor（编辑器）、ARM C/C＋＋Compiler（编译器）、Pack Installer（包安装器）、μVision Debugger with Trace（调试跟踪器）。μVision IDE 从 MDK4.7 版本开始就加入了代码提示功能和语法动态检测等实用功能，相对于以往的 IDE 改进很大。

Software Packs（包安装器）又分为 Device（芯片支持）、CMSIS（ARM Cortex 微控制器软件接口标准）和 Mdidleware（中间库）三部分。通过包安装器，我们可以安装最新的组件，从而支持新的器件、提供新的设备驱动库以及最新例程等，加速产品开发进度。

以往的 MDK 把所有组件包含到了一个安装包里面，显得十分"笨重"，MDK5 则不一样，MDK Core 是一个独立的安装包，它并不包含器件支持、设备驱动、CMSIS 等组件，大小才 300M 左右，相对于 MDK4.70A 的 500 多 M，瘦身明显，MDK5 安装包可以在 http：//www.keil.com/demo/eval/arm.htm 下载到。而器件支持、设备驱动、CMSIS 等组件，则可以点击 MDK5 的 Build Toolbar 的最后一个图标调出 Pack Installer 进行各种组件的安装。也可以在 http：//www.keil.com/dd2/pack 这个地址下载，然后进行安装。

在 MDK5 安装完成后，要让 MDK5 支持 STM32F411 的开发，还要安装 STM32F411 的器件支持包：Keil.STM32F4xx_DFP.2.7.0。Keil.STM32F4xx_DFP.2.7.0 安装包在【信盈达智能手表开发平台开发资料＼2. 软件资料＼Keil.STM32F4xx_DFP.2.7.0】。MDK5 安装包在【信盈达智能手表开发平台开发资料＼2. 软件资料＼MDK5】。

13.5.2 MDK5.14 安装

打开【信盈达智能手表开发平台开发资料＼2. 软件资料＼MDK5】，双击 MDK514.exe，进行安装。这里我们将其安装到 D 盘，MDK5.14 文件夹下，需要设置安装路径，如图 13-5-2 所示。

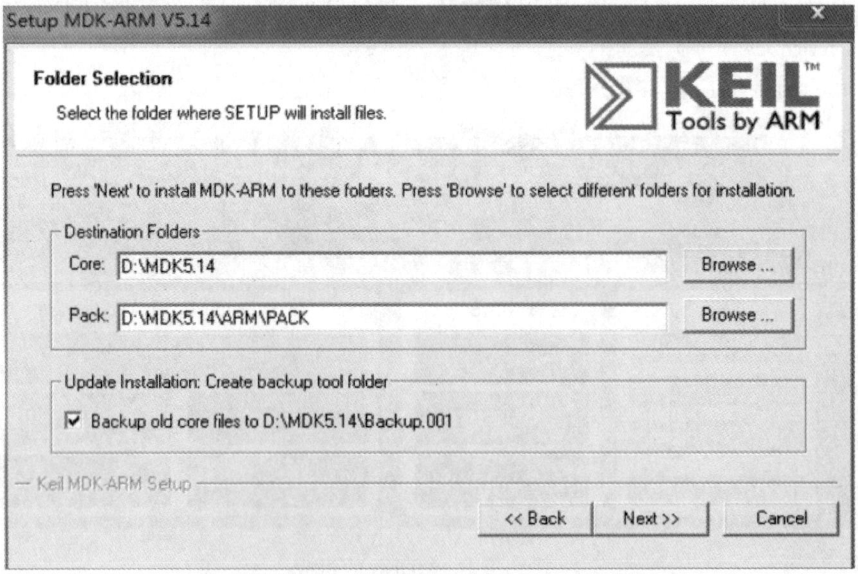

图 13-5-2　设置安装路径到 D：＼MDK5.14 文件夹下

当然你也可以安装在其他地方，自行修改路径即可。不过要注意：安装路径一定不要包含中文名字！设置一些简单的信息（名字、公司、邮箱等）就开始安装了，如图 13-5-3所示。

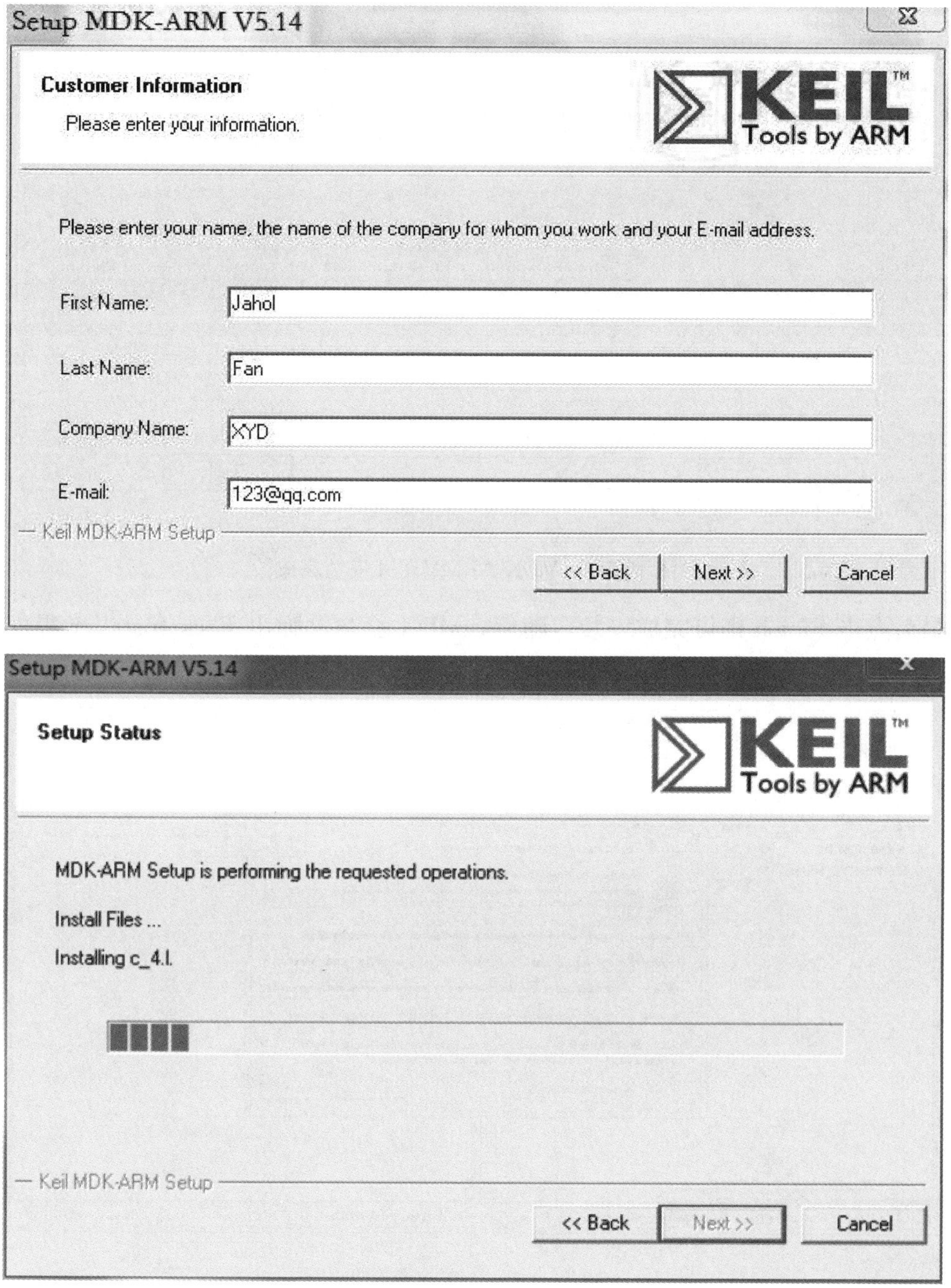

图 13-5-3　MDK-ARMV5. 14 安装中

等待安装完成后，MDK 会显示如图 13-5-4 所示的界面。

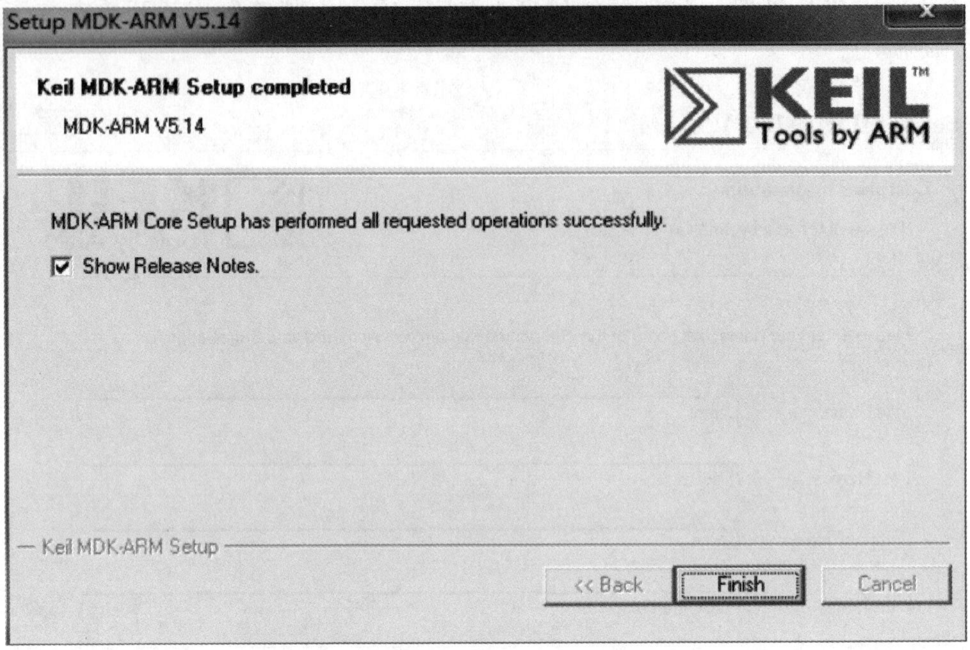

图 13-5-4　MDK-ARMV5. 14 安装完成

最后点击 Finish 即可完成安装，随后，MDK 会自动弹出 Pack Installer 界面，如图 13-5-5 所示。

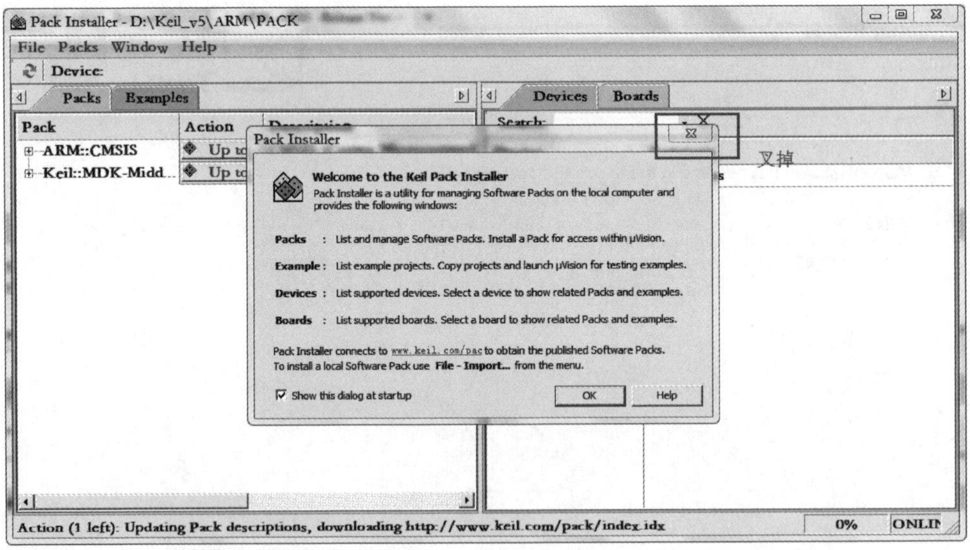

图 13-5-5　包安装器界面

从图 13-5-5 可以看出，安装 MDK-ARMV5. 14 后，CMSIS 和 MDK 中间软件包已经安装完成。

13.5.3 安装器件支持包

我们可以自行去官网下载，下载地址为 http://www.keil.com/dd2/pack。这里我们以 STM32F411 为例，则至少需要安装 CMSIS 和 STM32F411 的器件支持包，CMSIS 包，MDK-ARMV5.14 自带了，所以不需要单独再安装。我们只需再安装 STM32F411 的器件支持包即可，这个包我们已经帮大家下载到了【信盈达智能手表开发平台开发资料\2. 软件资料\Keil.STM32F4xx_DFP.2.7.0】，双击光盘的这个安装包，即可完成 MDK-ARMV5.14 的安装（此时仅支持 STM32F411 的开发，其他 MCU 请自行在 KEIL 官网下载对应的器件支持包）。如图 13-5-6 所示。

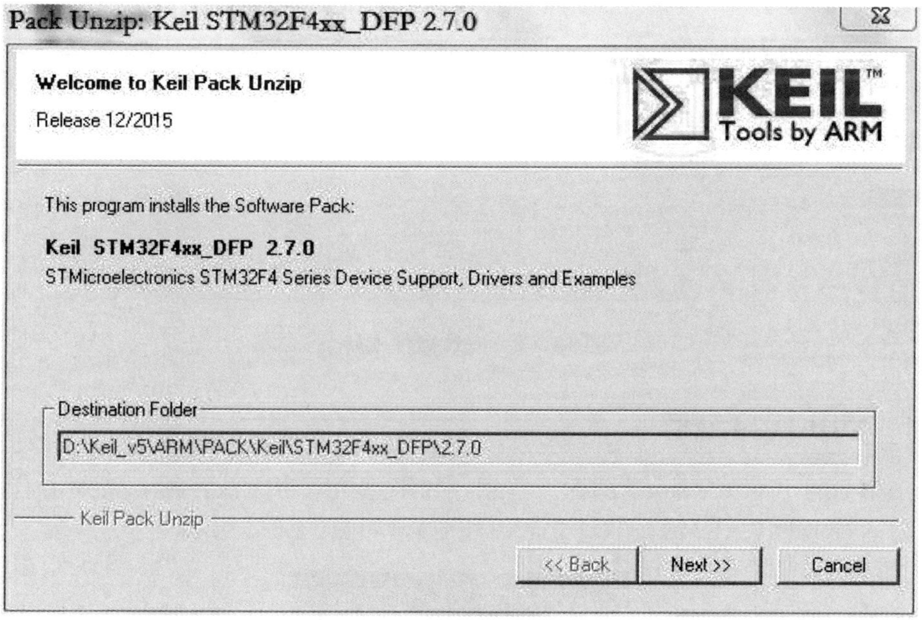

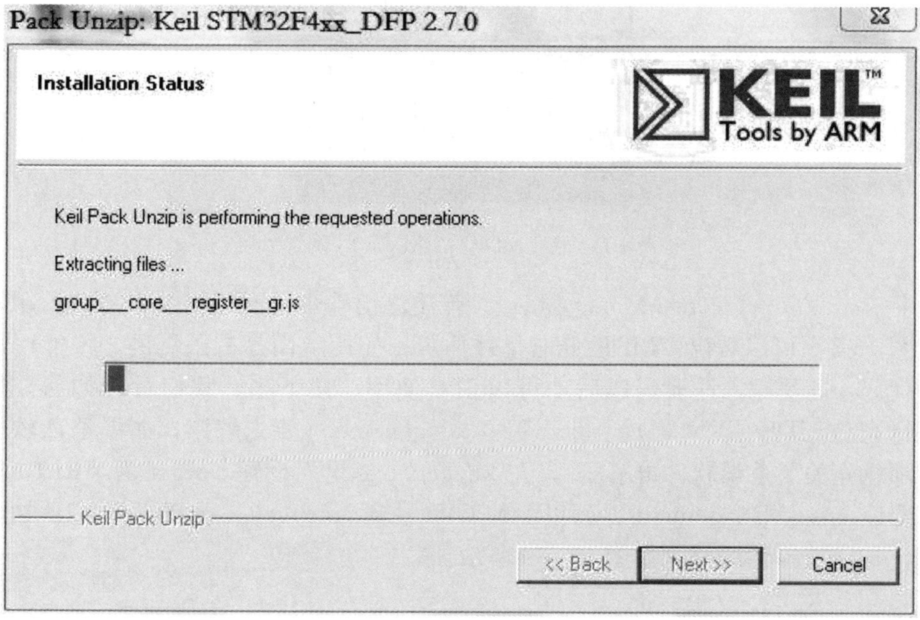

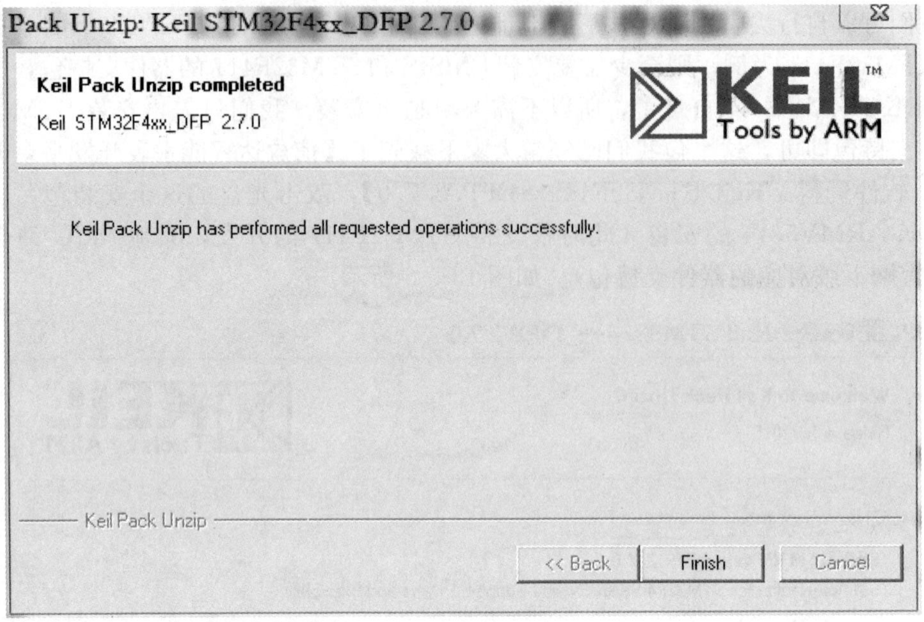

图 13-5-6　安装器件支持包

13.5.4　MDK5.14 破解

双击桌面的 Keil uVision5 图标（注意，如果直接双击无法注册，请单击右键以管理员身份运行 MDK-ARMV5.14，之后再注册），如图 13-5-7 所示。

图 13-5-7　MDK-ARMV5.14 图标

然后点击 File→License Management，弹出注册管理界面，如图 13-5-8 所示。

从图 13-5-8 可以看出，MDK 此时是评估版，使用上面是有限制的，不能编译超过 32K 的代码，需要输入注册码以后才可以正常使用。接下来，我们看看如何注册。首先，运行光盘 MDK-ARMV5.14 目录下的 keygen.exe（要先解压，如果杀毒软件误报误杀，那就先关了杀毒软件再解压），在 keygen.exe 里面设置 Target 为 ARM，然后拷贝 MDK License Management 界面里面的 CID 号到 Xkeygen.exe 里面的 CID 栏，点击 Generate 即可获得注册码，如图 13-5-9 所示。

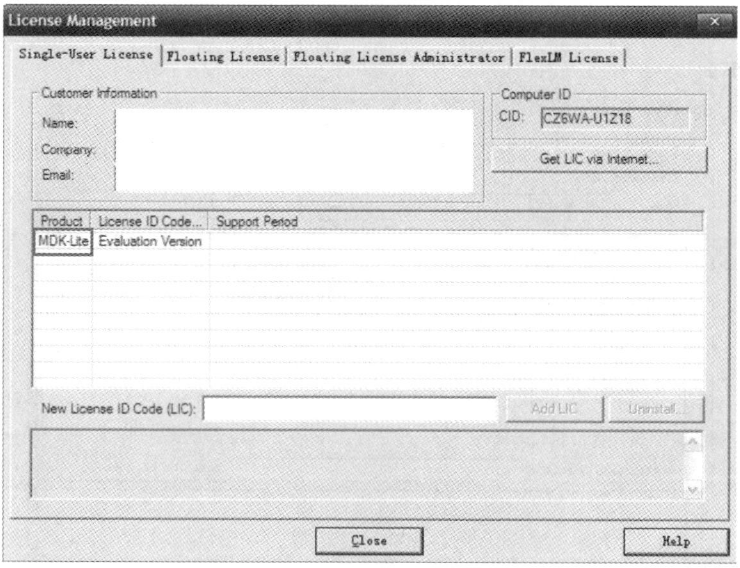

图 13-5-8　MDK5 注册管理界面

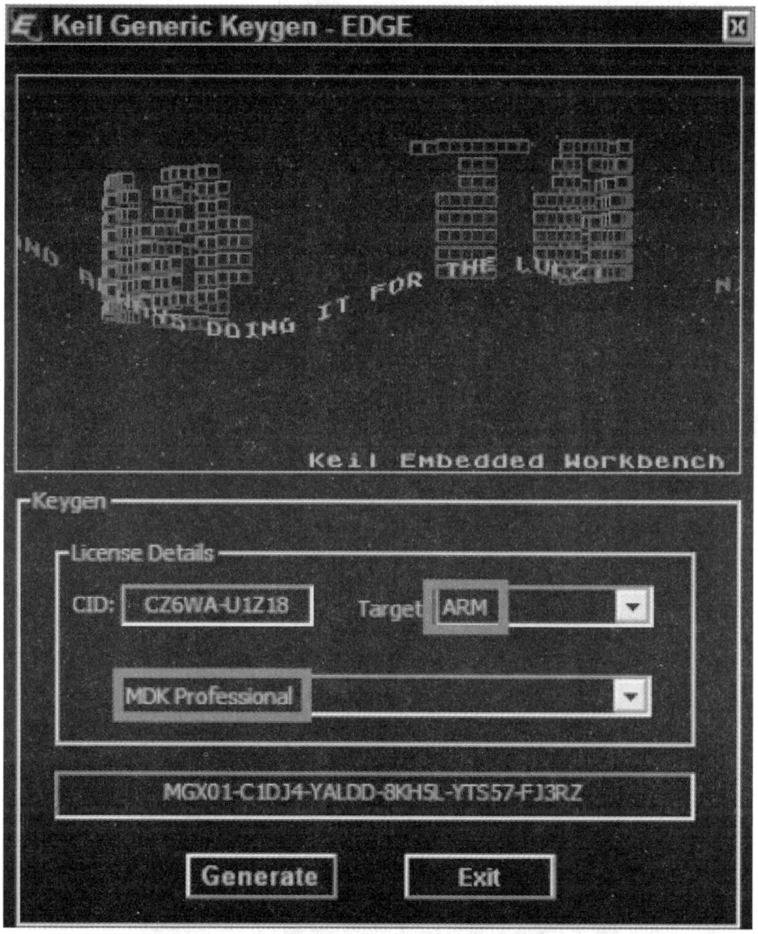

图 13-5-9　获取注册码

之后，拷贝注册码到 License Management 里面，点击 Add LIC 即可完成注册，如图 13-5-10 所示。

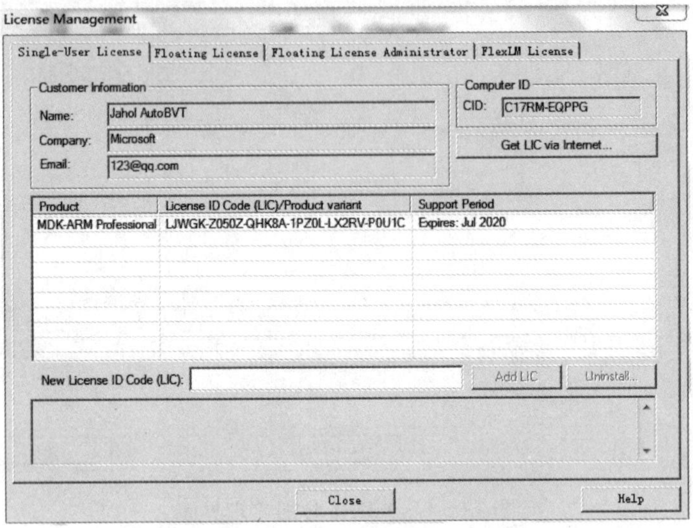

图 13-5-10　MDK-ARMV5. 14 完成注册

从图 13-5-10 可以看到，破解后，MDK 可以用到 2020 年了。

如果 PS 不破解，代码编译不可以超过 33KB。

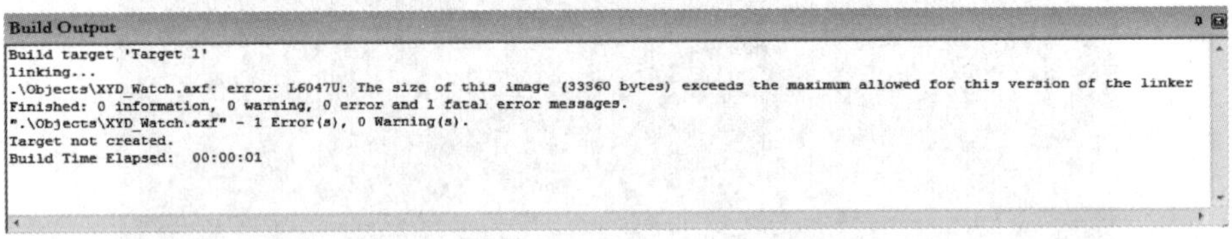

13. 5. 5　ST-LINK

13. 5. 5. 1　ST-LINK 的作用

ST-LINK 的主要作用是下载程序、程序仿真。相关配件见图 13-5-11。

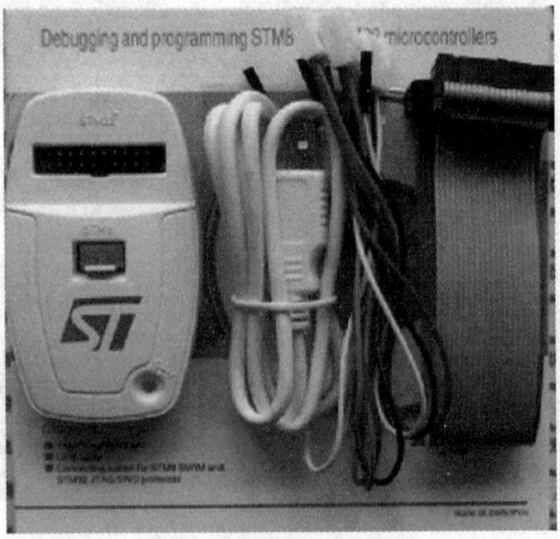

图 13-5-11　ST-LINK

13.5.5.2　ST-LINK 驱动安装

ST-LINK 驱动安装包在【信盈达智能手表开发平台开发资料\2. 软件资料\ST-LINK 驱动】，解压后，大家可以看到驱动包里面包含两个可执行 . exe 文件：dpinst _ x86. exe 和 dpinst _ amd64. exe，见图 13-5-12、图 13-5-13。这里，大家首先点击安装 dpinst _ amd64. exe 文件，如果安装之后没有提示报错，那就说明驱动安装成功。如果报错，大家卸载了之后再安装 dpinst _ x86. exe 文件即可。

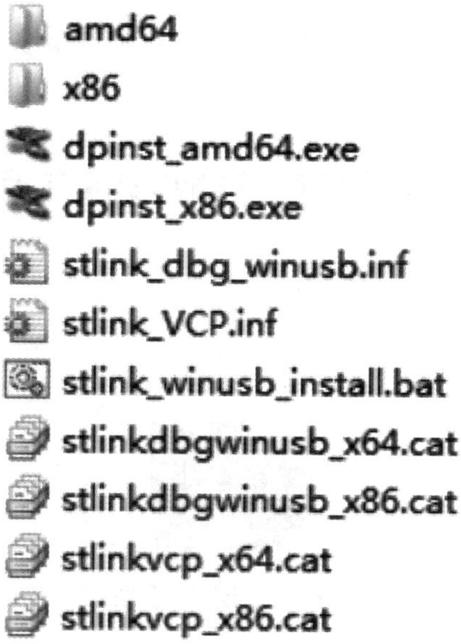

图 13-5-12　ST-Link 官方驱动软件包

图 13-5-13　ST-Link 驱动安装完成

驱动安装成功之后，大家把 ST-Link 通过 USB 连接到电脑，然后打开设备管理器，可以看到会多出一个设备（图 13-5-14）。

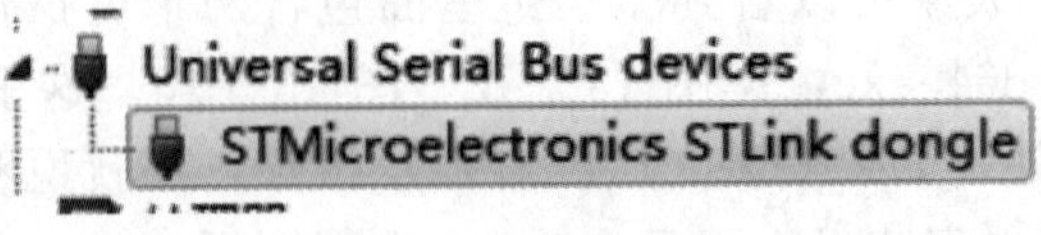

图 13-5-14　设备管理器查看 ST-Link Device

至此，ST-Link 驱动已经安装完成。接下来大家只需要在 MDK 工程里面配置一下 ST-Link 即可。

13.6　新建 STM32F4 工程

13.6.1　创建工程文件夹

见图 13-6-1。

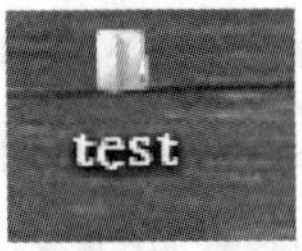

图 13-6-1　创建工程文件夹

13.6.2　创建文件夹

见图 13-6-2。

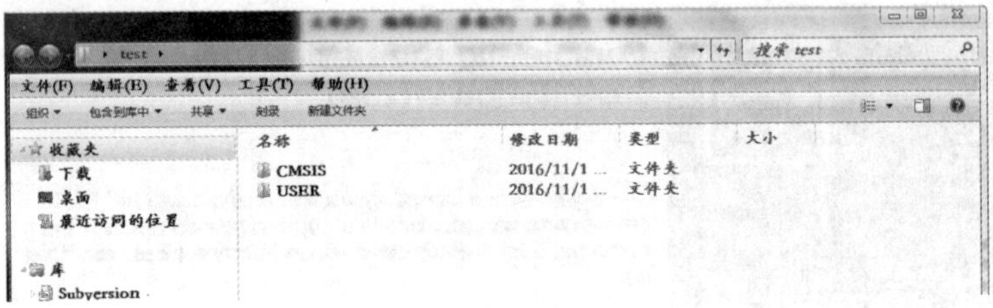

图 13-6-2　创建文件夹

13.6.3　创建文件

见图 13-6-3。

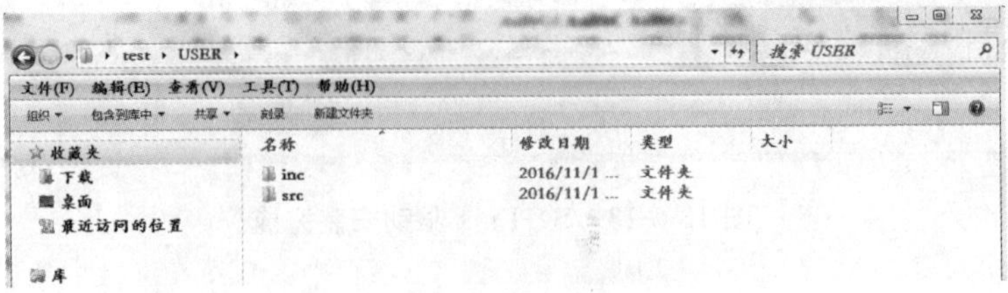

图 13-6-3　创建文件

13.6.4 复制文件

复制创建工程所需要的文件到 CMSIS 文件夹。创建工程所需的文件在【信盈达智能手表开发平台开发资料\11. 创建工程所需文件】。见图 13-6-4。

图 13-6-4 复制文件

13.6.5 创建工程

打开 Keil μVision5，按照图 13-6-5 创建新工程。

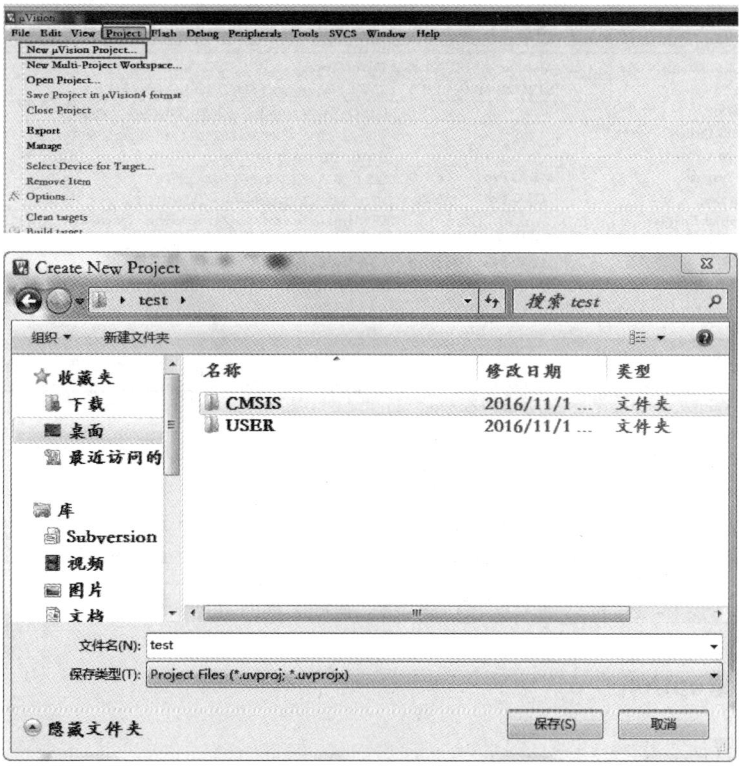

图 13-6-5 创建新工程

选择主控 MCU 为“STM32F411CEUx”，见图 13-6-6。

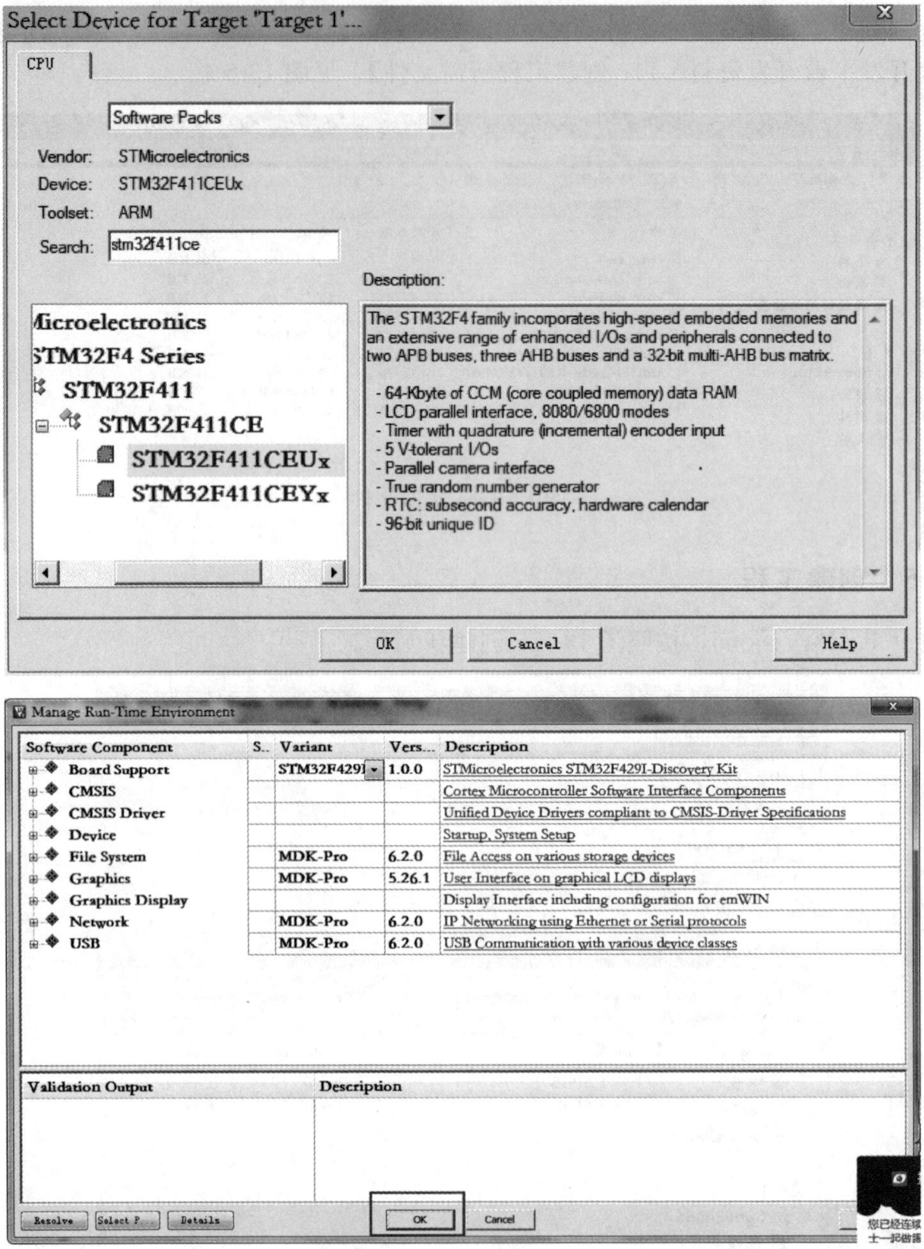

图 13-6-6　选择主控

13.6.6　配置 option

见图 13-6-7。

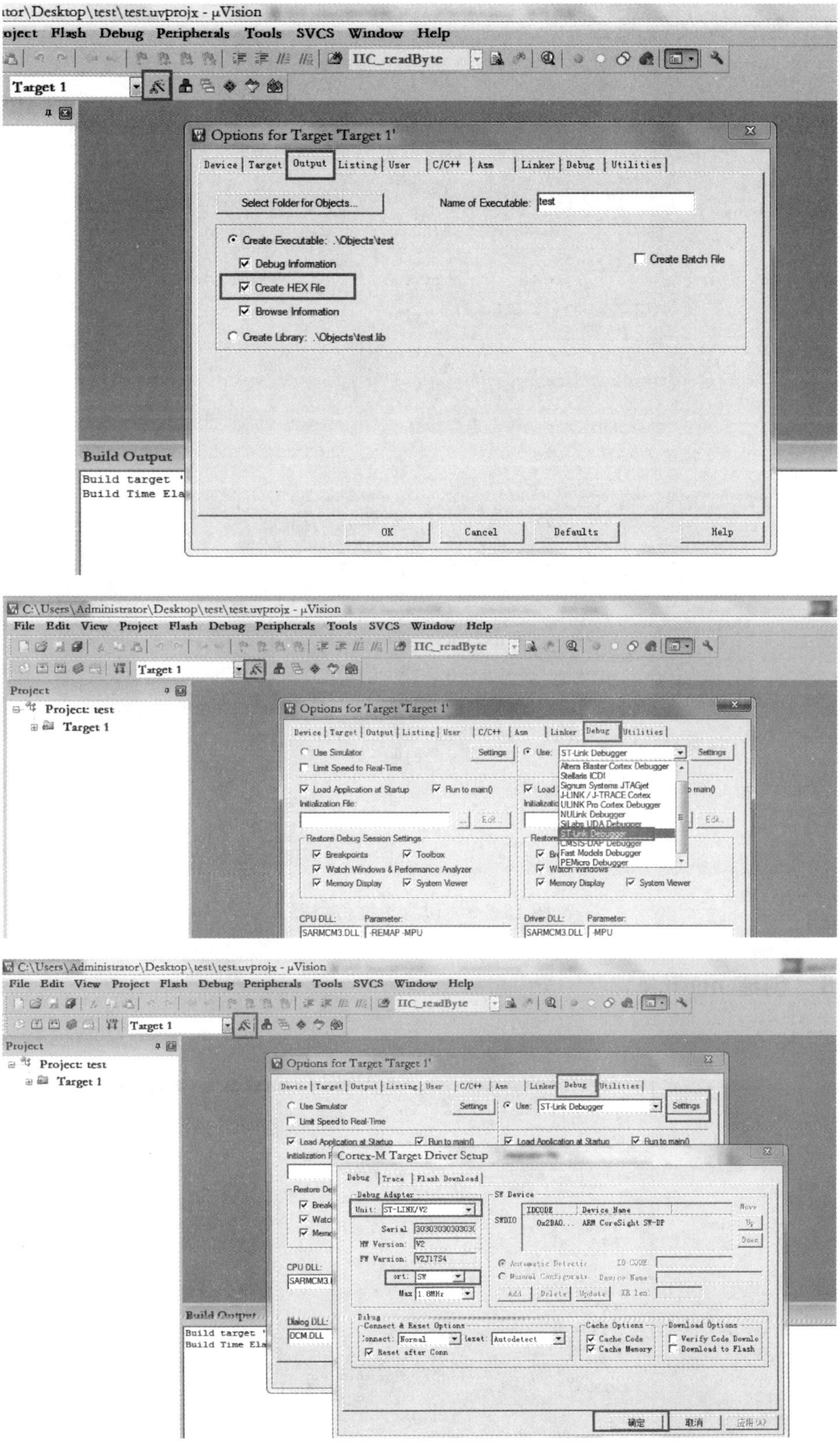

图 13-6-7 配置 option

13.6.7 包含头文件路径

见图 13-6-8。

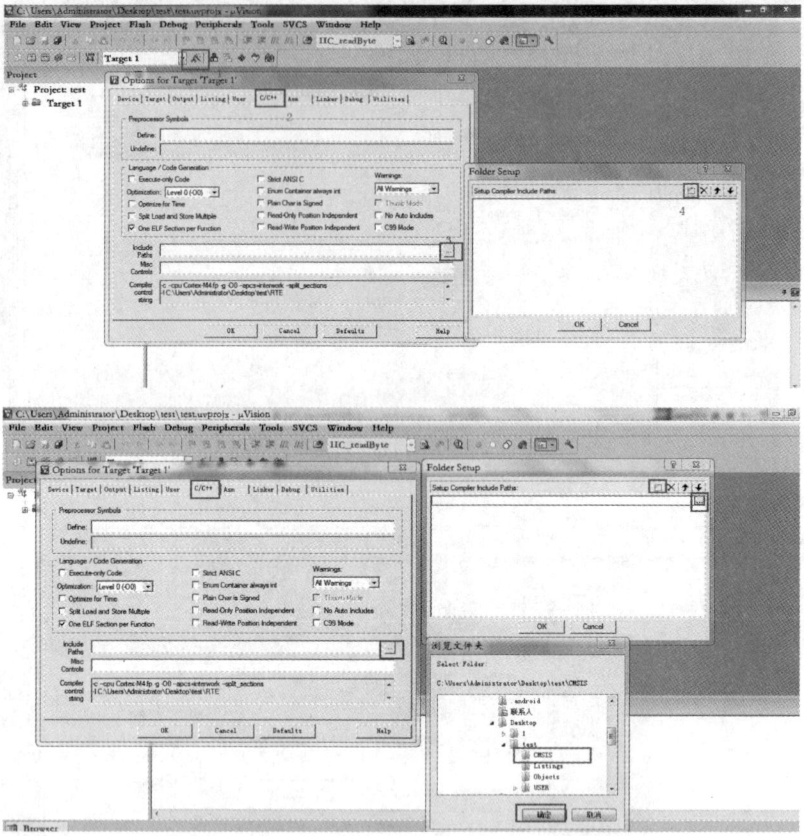

图 13-6-8　包含头文件路径

13.6.8 创建 main. c

见图 13-6-9。

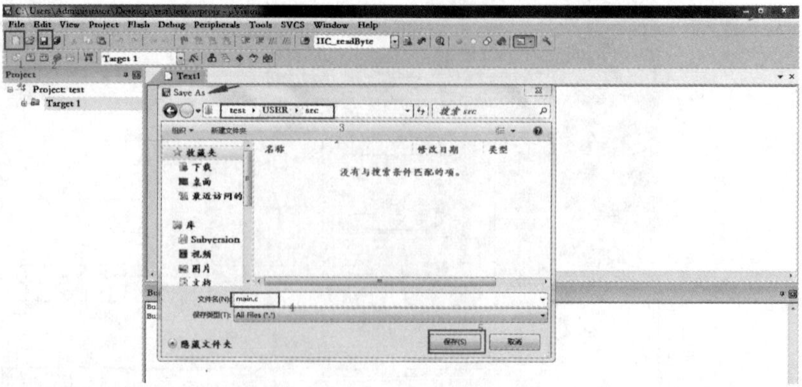

图 13-6-9　创建 main. c

13.6.9 加载启动文件到工程中

见图 13-6-10。

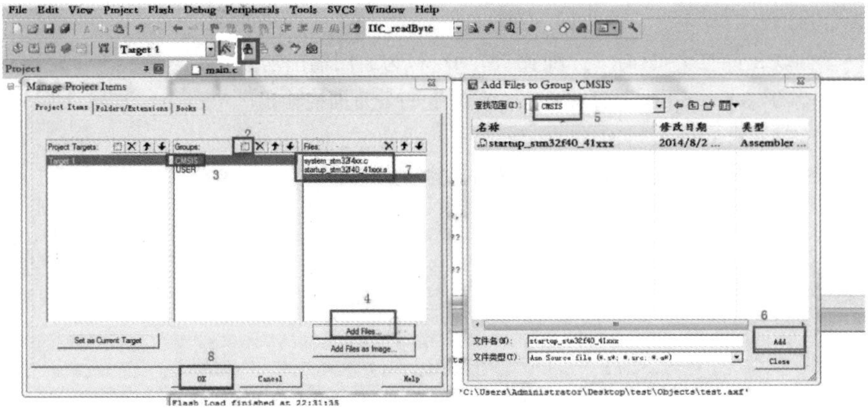

图 13-6-10　加载启动文件

13.6.10 加载 main.c 到工程中

见图 13-6-11。

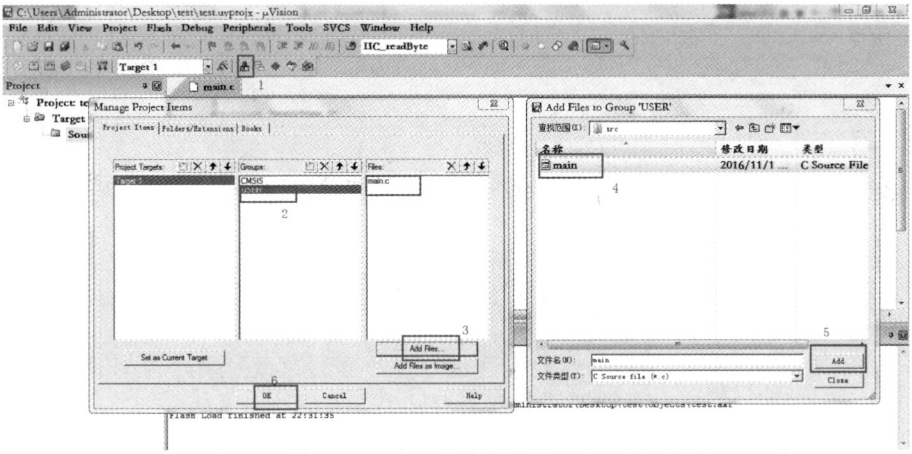

图 13-6-11　加载 main.c

13.6.11 复制点亮 LED 灯的代码到 main.c

代码如下：

```
#include "stm32f4xx.h"
void delay(void)
{
    u32 i;
    for(i=10000000;i>0;i--);
```

```
}
int main()
{
    RCC->AHB1ENR |=1<<0;   //PA 端口时钟使能
    GPIOA->MODER &=~(3<<14);   //32bit,清零
    GPIOA->MODER |=1<<14;   //配置 PA7 IO 口,为通用输出功能
    GPIOA->OTYPER &=~(1<<7);        //配置 PA7 为推挽输出
    GPIOA->OSPEEDR &=~(3<<14);
    GPIOA->OSPEEDR |=2<<14;   //配置 PA7 的输出速度 50MHz
    while(1)
    {
        GPIOA->ODR &=~(1<<7);        //PA7 输出低电平
        delay();
        GPIOA->ODR |=1<<7;   //PA7 输出高电平
        delay();
    }
    }
```

13.6.12　编译

见图 13-6-12。

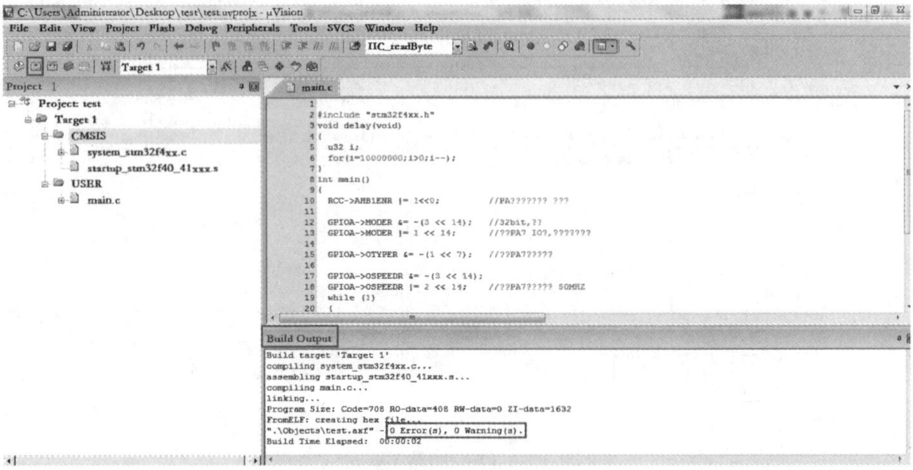

图 13-6-12　编译

13.7　接线和下载

打开“信盈达智能穿戴开发平台”原理图，原理图在【信盈达智能手表开发平台开发资料\1. 原理图】。打开【信盈达智能手表开发平台开发资料\9. 接线】的“SW 接口说明”图片，对应接线。

注意：接线的时候，杜邦线区分大小端。

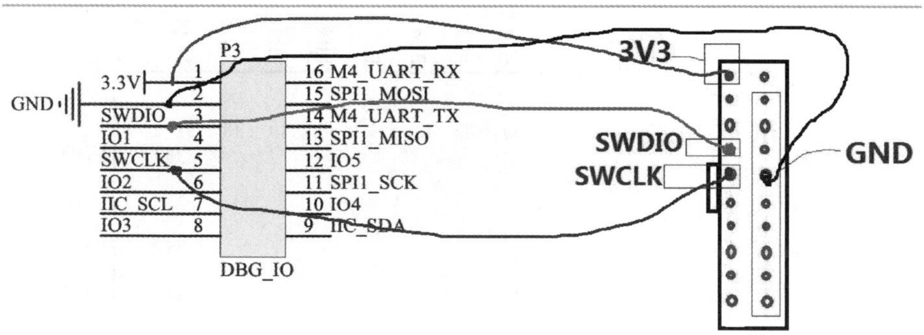

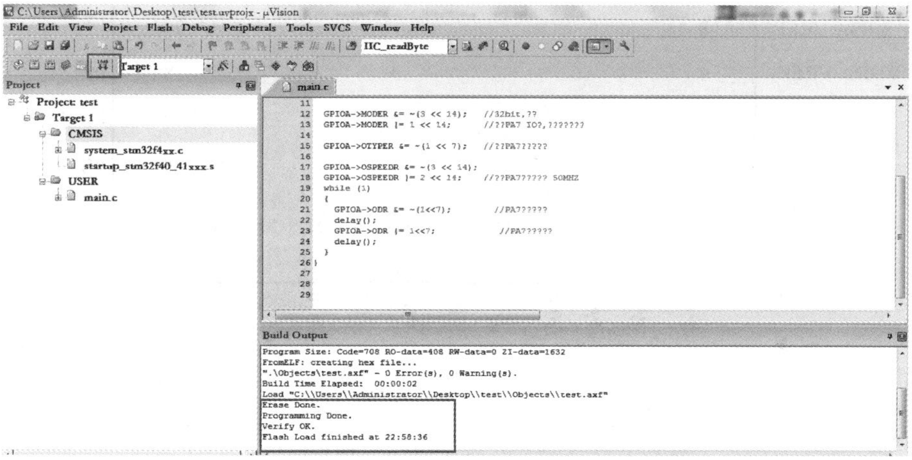

13.8 GPIO 实验

13.8.1 GPIO 简介

GPIO（General Purpose Input Output）接口是指通用输入/输出端口。通俗地说，就是芯片引脚，可以通过它们输出高电平或者低电平，也可以通过它们读入引脚的电平状态是高电平还是低电平。

STM32F11CEU6 芯片共有两组 GPIO：GPIOA、GPIOB，每组端口分为 0～15，共 16 个不同的引脚。可以通过设置寄存器来确定某个引脚用于输入、输出还是其他特殊功能。比如可能设置 GPIOA.6 作为一般的输入、输出引脚，或者用于复用功能。芯片管脚封装图如图 13-8-1 所示。

Figure 10.STM32F411xC/xE UFQFPN48 pinout

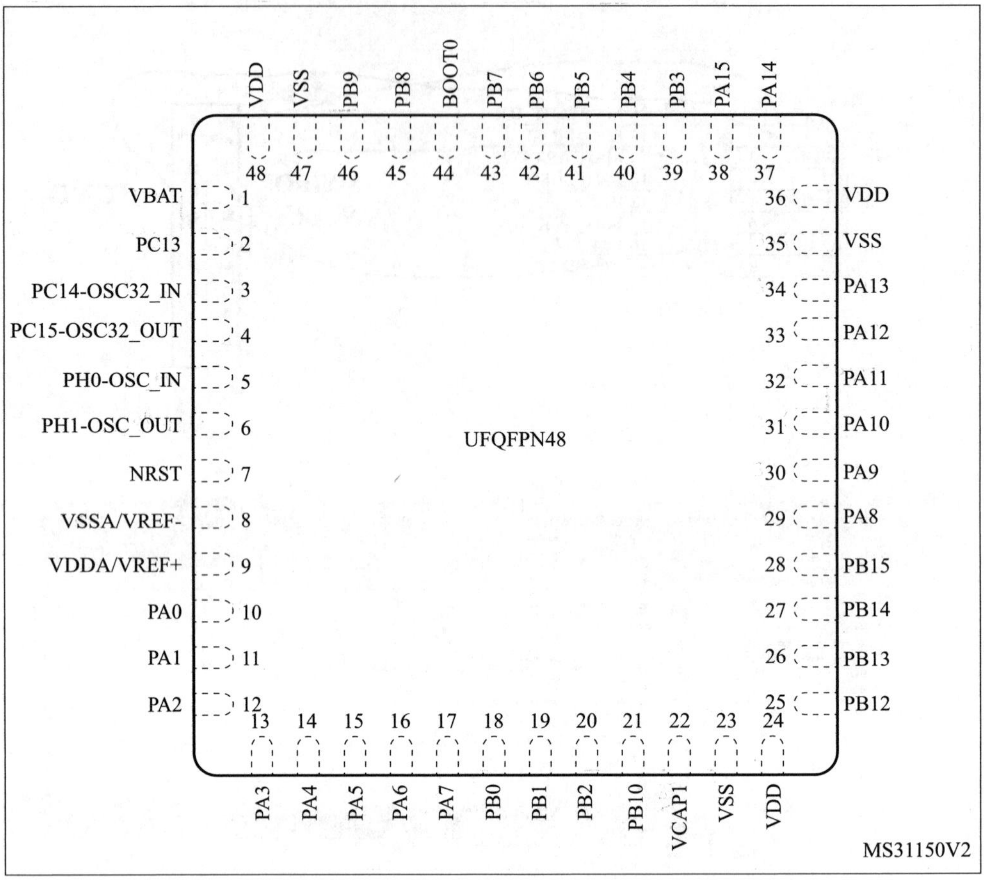

1. The above figure shows the package top view.

图 13-8-1 STM32F411CEUx 主控管脚封装图

13.8.2 GPIO 功能特点

每个 GPIO 端口都配有 2 个 32 位配置寄存器、2 个 32 位数据寄存器、1 个 32 位置位/复位寄存器、1 个 16 位复位寄存器和 1 个 32 位锁定寄存器。寄存器名称和对应的功能如表 13-8-1 所示。

表 13-8-1 GPIO 寄存器功能

寄存器名称	寄存器功能
GPIOx _ MODER	配置 IO 口工作模式
GPIOx _ OTYPER	配置 IO 口输出模式
GPIOx _ OSPEEDR	配置 IO 输出速率
GPIOx _ PUPDR	配置 IO 口上拉/下拉模式
GPIOx _ BSRR	IO 口复位寄存器
GPIOx _ LCKR	IO 口锁定寄存器

GPIO 管脚的每个位可以由软件配置成如下几种模式：

① 输入浮空；

② 输入上拉；

③ 输入下拉；

④ 模拟输入；

⑤ 开漏输出；

⑥ 推挽式输出；

⑦ 推挽式复用功能；

⑧ 开漏复用功能。

每个 I/O 端口位可以自由编程，然而 I/O 端口寄存器必须按 32 位字被访问（不允许半字或字节访问）。GPIOx _ BSRR 和 GPIOx _ BRR 寄存器允许对任何 GPIO 寄存器的读/更改的独立访问。这样，在读和更改访问之间产生 IRQ 时不会发生危险。

13.8.3 GPIO 内部结构以及输入输出功能分析

13.8.3.1 M3 和 M4 内部 IO 口结构差别

图 13-8-2 给出了一个 STM32F4 内部 I/O 端口的基本结构。

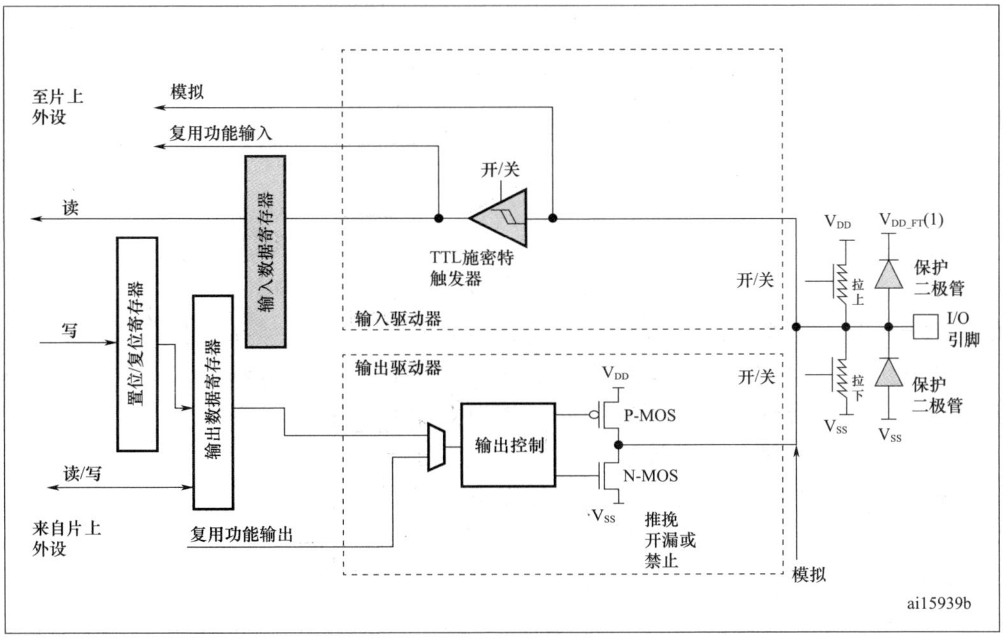

图 13-8-2　STM32F4 内部 I/O 端口位的基本结构

图 13-8-3 给出了一个 STM32F3 内部 I/O 端口的基本结构。

M3 和 M4 的 IO 口结构图唯一的不同点就是，内部上下拉电阻的位置不一样，M3 只能输入上下拉，而 M4 既可输入上下拉，也可以输出上下拉。

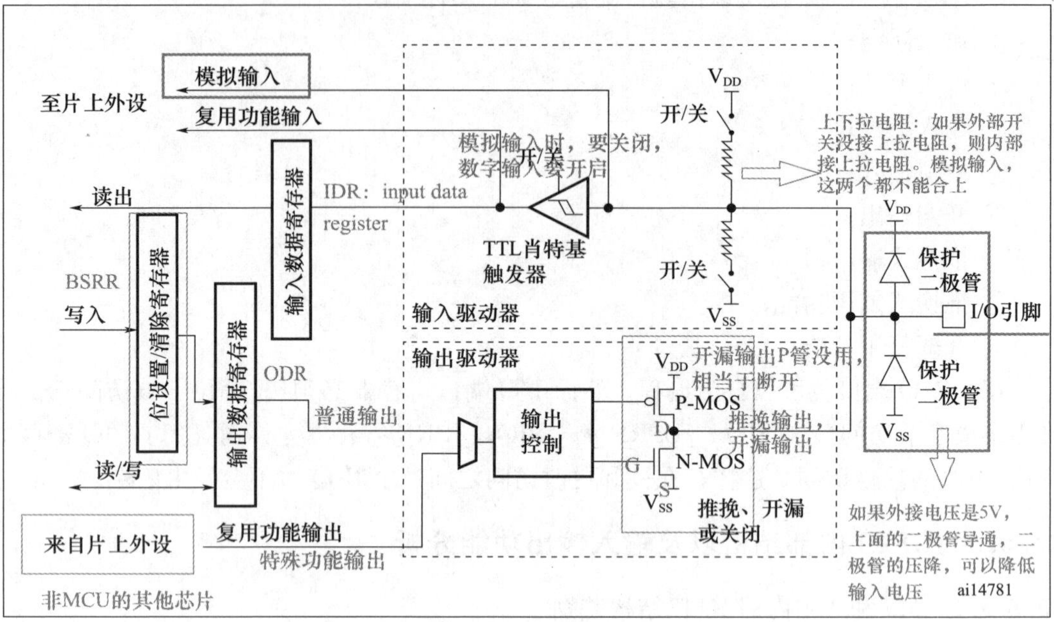

图 13-8-3　STM32F3 内部 I/O 端口位的基本结构

13.8.3.2　输入输出类型分析

（1）输出

输出分为推挽输出、开漏输出、复用功能推挽输出、复用功能开漏输出。我们只需理解何为“开漏”、何为“推挽”即可。

一句话总结：推挽输出可以是 0、1；开漏只能输出 0，输出 1，则需要外部管脚接有上拉电阻。

如图 13-8-4 所示，开漏输出：P 管没用，相当于断开。当 MCU 输出一个 1，图 13-8-4 中的 N-MOS 管截止，所以开漏输出没有输出 1 的能力，除非 IO 管脚接有上拉电阻，才可以正常输出 1。

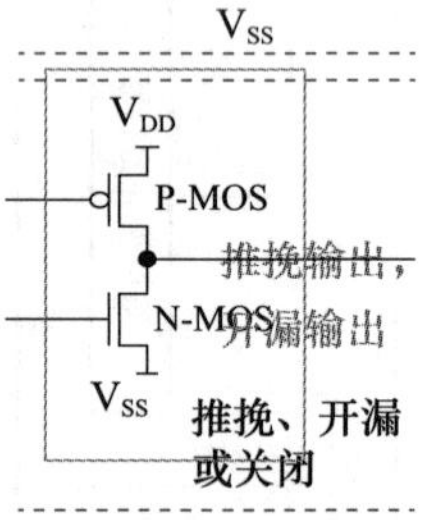

图 13-8-4　示意图

推挽输出：可以输出高、低电平，连接数字器件。推挽结构一般是指两个三极管分别受两互补信号的控制，总是在一个三极管导通的时候另一个截止。高低电平由 IC 的电源确定。

开漏输出：这种方式适合在连接的外设电压比单片机电压低的时候。输出端相当于三极管的集电极。要得到高电平状态，需要上拉电阻才行，适合于做电流型的驱动，其吸收电流的能力相对较强（一般在 20mA 以内）。

图 13-8-5 中左边的便是推挽输出模式，其中比较器输出高电平时下面的 PNP 三极管截止，而上面 NPN 三极管导通，输出电平 VS+（高电平）；当比较器输出低电平时则恰恰相反，下面的 PNP 三极管导通，输出和地相连，为低电平。

图 13-8-5 中右边的可以理解为开漏输出形式，需要接上拉（芯片内部寄存器写 0，比较器输出 1，三极管导通，外部输出低电平；芯片内部寄存器写 1，比较器输出 0，三极管截止，输出高阻态，如果有外部上拉电阻，即可输出高电平）。

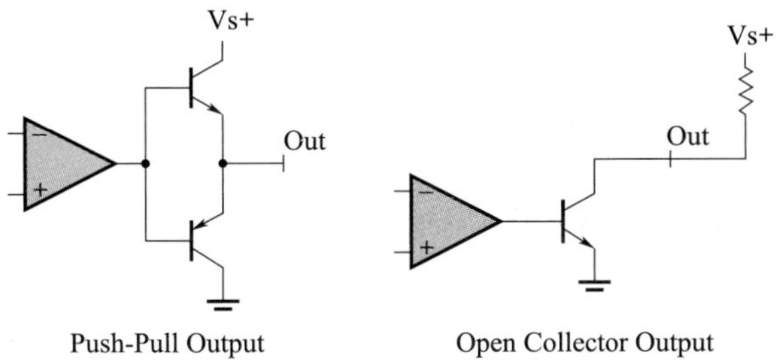

图 13-8-5 输出形式

复用开漏输出、复用推挽输出：可以理解为 GPIO 口被用作第二功能时的配置情况（即并非作为通用 IO 口使用）。

（2）输入

① 浮空输入：IO 的电平状态是不确定的，完全由外部输入决定，如果在该引脚悬空的情况下，读取该端口的电平是不确定的。

② 上拉输入/下拉输入/模拟输入：这几个概念很好理解，从字面便能轻易读懂。

（3）总结

在 STM32 中选用 IO 模式。

浮空输入：可以做 KEY 识别，RX1。

上拉输入：IO 内部上拉电阻输入。

下拉输入：IO 内部下拉电阻输入。

模拟输入：应用 ADC 模拟输入，或者低功耗下省电。

开漏输出：IO 输出 0，接 GND，IO 输出 1，悬空，需要外接上拉电阻，才能实现输出高电平。当输出为 1 时，IO 口的状态由上拉电阻拉高电平，但由于是开漏输出模式，这样 IO 口也就可以由外部电路改变为低电平或不变。可以读 IO 输入电平变化，实现 C51 的 IO 双向功能。

推挽输出：IO 输出 0，接 GND，IO 输出 1，接 VCC，读输入值是未知的。

复用功能的推挽输出：片内外设功能（例如 I2C 的 SCL、SDA）。

复用功能的开漏输出：片内外设功能（例如 I2C 的 SCL、SDA）。

（4）其他说明

① stm32 复位后，IO 端口处于输入浮空状态。

② 所有 IO 端口都具有外部中断能力，端口必须配置成输入模式，才能使用外部中断功能。

③ stm32 的部分 IO 端口的复用功能可以重新映射成另外的复用功能。

④ stm32 具有 GPIO 锁定机制，即锁定 GPIO 配置，下次复位前不能再修改。

VDD _ FT 对 5 伏容忍 I/O 脚是特殊的，它与 VDD 不同。

特别说明：上拉输入时 GPIOx _ PUPDR 寄存器对应位必须写 1，下拉输入时 GPIOx _ PUPDR 寄存器对应位必须写 0，上拉输入等于接内部电阻到 VDD，下拉输入等于接内部电阻到 GND，浮空就是什么都不接。

注意：每个 I/O 端口位可以自由编程，然而 I/O 端口寄存器必须按 32 位字被访问（不允许半字或字节访问）。GPIOx _ BSRR 和 GPIOx _ ODR 寄存器允许对任何 GPIO 寄存器的读/更改的独立访问，这样，在读和更改访问之间产生 IRQ 时不会发生危险。

13.8.4 与 GPIO 相关的寄存器

13.8.4.1 GPIO 端口模式寄存器（GPIOx _ MODER）（x=A. B）

31	30	29	28	27	26	25	24	23	22	21	20	19	18	17	16
MODER15[1:0]		MODER14[1:0]		MODER13[1:0]		MODER12[1:0]		MODER11[1:0]		MODER10[1:0]		MODER9[1:0]		MODER8[1:0]	
rw	rw	rw	rw	rw	rw	rw	rw	rw	rw	rw	rw	rw	rw	rw	rw

15	14	13	12	11	10	9	8	7	6	5	4	3	2	1	0
MODER7[1:0]		MODER6[1:0]		MODER5[1:0]		MODER4[1:0]		MODER3[1:0]		MODER2[1:0]		MODER1[1:0]		MODER0[1:0]	
rw	rw	rw	rw	rw	rw	rw	rw	rw	rw	rw	rw	rw	rw	rw	rw

位 2y：2y+1 MODERy [1：0]：端口 x 配置位（Port x configuration bits）（y=0，…，15）

这些位通过软件写入，用于配置 I/O 方向模式。

00：输入（复位状态）。

01：通用输出模式。

10：复用功能模式。

11：模拟模式。

13.8.4.2 GPIO 端口输出类型寄存器（GPIOx _ OTYPER）（x=A. B）

31	30	29	28	27	26	25	24	23	22	21	20	19	18	17	16
Reserved															

15	14	13	12	11	10	9	8	7	6	5	4	3	2	1	0
OT15	OT14	OT13	OT12	OT11	OT10	OT9	OT8	OT7	OT6	OT5	OT4	OT3	OT2	OT1	OT0
rw	rw	rw	rw	rw	rw	rw	rw	rw	rw	rw	rw	rw	rw	rw	rw

位 31：16 保留，必须保持复位值。

位 15：0OTy [1：0]：端口 x 配置位（Port x configuration bits）（y=0，…，15）。

这些位通过软件写入，用于配置 I/O 端口的输出类型。

0：输出推挽（复位状态）。

1：输出开漏。

13.8.4.3 GPIO 端口输出速度寄存器（GPIOx _ OSPEEDR）（x=A. B）

31	30	29	28	27	26	25	24	23	22	21	20	19	18	17	16
OSPEEDR15[1:0]		OSPEEDR14[1:0]		OSPEEDR13[1:0]		OSPEEDR12[1:0]		OSPEEDR11[1:0]		OSPEEDR10[1:0]		OSPEEDR9[1:0]		OSPEEDR8[1:0]	
rw	rw	rw	rw	rw	rw	rw	rw	rw	rw	rw	rw	rw	rw	rw	rw

15	14	13	12	11	10	9	8	7	6	5	4	3	2	1	0
OSPEEDR7[1:0]		OSPEEDR6[1:0]		OSPEEDR5[1:0]		OSPEEDR4[1:0]		OSPEEDR3[1:0]		OSPEEDR2[1:0]		OSPEEDR1[1:0]		OSPEEDR0[1:0]	
rw	rw	rw	rw	rw	rw	rw	rw	rw	rw	rw	rw	rw	rw	rw	rw

位 2y：2y+1 OSPEEDRy [1：0]：端口 x 配置位（Port x configuration bits）（y=0，…，15）。

这些位通过软件写入，用于配置 I/O 输出速度。

00：2MHz（低速）。

01：25MHz（中速）。

10：50MHz（快速）。

11：30pF 时为 100MHz（高速）[15pF 时为 80MHz 输出（最大速度）]。

13.8.4.4 GPIO 端口上拉/下拉寄存器（GPIOx _ PUPDR）（x=A. B）

31	30	29	28	27	26	25	24	23	22	21	20	19	18	17	16
PUPDR15[1:0]		PUPDR14[1:0]		PUPDR13[1:0]		PUPDR12[1:0]		PUPDR11[1:0]		PUPDR10[1:0]		PUPDR9[1:0]		PUPDR8[1:0]	
rw	rw	rw	rw	rw	rw	rw	rw	rw	rw	rw	rw	rw	rw	rw	rw
15	**14**	**13**	**12**	**11**	**10**	**9**	**8**	**7**	**6**	**5**	**4**	**3**	**2**	**1**	**0**
PUPDR7[1:0]		PUPDR6[1:0]		PUPDR5[1:0]		PUPDR4[1:0]		PUPDR3[1:0]		PUPDR2[1:0]		PUPDR1[1:0]		PUPDR0[1:0]	
rw	rw	rw	rw	rw	rw	rw	rw	rw	rw	rw	rw	rw	rw	rw	rw

位 2y：2y+1 PUPDRy [1：0]：端口 x 配置位（Port x configuration bits）（y=0，…，15）。

这些位通过软件写入，用于配置 I/O 上拉或下拉。

00：无上拉或下拉。

01：上拉。

10：下拉。

11：保留。

13.8.4.5 GPIO 端口输入数据寄存器（GPIOx _ IDR）（x=A. B）

31	30	29	28	27	26	25	24	23	22	21	20	19	18	17	16
Reserved															
15	**14**	**13**	**12**	**11**	**10**	**9**	**8**	**7**	**6**	**5**	**4**	**3**	**2**	**1**	**0**
IDR15	IDR14	IDR13	IDR12	IDR11	IDR10	IDR9	IDR8	IDR7	IDR6	IDR5	IDR4	IDR3	IDR2	IDR1	IDR0
rw	rw	rw	rw	rw	rw	rw	rw	rw	rw	rw	rw	rw	rw	rw	rw

位 31：16 保留，必须保持复位值。

位 15：0 IDRy [15：0]：端口输入数据（Port input data）（y=0，…，15）。

这些位为只读形式，只能在字模式下访问。它们包含相应 I/O 端口的输入值。

13.8.4.6 GPIO 端口输出数据寄存器（GPIOx _ ODR）（x=A. B）

31	30	29	28	27	26	25	24	23	22	21	20	19	18	17	16
Reserved															
15	**14**	**13**	**12**	**11**	**10**	**9**	**8**	**7**	**6**	**5**	**4**	**3**	**2**	**1**	**0**
ODR15	ODR14	ODR13	ODR12	ODR11	ODR10	ODR9	ODR8	ODR7	ODR6	ODR5	ODR4	ODR3	ODR2	ODR1	ODR0
rw	rw	rw	rw	rw	rw	rw	rw	rw	rw	rw	rw	rw	rw	rw	rw

位 31：16 保留，必须保持复位值。

位 15：0 ODRy [15：0]：端口输出数据（Port output data）（y=0，…，15）

这些位可通过软件读取和写入。

注意：对于原子置位/复位，通过写入 GPIOx _ BSRR 寄存器，可分别对 ODR 位进行置位和复位（x=A，…，I/）。

通过以上 6 个寄存器的介绍，我们结合实例来讲解 STM32F4 的 IO 设置，熟悉这几个寄存器的使用。

13.8.5 原理图

（1）LED 原理图（图 13-8-6）

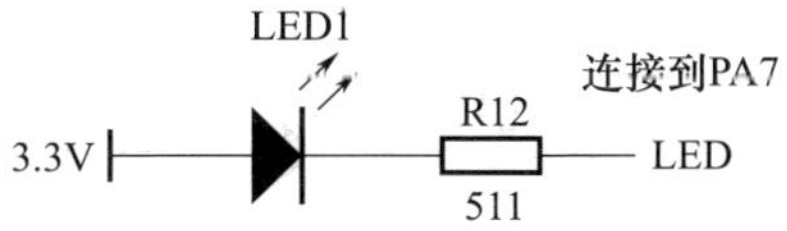

图 13-8-6 LED 原理图

（2）KEY 原理图（图 13-8-7）

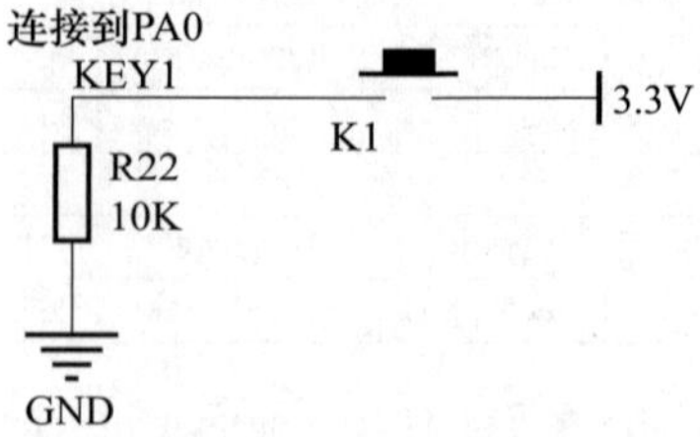

图 13-8-7　KEY 原理图

13.8.6　GPIO 配置过程

（1）打开相应的 IO 组时钟源（上电时，所有设备的时钟源都是关闭的，为开发者免去了不知道关闭哪些设备的问题）。

（2）设置为相应的模式与设置时钟速度。

（3）设置 GPIO 对应的设备初始状态。

13.9　GPIO 口实验范例

13.9.1　GPIO 输出

下面的程序是 LED 灯闪烁的程序。工程路径在【信盈达智能手表开发平台开发资料 \ 3. 程序代码 \ 1. GPIO \ \ LED】。

```
#include "stm32f4xx.h"
/*******************************************************************************
** 函数信息:void delay(void)
** 功能描述:简单的延时
** 输入参数:
** 输出参数:
** 调用提示:
*******************************************************************************/
void delay(void)
{
  u32 i;
  for(i=10000000;i>0;i--);
}
/*******************************************************************************
** 函数信息:int main(void)
** 功能描述:开机后,LED 灯闪动
```

```
**输入参数：
**输出参数：
**调用提示：
*******************************************************************************/

  int main()
  {
    RCC->AHB1ENR |=1<<0;//PA端口时钟使能
    GPIOA->MODER &=~(3<<14);//32bit,清零
    GPIOA->MODER |=1<<14;//配置PA7 IO口,为通用输出功能
    GPIOA->OTYPER &=~(1<<7);//配置PA7为推挽输出
    GPIOA->OSPEEDR &=~(3<<14);
    GPIOA->OSPEEDR |=2<<14;//配置PA7的输出速度50MHz
    while(1)
    {
      GPIOA->ODR &=~(1<<7);//PA7输出低电平
      delay();
      GPIOA->ODR |=1<<7;//PA7输出高电平
      delay();
    }
  }
```

13.9.2 GPIO 输入

下面的是按键初始化，并检测按键是否按下。工程路径在【信盈达智能手表开发平台开发资料\3. 程序代码\1. GPIO\KEY】，下载工程到 XYD_Watch，可以用按键来控制 LED 开关。

```
#include "key.h"
#define KEY((GPIOA->IDR & 1<<0)&& 1)   //PA0高有效
/*******************************************************************************
**函数信息:delay
**功能描述:延时函数
**输入参数：
**输出参数：
**调用提示：
*******************************************************************************/
void delay(u32 t)
{
  while(t)
  {
```

```
    t--;
  }
}
/*****************************************************************************
******************************************
**函数信息:key_init
**功能描述:按键初始化为输入 GPIO
**输入参数:
**输出参数:
**调用提示:
*****************************************************************************
*****************************************/
void key_init()
{
  RCC->AHB1ENR |=1<<0;  //PA 时钟使能
  GPIOA->MODER &=~(3<<0);//PA0 通用输入
  GPIOA->PUPDR &=~(3<<0);//PA0 无上下拉
}
/*****************************************************************************
******************************************
**函数信息:key_scan
**功能描述:按键检测
**输入参数:
**输出参数:按键按下返回 1,按键松开返回 0
**调用提示:
*****************************************************************************
*****************************************/
u8 key_scan()
{
  static u8 key_sta=1;

  if(key_sta && ( KEY==1))  //按键按下,且状态锁处于解锁状态
  {
    key_sta=0;//锁上按键状态锁
    delay(60000);//去抖动

    if(KEY==1)//去抖动后,按键的输入电平为高电平,则按键按下
    {
      return 1;  //按键按下,返回 1
    }

  }
  else if(KEY==0)
```

```
    {
      key_sta=1;
    }

  return 0;
}
```

13.10 IO 口复用

13.10.1 IO 口复用定义

STM32 有很多内置外设（例如 UART/SPI/ADC 等），这些外设的外部引脚都是与 GPIO 复用的。也就是说，一个 GPIO 如果可以复用为内置外设的功能引脚，当 GPIO 给内置外设使用的时候，就叫作复用。复用的意义在于最大限度地利用端口资源。

举例：

串口 1 的发送接收引脚是 PA9、PA10，当我们把 PA9、PA10 不用作 GPIO，而用作复用功能串口 1 的发送接收引脚的时候，叫端口复用。如图 13-10-1 所示。

Pin number					Pin name (function after reset) (1)	Pin type	I/O structure	Notes	Alternate functions	Additional functions
UQFN48	LQFP64	WLCSP49	LQFP100	UFBGA100L						
31	43	C2	69	C12	PA10	I/O	FT	-	TIM1_CH3, SPI5_MOSI/I2S5_SD, USART1_RX, USB_FS_ID, EVENTOUT	-
30	42	D2	68	C10	PA9	I/O	FT	-	TIM1_CH2, I2C3_SMBA, USART1_TX, USB_FS_VBUS, SDIO_D2, EVENTOUT	OTG_FS_VBUS

图 13-10-1　PA9/PA10 复用功能预览

13.10.2 IO 口复用映射原理

STM32F4 系列微控制器 IO 引脚通过一个复用器连接到内置外设或模块。该复用器一次只允许一个外设的复用功能（AF）连接到对应的 IO 口，这样可以确保共用同一个 IO 引脚的外设之间不会发生冲突。

每个 IO 引脚都有一个复用器，该复用器采用 16 路复用功能输入（AF0 到 AF15），可通过 GPIOx _ AFRL（针对引脚 0～7）和 GPIOx _ AFRH（针对引脚 8～15）寄存器对这些输入进行配置，每四位控制一路复用。见图 13-10-2。

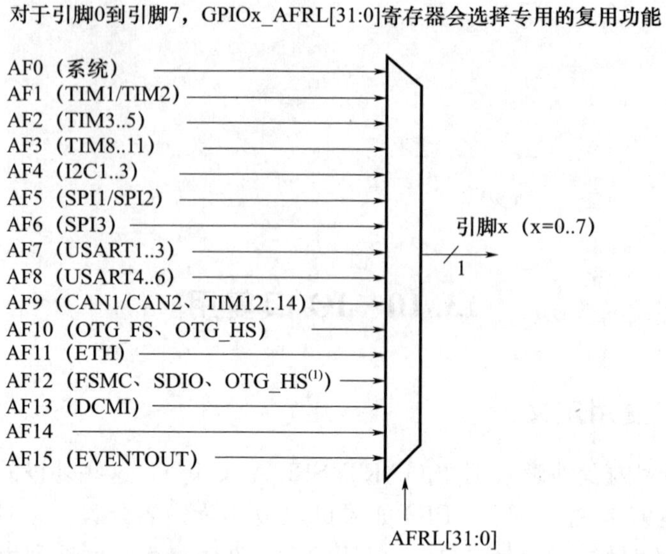

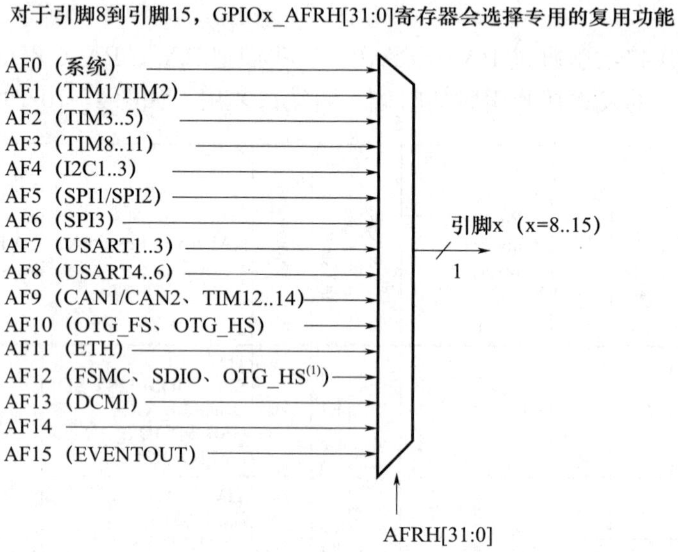

图 13-10-2　端口复用映射示意图

13.10.3　复用功能配置步骤

步骤 1：系统功能。

将 I/O 连接到 AF0，然后根据所用功能进行配置：

—JTAG/SWD：在各器件复位后，会将这些引脚指定为专用引脚，可供片上调试模块立即使用（不受 GPIO 控制器控制）。

—RTC_REFIN：此引脚应配置为输入浮空模式。

—MCO1 和 MCO2：这些引脚必须配置为复用功能模式。

步骤 2：在 GPIOx_MODER 寄存器中将所需 I/O 配置为输出或输入。

步骤 3：外设复用功能。

对于 ADC 和 DAC，在 GPIOx_MODER 寄存器中将所需 I/O 配置为模拟通道。

对于其他外设：
—在 GPIOx _ MODER 寄存器中将所需 I/O 配置为复用功能。
—通过 GPIOx _ OTYPER、GPIOx _ PUPDR 和 GPIOx _ OSPEEDER 寄存器，分别选择类型、上拉/下拉以及输出速度。
—在 GPIOx _ AFRL 或 GPIOx _ AFRH 寄存器中，将 I/O 连接到所需 AFx。

13.10.4 复用功能寄存器

（1）GPIO 复用功能低位寄存器（GPIOx _ AFRL）（x=A、B）

GPIO alternate function low register

偏移地址：0x20。

复位值：0x0000 0000。

31	30	29	28	27	26	25	24	23	22	21	20	19	18	17	16
AFRH15[3:0]				AFRH14[3:0]				AFRH13[3:0]				AFRH12[3:0]			
rw	rw	rw	rw	rw	rw	rw	rw	rw	rw	rw	rw	rw	rw	rw	rw
15	14	13	12	11	10	9	8	7	6	5	4	3	2	1	0
AFRH11[3:0]				AFRH10[3:0]				AFRH9[3:0]				AFRH8[3:0]			
rw	rw	rw	rw	rw	rw	rw	rw	rw	rw	rw	rw	rw	rw	rw	rw

位 31：0 AFRHy：端口 x 位 y 的复用功能选择（Alternate function selection for port x bit y）（y=8.0.15）这些位通过软件写入，用于配置复用功能 I/O。

AFRHy 选择：

0000：AF0	1000：AF8
0001：AF1	1001：AF9
0010：AF2	1010：AF10
0011：AF3	1011：AF11
0100：AF4	1100：AF12
0101：AF5	1101：AF13
0110：AF6	1110：AF14
0111：AF7	1111：AF15

31	30	29	28	27	26	25	24	23	22	21	20	19	18	17	16
AFRL7[3:0]				AFRL6[3:0]				AFRL5[3:0]				AFRL4[3:0]			
rw	rw	rw	rw	rw	rw	rw	rw	rw	rw	rw	rw	rw	rw	rw	rw
15	14	13	12	11	10	9	8	7	6	5	4	3	2	1	0
AFRL3[3:0]				AFRL2[3:0]				AFRL1[3:0]				AFRL0[3:0]			
rw	rw	rw	rw	rw	rw	rw	rw	rw	rw	rw	rw	rw	rw	rw	rw

位 31：0 AFRLy：端口 x 位 y 的复用功能选择（Alternate function selection for port x bit y）（y=0..7）这些位通过软件写入，用于配置复用功能 I/O。

AFRLy 选择：

0000：AF0	1000：AF8
0001：AF1	1001：AF9
0010：AF2	1010：AF10
0011：AF3	1011：AF11
0100：AF4	1100：AF12
0101：AF5	1101：AF13
0110：AF6	1110：AF14
0111：AF7	1111：AF15

（2）GPIO 复用功能高位寄存器（GPIOx _ AFRH）（x＝A、B）

GPIO alternate function high register。

偏移地址：0x24。

复位值：0x0000 0000。

13. 11　UART 实验

13. 11. 1　简介

XYD _ Watch 支持 APP 控制，硬件上挂载了一个 CC2541 蓝牙芯片。主控 STM32F411CEU6 与 CC2541 之间采用串口通信。CC2541 与手机端采用 BLE4. 0 通信。用户不需要关心 CC2541 部分的代码实现，只需把要传输的数据通过 UART 传输到 CC2541，CC2541 就会把数据发送给手机 APP。如图 13-11-1 所示。

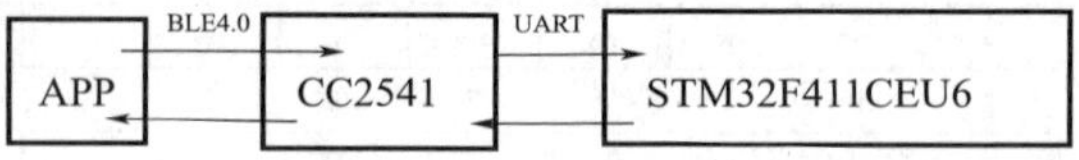

图 13-11-1　示意图

13. 11. 2　手机 APP

APP 路径在【信盈达智能手表开发平台开发资料 \ 14. APP& 源码 \ XYD _ Watch. apk】。示意如图 13-11-2 所示。

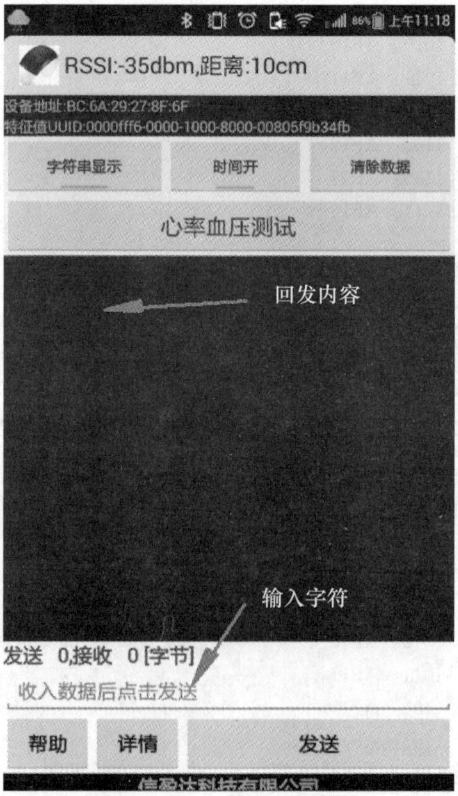

图 13-11-2　手机 APP 示意图

13.11.3 例程

例程路径【信盈达智能手表开发平台开发资料\3. 程序代码\3. UART】。

(1) 例程 1：1. UART（接收到一个字节，加 1 回发）

这个例程没有使用到串口中断，APP 发送字符“a”，主控回发“b”给 APP。

(2) 例程 2：UART1 中断，接收到一个字节，原样回发。

这个例程用到串口中断，APP 发送字符“a”，主控回发“a”给 APP。

(3) 例程 3：UART1 中断，接收 5 个字节，并原样回发。

APP 发送“abcde”XYD _ Watch，XYD _ Watch 回发“abcde”给 APP。

(4) 例程 4：UART1 中断，APP 发送 0x01 点亮 LED 灯，发送 0x00 关闭 LED 灯。

例程 4，需要进入第二界面，如图 13-11-3 所示。

注意：APP 还在优化当中，目前还存在的问题是：

① 发送一个字符，APP 会崩溃。

② 输入 0x01，APP 会发出 0x01 0x00。

图 13-11-3 示例界面图

13.12　SPI 和 OLED

13.12.1　SPI 原理

13.12.1.1　SPI 简介

SPI 是一种全双工串行接口，英文全称：serial peripheral interface，可处理多个连接到指定总线上的主机和从机。在数据传输过程中，总线上只能有一个主机和一个从机通信。在数据传输中，主机总是会向从机发送一帧 8 到 16 位的数据，而从机也总会向主机发送一帧字节数据。“全双工”的含义为：主机、从机同时给对方发送数据。SPI 是一种高速的、全双工、同步的通信总线（“同步”的意思是数据传输需要时钟线），并且在芯片的管脚上只占用 4 根线。“信盈达智能穿戴设备开发平台”上的 OLED 屏使用的是 SPI 接口。

13.12.1.2　SPI 总线数据交互

在数据传输中，主机总是会向从机发送一帧 8 或 16 位的数据，而从机也总会向主机发送一帧字节数据。SPI 总线数据交互图如图 13-12-1 所示。

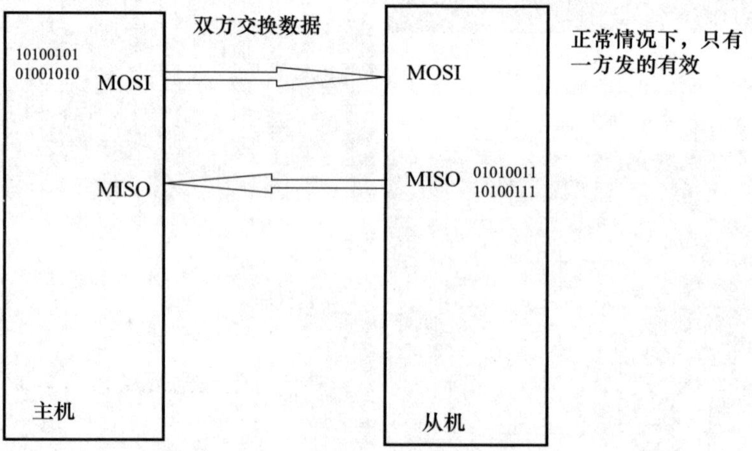

图 13-12-1　SPI 总线数据交互

13.12.1.3　SPI 接线方式

SPI 接口一般使用 4 条线通信：

- MISO 主设备数据输入，从设备数据输出（MISO：master input slave output）。
- MOSI 主设备数据输出，从设备数据输入（MOSI：master output slave input）。
- SCLK 时钟信号，由主设备产生（SCLK：serial clock）。
- CS 从设备片选信号，由主设备控制（CS：chip select）。

接线方式见图 13-12-2。

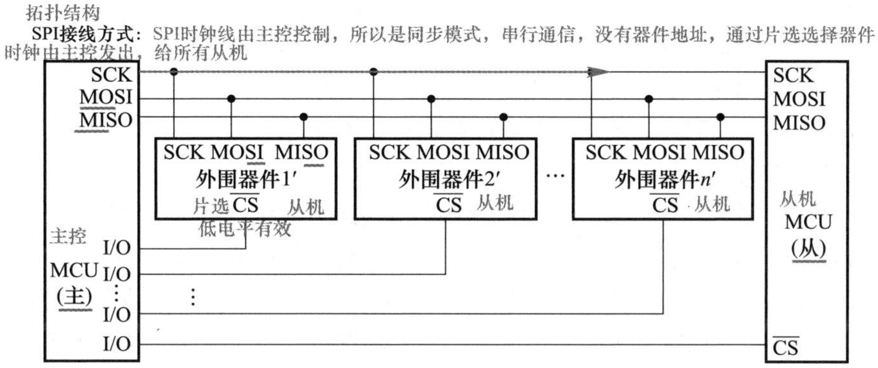

图 13-12-2　SPI 接线方式

13.12.1.4　SPI 控制器原理

原理见图 13-12-3。

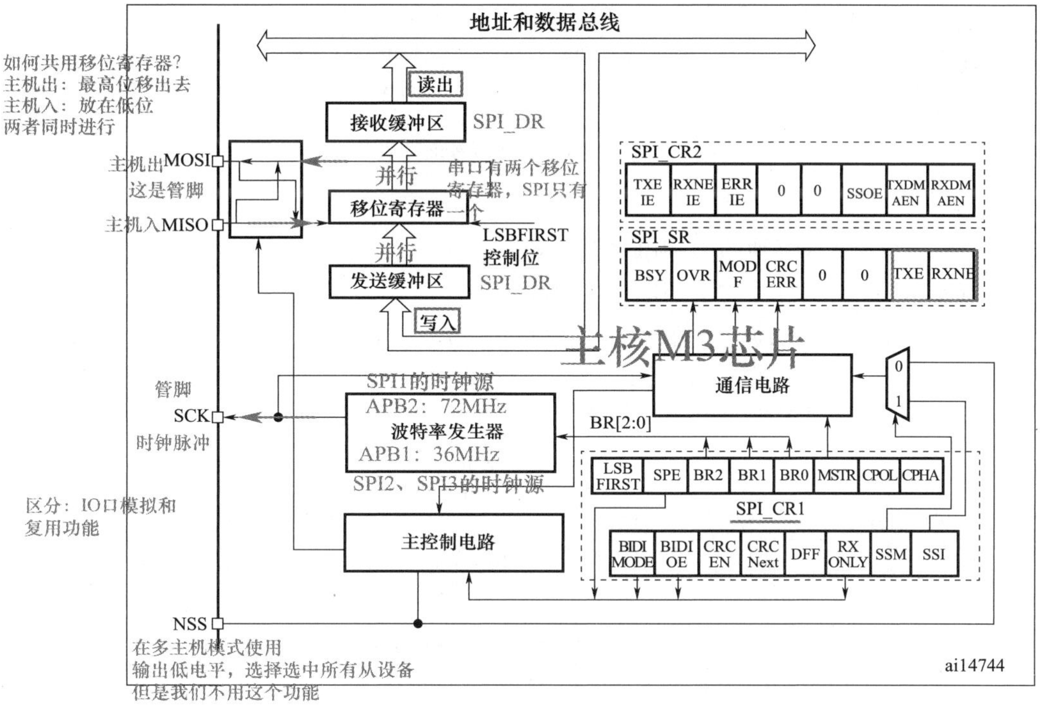

图 13-12-3　M3 的 SPI 控制器原理框图

NSS：STM32 的 SPI 可以配置成 SPI 主机，也可以配置成 SPI 从机 。可以通过软件来配置成主机或从机，也可以通过硬件来配置成主机或从机 。

SSM 设置为 1 时，选择软件来管理 SPI 主从。

SSM 配置为 0 时，由硬件 NSS 引脚的实际电平值来决定 SPI 主从。

软件管理模式下，SSI 位为 1，设置为主 SPI；SSI 位为 0，设置为从 SPI。
硬件管理模式下，NSS 引脚为高电平，设置为主 SPI；NSS 引脚为低电平，设置为从 SPI。

在软件管理主从模式下，NSS 引脚不用管，当普通 IO 用就行。

13. 12. 1. 5 PI 工作原理总结

（1）硬件上为 4 根线。

（2）主机和从机都有一个串行移位寄存器，主机通过向它的 SPI 串行寄存器写入一个字节来发起一次传输。

（3）串行移位寄存器通过 MOSI 信号线将字节传送给从机，从机也将自己的串行移位寄存器中的内容通过 MISO 信号线返回给主机。这样，两个移位寄存器中的内容就被交换。

（4）外设的写操作和读操作是同步完成的。如果只进行写操作，主机只需忽略接收到的字节；反之，若主机要读取从机的一个字节，就必须发送一个空字节来引发从机的传输。

13. 12. 1. 6 SPI 时钟信号的四种模式

根据 SPI 时钟信号的极性和相位，SPI 时钟信号可以分为四种模式，见图 13-12-4

clock polar　clock phase	Leading Edge	Trailing Edge	SPI Mode
CPOL=0，CPHA=0	Sample（Rising）	Setup（Falling）	0
CPOL=0，CPHA=1	Setup（Rising）	Sample（Falling）	1
CPOL=1，CPHA=0	Sample（Falling）	Setup（Rising）	2
CPOL=1，CPHA=1	Setup（Falling）	Sample（Rising）	3

四种模式

图 13-12-4　SPI 时钟信号的四种模式

说明：

CPOL＝0：表示时钟的空闲电平为低电平。

CPOL＝1：表示时钟的空闲电平为高电平。

CPHA＝0：表示数据采样在第一个时钟跳变沿（跳变沿包括上升沿、下降沿）。

CPHA＝1：表示数据采样在第二个时钟跳变沿（跳变沿包括上升沿、下降沿）。

不同的 SPI 器件支持的模式不相同。见图 13-12-5、图 13-12-6。

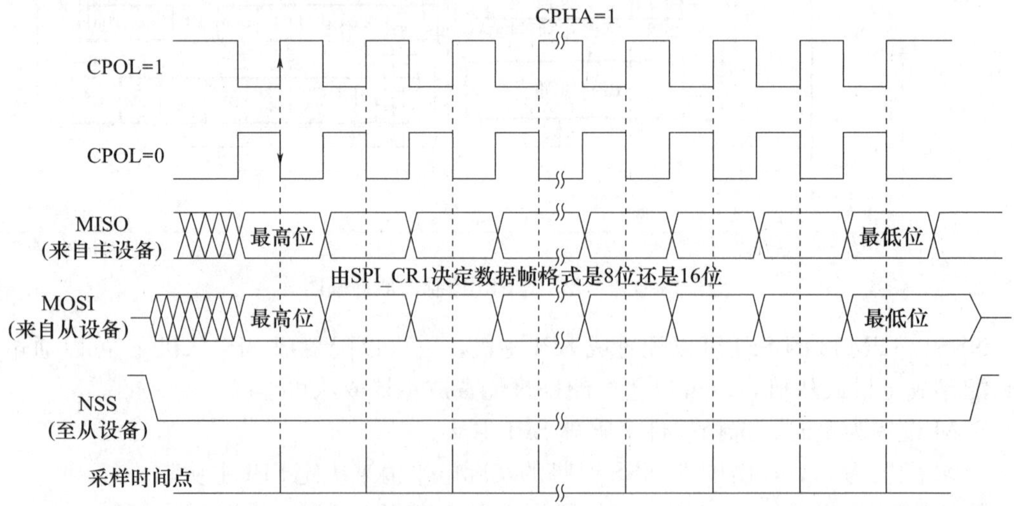

图 13-12-5　时钟信号模式 1 和时钟信号模式 3

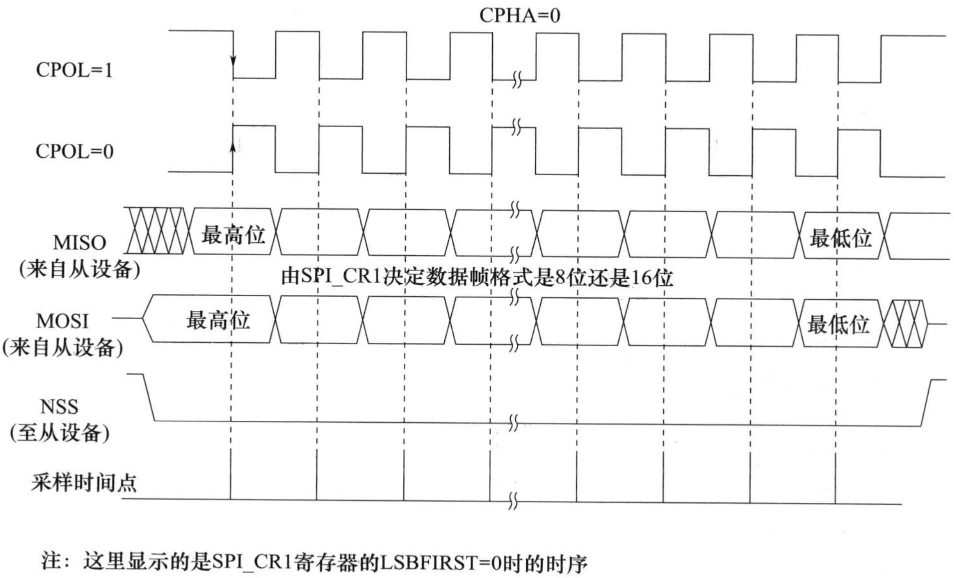

图 13-12-6　时钟信号模式 0 和时钟信号模式 2

13.12.1.7　SPI 初始化配置

SPI 控制器的初始化步骤如下：

（1）使能 SPI 复用功能所映射的 GPIO 口时钟。

（2）SPI 控制器时钟使能。

（3）配置 GPIO 为复用功能（MOSI/MISO/CLK）。

（4）GPIO 复用功能为第几复用功能（AFx）。

（5）配置 GPIO 输出速率为 50MHz。

（6）配置 SPIx－>CR1 寄存器。

"信盈达智能穿戴开发平台"用 SPI1 控制器来驱动 OLED 屏，初始化代码如下：

```
void Spi1_init(void)
{
    RCC->AHB1ENR |=1<<1;//PB 时钟使能
    RCC->APB2ENR |=1<<12;//SPI1 控制器时钟使能

    GPIOB->MODER &=~(0X3F<<6);      //配置 PB3/4/5 的 GPIO 功能为复用功能
    GPIOB->MODER |=0X2A<<6;

    GPIOB->AFR[0] &=~(0XFFF<<12);  //PB3/4/5 AF5 功能
    GPIOB->AFR[0] |=0X555<<12;

    GPIOB->OSPEEDR &=~(0X3F<<6);// io 输出速度 50MHz
    GPIOB->OSPEEDR |=0X2A<<6;

    /* SPI1 配置,大部分位使用默认值 */
```

```
    SPI1->CR1=0;
    SPI1->CR1 |=3<<8;//SSM  SSI

    SPI1->CR1 |=1<<2;//主模式

//  SPI1->CR1 |=4<<3;//速度  100/64 MHz

    SPI1->CR1 |=1<<6;//使能 SPI1
}
```

13.12.2 OLED 简介

OLED，即有机发光二极管（organic light-emitting Diode)，又称为有机电激光显示（organic electroluminesence display，OELD)。OLED 由于同时具备自发光、不需背光源、对比度高、厚度薄、视角广、反应速度快、可用于挠曲性面板、使用温度范围广、构造及制程较简单等优异之特性，被认为是下一代的平面显示器新兴应用技术。

OLED 显示技术具有自发光的特性，采用非常薄的有机材料涂层和玻璃基板，当有电流通过时，这些有机材料就会发光；OLED 显示屏幕可视角度大，并且能够节省电能。从 2003 年开始这种显示设备在 MP3 播放器上得到了应用。

LCD 都需要背光，而 OLED 不需要，因为它是自发光的。同样的显示，OLED 的效果要来得好一些。以目前的技术，OLED 的尺寸还难以大型化，但是分辨率却可以做到很高。

“信盈达智能穿戴开发平台”挂有 1.3 寸的 OLED 屏，分辨率为 132×64，即 132×64bits。OLED 控制器为 SH1106。

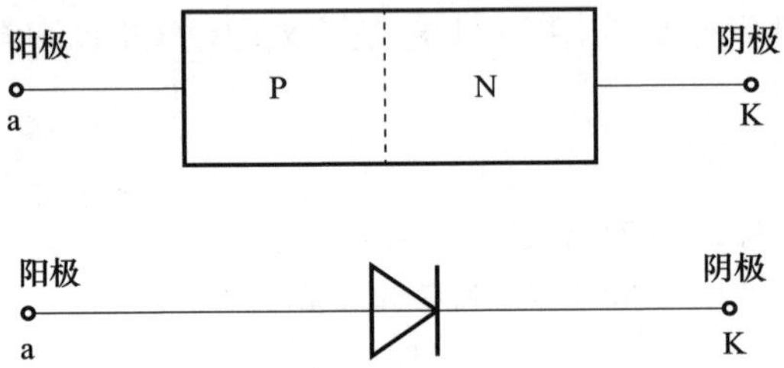

二极管的阴极与阳极

13.12.2.1 OLED 工作模式选择

OLED 支持 4 种接口：6800、8080 两种并行接口方式，4 线的串行 SPI 接口方式，IIC 接口方式。使用哪种接口方式由硬件决定。4 种模式通过模块的 BS1/BS2 设置（BS0/BS1/BS2 是 OLED 的 3 个管脚)。BS1/BS2 的设置与模块接口模式的关系如图 13-12-7所示，注意 IM0/1/2 分别对应 BS0/1/2。

“信盈达智能穿戴开发平台”硬件上把 OLED 屏固定为 SPI 通信接口，即 BS0/1/2 都接 0。

	These are the MPU interface mode select pads					
IM0 IM1 IM2		8080	I²C	6800	4-wire SPI	3-wire SPI
	IM0	0	0	0	0	1
	IM1	1	1	0	0	1
	IM2	1	0	1	0	0

图 13-12-7　OLED 接口方式设置

13.12.2.2　原理图

原理见图 13-12-8。

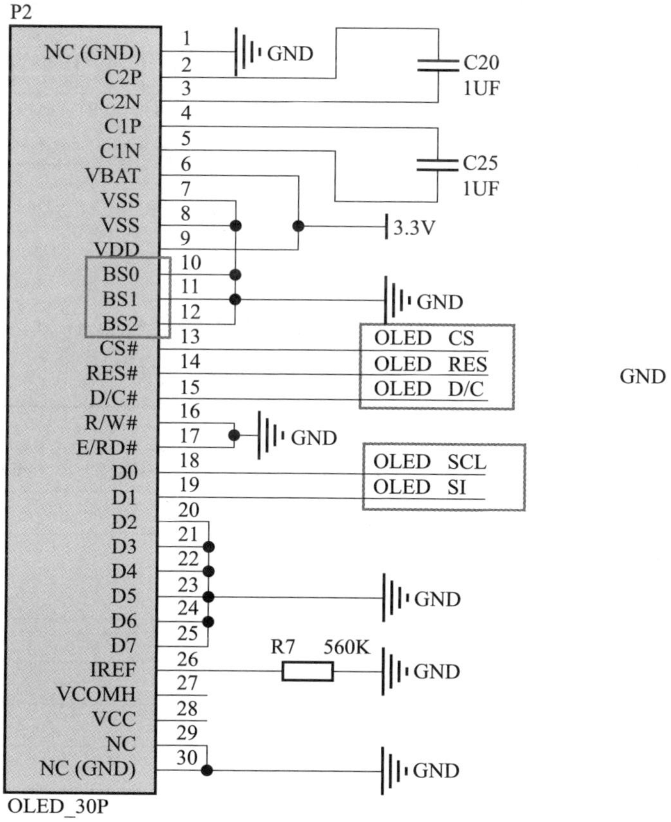

图 13-12-8　原理图

13.12.2.3　管脚说明

OLED_CS：OLED 片选信号。

OLED_RES：硬复位 OLED。

OLED_D/C：命令/数据标志（0：读写命令；1：读写数据）。

OLED_SI：SPI 的 MOSI 接口。

OLED_SCL：SPI 的 SCLK 接口。

13.12.2.4 通信时序

OLED通信时序如图13-12-9所示。其中A0等于1，数据被写到display data RAM，当A0等于0时，数据被写到command register。通过A0来区分写数据还是写命令。A0对应硬件上的“OLED_D/C”管脚。给OLED写数据的步骤如下：

第一步：A0，即OLED_D/C管脚拉高（写数据到data RAM）或者拉低（写数据到command register）。

第二步：CS拉低，表示通信开始，MCU开始给OLED屏写数据。

第三步：通过SPI总线写数据到OLED屏。

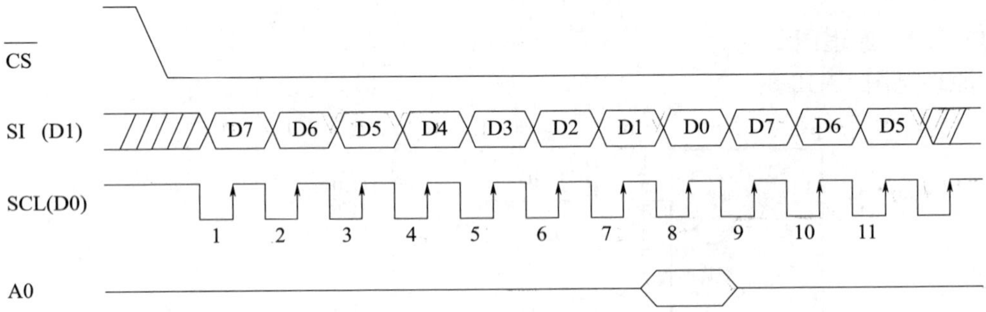

图13-12-9 通信时序图

13.12.2.5 OLED模块显存

SH1106的显存总共为132×64bit大小，SH1106将这些显存分为8页，每页包含了132个字节，这样刚好是132×64的点阵大小。见图13-12-10。

	列（COL0～131）						
行（COMO～63）	SEG0	SEG1	SEG2	……	SEG129	SEG130	SEG131
	PAGE0						
	PAGE1						
	PAGE2						
	PAGE3						
	PAGE4						
	PAGE5						
	PAGE6						
	PAGE7						

图13-12-10 OLED模块显存图

13.12.2.6 OLED命令

命令0X81：设置对比度。包含两个字节，第一个0X81为命令，随后发送的一个字节为要设置的对比度的值。这个值设置得越大屏幕就越亮。

命令0XAE/0XAF：0XAE为关闭显示命令；0XAF为开启显示命令。

命令0XB0～B7：用于设置页地址，其低三位的值对应着GRAM的页地址。

命令0X00～0X0F：用于设置显示时的起始列地址低四位。

命令 0X10～0X1F：用于设置显示时的起始列地址高四位。

13.12.2.7 OLED 初始化过程

过程见图 13-12-11。

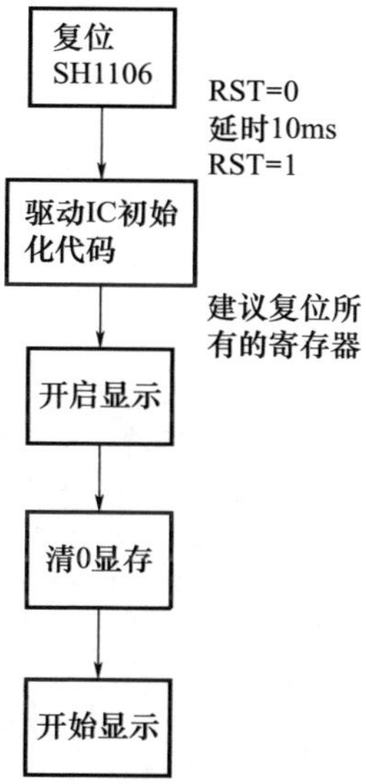

图 13-12-11　OLED 初始化过程示意

13.12.2.8 取模软件使用与说明

取模软件在【信盈达智能手表开发平台开发资料 \ 2. 软件资料 \ 取模软件以及取模方法】，取模软件名为“PCtoLCD2002”，打开取模软件，练习取模（英文字母、汉字、图片）。取模方法请参考【信盈达智能手表开发平台开发资料 \ 2. 软件资料 \ 取模软件以及取模方法 \ 取模方法 . pdf】。字模选项参见图 13-12-12。

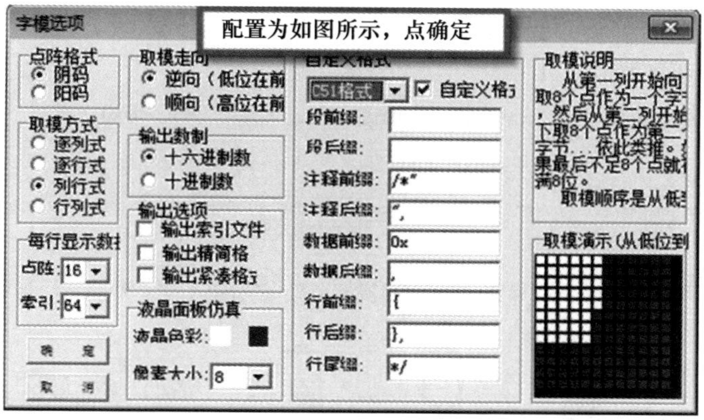

图 13-12-12　字模选项

“图片取模”注意事项：

（1）图片的格式必须为 BMP 格式，且显示部分为黑色，不显示部分为白色，如图 13-12-13所示。

图 13-12-13　图片取模示意图

(2)“信盈达智能手表开发平台”提供的底层驱动，智能显示 12/16/24 三种字符。

(3)“信盈达智能手表开发平台”字符取模的信息存在“font. h”，图片取模信息存在“bmp. h”。

16x16：横向 16 个像素点，纵向是 16 个像素点（中文）。

横向 8 个像素点，纵向是 16 个像素点（英文）。

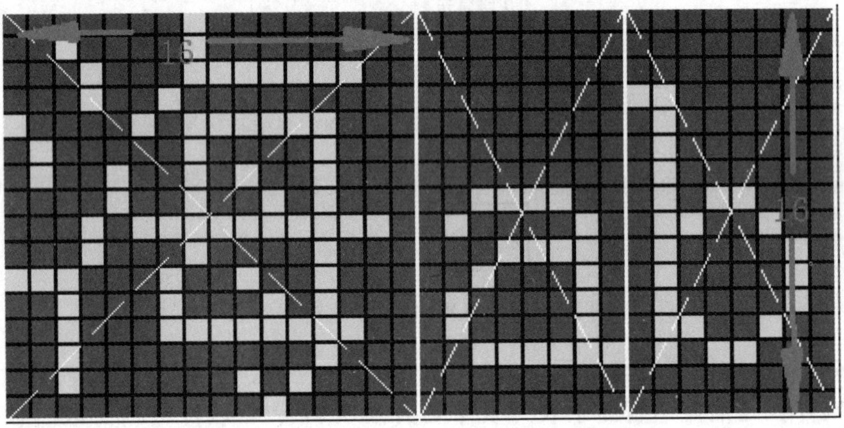

32x24：横向 32 个像素点，纵向是 24 个像素点（中文）。

横向 16 个像素点，纵向是 24 个像素点（英文）。

12x8：横向 12 个像素点，纵向是 8 个像素点（中文）。

横向 6 个像素点，纵向是 8 个像素点（英文）。

13.12.2.9　如何获取精美 UI

推荐一个网站：http：//www. iconpng. com（图 13-12-14）。

图 13-12-14

注意1：图 13-12-14 所示网站的图片都是 PNG 格式的，我们需要转换成 BMP 格式，格式转换过程中，会存在图片的像素丢失的情况，我们可以用“取模软件”来进行像素修补（用取模软件打开 BMP 图片后，鼠标左右键可以任意修改像素点）。

注意2：图 13-12-14 所示网站的图片都比较大，我们需要把这些图片缩小，使得可以在 132×64 分辨率的 OLED 屏上显示。如图 13-12-15 所示。

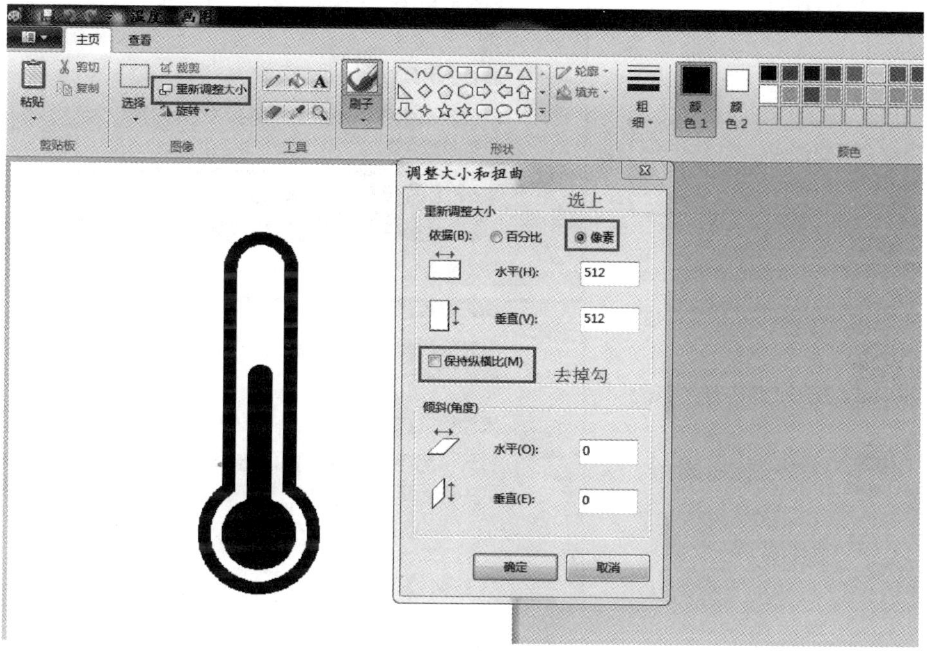

图 13-12-15　图片显示

图片缩小为 54×54，如图 13-12-16 所示。

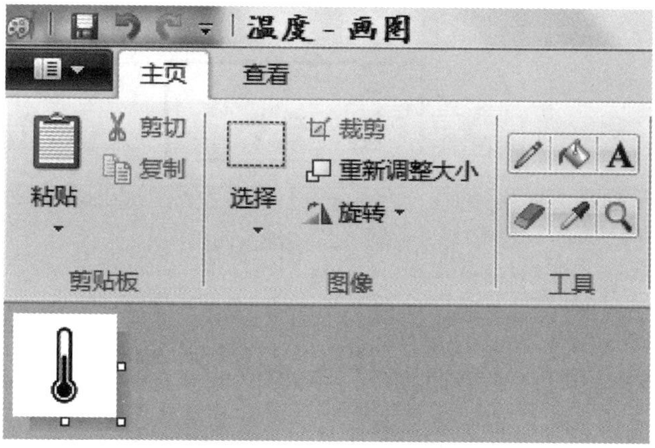

图 13-12-16　图片缩小

图片另存为 BMP 格式，如图 13-12-17 所示。格式转换过程中会丢失透明度，点击确定。

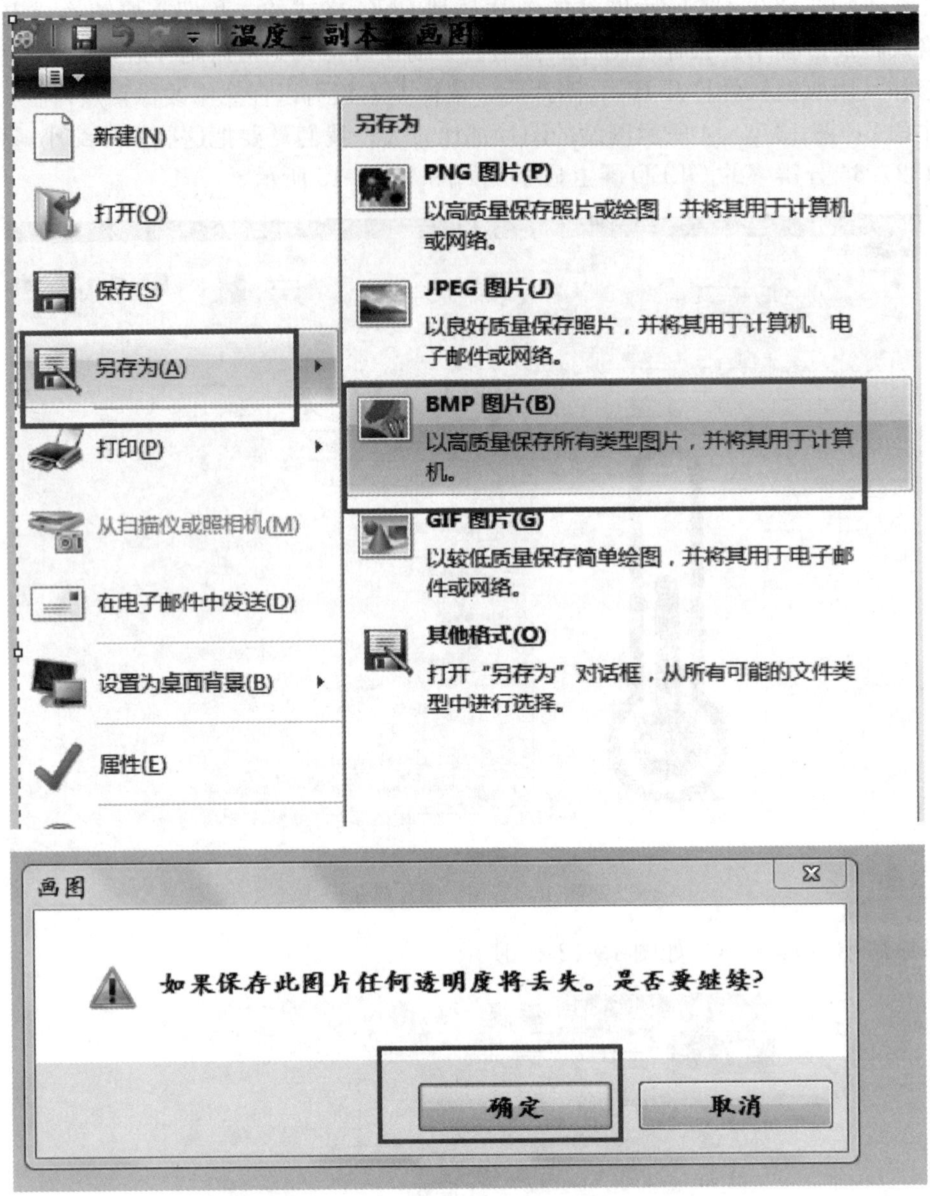

图 13-12-17　图片保存

13. 13　RTC 实时时钟

实时时钟（RTC）是一个独立的定时器。RTC 模块拥有一组连续计数的计数器，在相应软件配置下，可提供时钟日历的功能。修改计数器的值可以重新设置系统当前的时间和日期。RTC 模块和时钟配置系统（RCC _ BDCR 寄存器）处于后备区域，即在系统复位或从待机模式唤醒后，RTC 的设置和时间维持不变。RTC 由自带的电源引脚 Vbat 供电，Vbat 可以与蓄电池相连，也可以与外部 3. 3V 电源引脚相连或保持断开。

13.13.1 STM32F4 系列 RTCRR 的特点

（1）包含亚秒、秒、分钟、小时（12/24 小时制）、星期几、日期、月份和年份的日历。

（2）软件可编程的夏令时补偿。

（3）两个具有中断功能的可编程闹钟。可通过任意日历字段的组合驱动闹钟。

（4）自动唤醒单元，可周期性地生成标志以触发自动唤醒中断。

（5）参考时钟检测：可使用更加精确的第二时钟源（50Hz 或 60Hz）来提高日历的精确度。

（6）利用亚秒级移位特性与外部时钟实现精确同步。

（7）可屏蔽中断/事件。

—闹钟 A；

—闹钟 B；

—唤醒中断；

—时间戳；

—入侵检测。

（8）数字校准电路（周期性计数器调整）。

—精度为 5ppm；

—精度为 0.95ppm，在数秒钟的校准窗口中获得。

（9）用于事件保存的时间戳功能（1 个事件）。

（10）入侵检测。

—2 个带可配置过滤器和内部上拉的入侵事件。

（11）20 个备份寄存器（80 字节）。发生入侵检测事件时，将复位备份寄存器。

13.13.2 与 RTC 相关的寄存器

STM32F4 的实时时钟（RTC）相对于 STM32F1 来说改进了不少，带了日历功能，STM32F4 的 RTC 是一个独立的 BCD 定时器/计数器。RTC 提供一个日历时钟（包含年、月、日、时、分、秒信息）、两个可编程闹钟（ALARM A 和 ALARM B）中断，以及一个具有中断功能的周期性可编程唤醒标志。RTC 还包含用于管理低功耗模式的自动唤醒单元。两个 32 位寄存器（TR 和 DR）包含二进码十进数格式（BCD）的秒、分钟、小时（12 或 24 小时制）、星期、日期、月份和年份。此外，还可提供二进制格式的亚秒值。STM32F4 的 RTC 可以自动将月份的天数补偿为 28、29（闰年）、30 和 31 天，还可以进行夏令时补偿。RTC 模块和时钟配置是在后备区域，即在系统复位或从待机模式唤醒后 RTC 的设置和时间维持不变，只要后备区域供电正常，那么 RTC 将可以一直运行。但是在系统复位后，会自动禁止访问后备寄存器和 RTC，以防止对后备区域（BKP）的意外写操作。所以在设置时间之前，先要取消备份区域的写保护。

简化的 RTC 框图如图 13-13-1 所示。

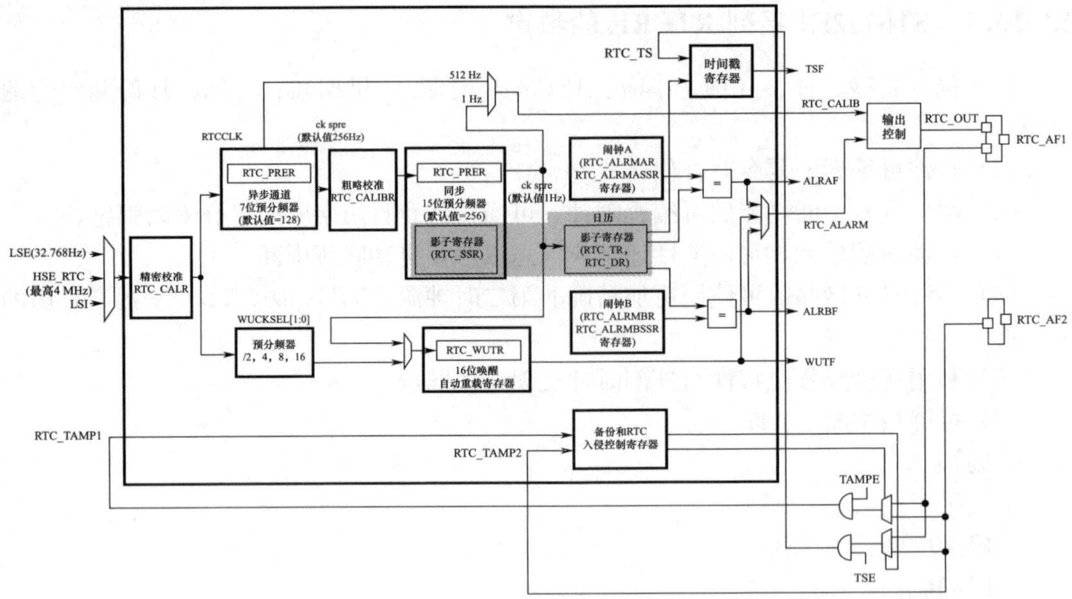

图 13-13-1　RTC 框图

13. 13. 3　RTC 时间寄存器（RTC _ TR）

31	30	29	28	27	26	25	24	23	22	21	20	19	18	17	16
Reserved									PM	HT[1:0]		MU[3:0]			
									rw	rw	rw	rw	rw	rw	rw

15	14	13	12	11	10	9	8	7	6	5	4	3	2	1	0
Reserved	MNT[2:0]			MNU[3:0]				Reserved	ST[2:0]			SU[3:0]			
	rw	rw	rw	rw	rw	rw	rw		rw	rw	rw	rw	rw	rw	rw

RTC _ TR 寄存器说明见表 13-13-1。

表 13-13-1　RTC _ TR 寄存器说明

位 31：24	保留
位 23	保留，必须保持复位值
位 22	PM：AM/PM 符号（AM/PM notation） 0：AM 或 24 小时制 1：PM
位 21：20	HT [1：0]：小时的十位（BCD 格式）（Hour tens in BCD format）
位 19：16	HU [3：0]：小时的个位（BCD 格式）（Hour units in BCD format）
位 15	保留，必须保持复位值
位 14：12	MNT [2：0]：分钟的十位（BCD 格式）（Minute tens in BCD format）
位 11：8	MNU [3：0]：分钟的个位（BCD 格式）（Minute units in BCD format）
位 7	保留，必须保持复位值
位 6：4	ST [2：0]：秒的十位（BCD 格式）（Second tens in BCD format）
位 3：0	SU [3：0]：秒的个位（BCD 格式）（Second units in BCD format）

这个寄存器比较简单，注意数据保存时 BCD 的格式，读取之后需要稍加转换，才是十进制的时分秒等数据。在初始化模式下，对该寄存器进行写操作，可以设置时间。

13.13.4 RTC 日期寄存器（RTC _ DR）

31	30	29	28	27	26	25	24	23	22	21	20	19	18	17	16
Reserved								YT[3:0]				YU[3:0]			
								rw	rw	rw	rw	rw	rw	rw	rw

15	14	13	12	11	10	9	8	7	6	5	4	3	2	1	0
WDU[2:0]			MT	MU[3:0]				Reserved		DT[2:0]		DU[3:0]			
rw	rw	rw	rw	rw	rw	rw	rw			rw	rw	rw	rw	rw	rw

RTC _ DR 寄存器说明见表 13-13-2。

表 13-13-2 RTC _ DR 寄存器说明

位 31：24	保留
位 23：20	YT [3：0]：年份的十位（BCD 格式）（Year tens in BCD format）
位 19：16	YU [3：0]：年份的个位（BCD 格式）（Year units in BCD format）
位 15：13	WDU [2：0]：星期几的个位（Week day units） 000：禁止 001：星期一 …… 111：星期日
位 12	MT：月份的十位（BCD 格式）（Month tens in BCD format）
位 11：8	MU [3：0]：月份的个位（BCD 格式）（Month units in BCD format）
位 7：6	保留，必须保持复位值
位 5：4	DT [1：0]：日期的十位（BCD 格式）（Date tens in BCD format）
位 3：0	DU [3：0]：日期的个位（BCD 格式）（Date units in BCD format）

RTC 的功能由这个控制寄存器控制。当前一个写操作还未完成时（RTOFF＝0 时），不能写 RTC _ CR 寄存器。

BCD 码如图 13-13-2 所示。

BCD 码：亦称二进码十进数。用 4 位二进制数来表示 1 位十进制数中的 0～9 这 10 个数码。

十进制	二进制	十六进制	BCD 码（8421 码）
0	0000	0	0000
1	0001	1	0001
2	0010	2	0010
3	0011	3	0011
4	0100	4	0100
5	0101	5	0101
6	0110	6	0110
7	0111	7	0111
8	1000	8	1000
9	1001	9	1001

图 13-13-2 BCD 码

13.13.5 TC 亚秒寄存器（RTC _ SSR）

31	30	29	28	27	26	25	24	23	22	21	20	19	18	17	16
Reserved															
r	r	r	r	r	r	r	r	r	r	r	r	r	r	r	r
15	14	13	12	11	10	9	8	7	6	5	4	3	2	1	0
SS[15:0]															
r	r	r	r	r	r	r	r	r	r	r	r	r	r	r	r

RTC _ SSR 寄存器说明见表 13-13-3。

表 13-13-3　RTC _ SSR 寄存器说明

位 31：16	保留，被硬件强制为 0
位 15：0	SS：亚秒值（Sub second value） SS [15：0] 是同步预分频器计数器的值。此亚秒值可根据以下公式得出： 亚秒值=（PREDIV _ S−SS）/（PREDIV _ S＋1） 注意：仅当执行平移操作之后，SS 才能大于 PREDIV _ S。在这种情况下，正确的时间/日期比 RTC _ TR/RTC _ DR 所指示的时间/日期慢一秒钟

13.13.6 RTC 控制寄存器（RTC _ CR）

31	30	29	28	27	26	25	24	23	22	21	20	19	18	17	16
Reserved								COE	OSEL[1:0]		POL	COSEL	BKP	SUB1H	ADD1H
								rw	rw	rw	rw	rw	rw	w	w
15	14	13	12	11	10	9	8	7	6	5	4	3	2	1	0
TSIE	WUTIE	ALRBE	ALRAIE	TSE	WUTE	ALRBE	ALRAE	DCE	FMT	BYPSHAD	REFCKON	TSEDGE	WUCKSEL[2:0]		
rw	rw	rw	rw	rw	rw	rw	rw	rw	rw	rw	rw	rw	rw	rw	rw

RTC _ CR 寄存器说明见表 13-13-4。

表 13-13-4　RTC _ CR 寄存器说明

位 31：14	保留，必须保持复位值
位 23	COE：校准输出使能（Calibration output enable） 该位使能 RTC _ CALIB 输出 0：禁止校准输出 1：使能校准输出
位 22：21	OSEL [1：0]：输出选择（Output selection） 这些位用于选择要连接到 RTC _ ALARM 输出的标志 00：禁止输出 01：使能闹钟 A 输出 10：使能闹钟 B 输出 11：使能唤醒输出
位 20	POL：输出极性（Output polarity） 该位用于配置 RTC _ ALARM 输出的极性 0：当 ALRAF/ALRBF/WUTF 置“1”时（取决于 OSEL [1：0]），该引脚为高电平 1：当 ALRAF/ALRBF/WUTF 置“1”时（取决于 OSEL [1：0]），该引脚为低电平

续表

位 19	COSEL：校准输出选择（Calibration output selection） 当 COE=1 时，该位可选择 RTC _ CALIB 上输出的信号 0：校准输出为 512Hz 1：校准输出为 1Hz 在 RTCCLK 为 32.768kHz 且预分频器为其默认值（PREDIV _ A=127 且 PREDIV _ S=255）的条件下，这些频率有效
位 18	BKP：备份（Backup） 用户可对此位执行写操作以记录是否已对夏令时进行更改
位 17	SUB1H：减少 1 小时（冬季时间更改）[Subtract 1 hour（winter time change)]，当该位在初始化模式以外的模式下置“1”时，如果当前小时不是 0，则日历时间将减少 1 小时。此位始终读为 0。当前小时为 0 时，将此位置“1”没有任何作用。 0：无作用。 1：将当前时间减少 1 小时。可用于冬季时间更改
位 16	ADD1H：增加 1 小时（夏季时间更改）[Add 1 hour（summer time change)]，当该位在初始化模式以外的模式下置“1”时，日历时间将增加 1 小时。此位始终读为 0。 0：无作用。 1：将当前时间增加 1 小时。可用于夏季时间更改
位 15	TSIE：时间戳中断使能（Timestamp interrupt enable） 0：禁止时间戳中断 1：使能时间戳中断
位 14	WUTIE：唤醒定时器中断使能（Wakeup timer interrupt enable） 0：禁止唤醒定时器中断 1：使能唤醒定时器中断
位 13	ALRBIE：闹钟 B 中断使能（Alarm B interrupt enable） 0：闹钟 B 中断禁止 1：闹钟 B 中断使能
位 12	ALRAIE：闹钟 A 中断使能（Alarm A interrupt enable） 0：禁止闹钟 A 中断 1：使能闹钟 A 中断
位 11	TSE：时间戳使能（Time stamp enable） 0：禁止时间戳 1：使能时间戳
位 10	WUTE：唤醒定时器使能（Wakeup timer enable） 0：禁止唤醒定时器 1：使能唤醒定时器
位 9	ALRBE：闹钟 B 使能（Alarm B enable） 0：禁止闹钟 B 1：使能闹钟 B

续表

位 8	ALRAE：闹钟 A 使能（Alarm A enable） 0：禁止闹钟 A 1：使能闹钟 A
位 7	DCE：粗略数字校准使能（Coarse digital calibration enable） 0：禁止数字校准 1：使能数字校准 PREDIV _ A 必须大于或等于 6
位 6	FMT：小时格式（Hour format） 0：24 小时 /天格式 1：AM/PM 小时格式
位 5	BYPSHAD：旁路影子寄存器（Bypass the shadow registers） 0：日历值（从 RTC _ SSR、RTC _ TR 和 RTC _ DR 读取时）取自影子寄存器，该影子寄存器每两个 RTCCLK 周期更新一次。 1：日历值（从 RTC _ SSR、RTC _ TR 和 RTC _ DR 读取时）直接取自日历计数器。 注意：如果 APB1 时钟的频率低于 7 倍的 RTCCLK 频率，则必须将 BYPSHAD 置“1”
位 4	REFCKON：参考时钟检测使能（50Hz 或 60Hz）［Reference clock detection enable（50 or 60Hz）］ 0：禁止参考时钟检测 1：使能参考时钟检测 注意：PREDIV _ S 必须为 0x00FF
位 3	TSEDGE：时间戳事件有效边沿（Timestamp event active edge） 0：TIMESTAMP 上升沿生成时间戳事件 1：TIMESTAMP 下降沿生成时间戳事件 TSEDGE 发生更改时，必须复位 TSE 以避免将 TSF 意外置 1
位 2：0	WUCKSEL［2：0］：唤醒时钟选择（Wakeup clock selection） 000：选择 RTC/16 时钟 001：选择 RTC/8 时钟 010：选择 RTC/4 时钟 011：选择 RTC/2 时钟 10x：选择 ck _ spre 时钟（通常为 1Hz） 11x：选择 ck _ spre 时钟（通常为 1Hz）并将 WUT 计数器值增加 216

13.13.7 RTC 初始化和状态寄存器（RTC _ ISR）

31	30	29	28	27	26	25	24	23	22	21	20	19	18	17	16
Reserved															RECALPF
															r
15	**14**	**13**	**12**	**11**	**10**	**9**	**8**	**7**	**6**	**5**	**4**	**3**	**2**	**1**	**0**
Res	TAMP2F	TAMP1F	TSOVF	TSF	WUTF	ALRBF	ALRAF	INIT	INITF	RSF	INITS	SHPF	WUTWF	ALRBWF	ALRAWF
	rc_w0	rc_w0	rc_w0	rc_w0	rc_w0	rc_w0	rc_w0	rw	r	rc_w0	r	rc_w0	r	r	r

RTC _ ISR 寄存器说明见表 13-13-5。

表 13-13-5　RTC _ ISR 寄存器说明

位 31：17	保留
位 16	RECALPF：重新校准挂起标志（Recalibration pending Flag），当软件对 RTC _ CALR 寄存器执行写操作时，RECALPF 状态标志将自动置“1 ”，指示 RTC _ CALR 寄存器已屏蔽。当采用新的校准设置时，该位恢复为“0”
位 15	保留，必须保持复位值
位 14	TAMP2F：TAMPER2 检测标志（TAMPER2 detection flag） 在入侵输入 2 上检测到入侵检测事件时，由硬件将此标志置“1”。 该标志由软件写零清除
位 13	TAMP1F：入侵检测标志（Tamper detection flag） 当检测到入侵检测事件时，由硬件将此标志置“1”。 该标志由软件写零清除
位 12	TSOVF：时间戳溢出标志（Timestamp overflow flag） 当在 TSF 已置“1”的情况下发生时间戳事件时，由硬件将此标志置“1”。 该标志由软件写零清除。建议仅在 TSF 位清零之后再检查并清零 TSOVF 位。否则，如果时间戳事件恰好在清零 TSF 位之前刚刚发生，则溢出事件可能会被漏掉
位 11	TSF：时间戳标志（Timestamp flag） 发生时间戳事件时，由硬件将此标志置“1”。 该标志由软件写零清除
位 10	WUTF：唤醒定时器标志（Wakeup timer flag） 当唤醒自动重载计数器计数到 0 时，由硬件将此标志置“1”。 该标志由软件写零清除。 软件必须在 WUTF 再次置“1”的 1.5 个 RTCCLK 周期之前将该标志清零
位 9	ALRBF：闹钟 B 标志（Alarm B flag） 当时间 /日期寄存器（RTC _ TR 和 RTC _ DR）与闹钟 B 寄存器（RTC _ ALRMBR）匹配时，由硬件将该标志置“1”。 该标志由软件写零清除
位 8	ALRAF：闹钟 A 标志（Alarm A flag） 当时间/日期寄存器（RTC _ TR 和 RTC _ DR）与闹钟 A 寄存器（RTC _ ALRMAR）匹配时，由硬件将该标志置“1”。 该标志由软件写零清除
位 7	INIT：初始化模式（Initialization mode） 0：自由运行模式。 1：初始化模式，用于编程时间和日期寄存器（RTC _ TR 和 RTC _ DR）以及预分频器寄存器（RTC _ PRER）。计数器停止计数，当 INIT 被复位后，计数器从新值开始计数
位 6	INITF：初始化标志（Initialization flag） 当此位置“1”时，RTC 处于初始化状态，此时可更新事件、日期和预分频器寄存器。 0：不允许更新日历寄存器。 1：允许更新日历寄存器

续表

位 5	RSF：寄存器同步标志（Registers synchronization flag） 每次将日历寄存器的值复制到影子寄存器（RTC _ SSRx、RTC _ TRx 和 RTC _ DRx）时，都会由硬件将此位置“1”。在初始化模式下、平移操作挂起时（SHPF=1）或在旁路影子寄存器模式（BYPSHAD=1）下，该位由硬件清零。该位还可由软件清零。 0：日历影子寄存器尚未同步 1：日历影子寄存器已同步
位 4	INITS：初始化状态标志（Initialization status flag） 当日历年份字段不为“0”时（上电复位状态），由硬件将该位置“1”。 0：日历尚未初始化 1：日历已经初始化
位 3	SHPF：平移操作挂起（Shift operation pending） 0：没有平移操作挂起 1：某个平移操作挂起 只要通过对 RTC _ SHIFTR 寄存器执行写操作来启动平移操作，此标志便由硬件置“1”。执行完相应的平移操作后，此标志由硬件清零。对 SHPF 执行写入操作不起作用
位 2	WUTWF：唤醒定时器写标志（Wakeup timer write flag） 在 RTC _ CR 寄存器中的 WUTE 位置“0”后，当唤醒定时器值可更改时，由硬件将该位置“1”。 0：不允许更新唤醒定时器配置 1：允许更新唤醒定时器配置
位 1	ALRBWF：闹钟 B 写标志（Alarm B write flag） 在 RTC _ CR 寄存器中的 ALRBIE 位置“0”之后，当闹钟 B 的值可更改时，由硬件将该位置“1”。 该位在初始化模式下由硬件清零。 0：不允许更新闹钟 B 1：允许更新闹钟 B
位 0	ALRAWF：闹钟 A 写标志（Alarm A write flag） 在 RTC _ CR 寄存器中的 ALRAE 位置“0”后，当闹钟 A 的值可更改时，由硬件将该位置“1”。 该位在初始化模式下由硬件清零。 0：不允许更新闹钟 A 1：允许更新闹钟 A

13.13.8 RTC 预分频器寄存器（RTC _ PRER）

31	30	29	28	27	26	25	24	23	22	21	20	19	18	17	16
Reserved									PREDIV-A[6:0]						
									rw	rw	rw	rw	rw	rw	rw

15	14	13	12	11	10	9	8	7	6	5	4	3	2	1	0
Res	PREDIV-S[14:0]														
	rw	rw	rw	rw	rw	rw	rw	rw	rw	rw	rw	rw	rw	rw	rw

RTC _ PRER 寄存器说明见表 13-13-6。

表 13-13-6 RTC _ PRER 寄存器说明

位 31：24	保留
位 23	保留，必须保持复位值
位 22：16	PREDIV _ A［6：0］：异步预分频系数（Asynchronous prescaler factor） 下面是异步分频系数的公式： ck _ apre 频率＝RTCCLK 频率/（PREDIV _ A+1） 注意：PREDIV _ A［6：0］＝000000 为禁用值
位 15	保留，必须保持复位值
位 14：0	PREDIV _ S［14：0］：同步预分频系数（Synchronous prescaler factor） 下面是同步分频系数的公式： ck _ spre 频率＝ck _ apre 频率/（PREDIV _ S+1）

13.13.9 RTC 唤醒定时器寄存器（RTC _ WUTR）

31	30	29	28	27	26	25	24	23	22	21	20	19	18	17	16
Reserved															
15	**14**	**13**	**12**	**11**	**10**	**9**	**8**	**7**	**6**	**5**	**4**	**3**	**2**	**1**	**0**
WUT[15:0]															
rw	rw	rw	rw	rw	rw	rw	rw	rw	rw	rw	rw	rw	rw	rw	rw

RTC _ WUTR 寄存器说明见表 13-13-7。

表 13-13-7 RTC _ WUTR 寄存器说明

位 31：16	保留
位 15：0	WUT［15：0］：唤醒自动重载值位（Wakeup auto-reload value bit） 当使能唤醒定时器时（WUTE 置“1”），每（WUT［15：0］＋1）个 ck _ wut 周期将 WUTF 标志置“1”一次。ck _ wut 周期通过 RTC _ CR 寄存器的 WUCKSEL［2：0］位进行选择。 当 WUCKSEL［2］＝1 时，唤醒定时器变为 17 位，WUCKSEL［1］等效为 WUT［16］，即要重载到定时器的最高有效位。 注意：WUTF 第一次置“1”发生在 WUTE 置“1”之后（WUT+1）个 ck _ wut 周期。禁止在 WUCKSEL［2：0］＝011（RTCCLK/2）时将 WUT［15：0］设置为 0x0000

13.13.10 RTC 闹钟 A 寄存器（RTC _ ALRMAR）

31	30	29	28	27	26	25	24	23	22	21	20	19	18	17	16
MSK4	WDSEL	DT[1:0]		DU[3:0]				MSK3	PM	HT[1:0]		HU[3:0]			
rw	rw	rw	rw	rw	rw	rw	rw	rw	rw	rw	rw	rw	rw	rw	rw
15	**14**	**13**	**12**	**11**	**10**	**9**	**8**	**7**	**6**	**5**	**4**	**3**	**2**	**1**	**0**
MSK2	MNT[2:0]			MNU[3:0]				MSK1	ST[2:0]			SU[3:0]			
rw	rw	rw	rw	rw	rw	rw	rw	rw	rw	rw	rw	rw	rw	rw	rw

RTC _ ALRMAR 寄存器说明见表 13-13-8。

表 13-13-8 RTC _ ALRMAR 寄存器说明

位 31	MSK4：闹钟 A 日期掩码（Alarm A date mask） 0：如果日期/日匹配，则闹钟 A 置“1” 1：在闹钟 A 比较中，日期/日无关

续表

为 30	WDSEL：星期几选择（Week day selection） 0：DU [3：0] 代表日期的个位 1：DU [3：0] 代表星期几。DT [1：0] 为无关位
位 29：28	DT [1：0]：日期的十位（BCD 格式）（Date tens in BCD format）
位 27：24	DU [3：0]：日期的个位或日（BCD 格式）（Date units or day in BCD format）
位 23	MSK3：闹钟 A 小时掩码（Alarm A hours mask） 0：如果小时匹配，则闹钟 A 置“1” 1：在闹钟 A 比较中，小时无关
位 22	PM：AM/PM 符号（AM/PM notation） 0：AM 或 24 小时制 1：PM
位 21：20	HT [1：0]：小时的十位（BCD 格式）（Hour tens in BCD format）
位 19：16	HU [3：0]：小时的个位（BCD 格式）（Hour units in BCD format）
位 15	MSK2：闹钟 A 分钟掩码（Alarm A minutes mask） 0：如果分钟匹配，则闹钟 A 置“1” 1：在闹钟 A 比较中，分钟无关
位 14：12	MNT [2：0]：分钟的十位（BCD 格式）（Minute tens in BCD format）
位 11：8	MNU [3：0]：分钟的个位（BCD 格式）（Minute units in BCD format）
位 7	MSK1：闹钟 A 秒掩码（Alarm A seconds mask） 0：如果秒匹配，则闹钟 A 置“1” 1：在闹钟 A 比较中，秒无关
位 6：4	ST [2：0]：秒的十位（BCD 格式）（Second tens in BCD format）
位 3：0	SU [3：0]：秒的个位（BCD 格式）（Second units in BCD format）

13.13.11 RTC 驱动代码参考

详见【信盈达智能手表开发平台开发资料 \ 3. 程序代码 \ 9. RTC】。

13.14 IIC 实验

IIC 总线用于与外部 IIC 标准部件连接。XYD _ Watch 用到的 IIC 设备有：SHT20 温湿度模块、HP6 心率血压模块、MPU6050 六轴传感器。

IIC 总线上存在以下两种类型的数据传输：

(1) 主发送器向从接收器发送数据。主机发送的第一个字节是从机地址，接下来是数据字节。从机每接收一个字节就返回一个应答位。

(2) 从发送器向主接收器发送数据。主机发送的第一个字节是从机地址，然后从机返回一个应答位。接下来从机向主机发送数据字节。主机每接收一个字节都会返回一个应答位，最后一个字节除外。接收完最后一个字节后，主机返回一个“非应答位”。主机产生所有串行时钟脉冲、起始条件以及停止条件。每一帧都以一个停止条件或一个重复起始条件来结束。由于重复的起始条件也是下一帧的开始，所以将不会释放 IIC 总线。

13.14.1 IIC 简介

IIC（Inter-Integrated Circuit）总线是一种由 PHILIPS 公司开发的两线式串行总线，用于连接微控制器及其外围设备。它是由数据线 SDA 和时钟 SCL 构成的串行总线，可发送和接收数据。在 CPU 与被控 IC 之间、IC 与 IC 之间进行双向传送，高速 IIC 总线一般可达 400kbps 以上。

I2C 总线在传送数据过程中共有三种类型信号，它们分别是：开始信号、结束信号和应答信号。

开始信号：SCL 为高电平时，SDA 由高电平向低电平跳变，开始传送数据。

结束信号：SCL 为高电平时，SDA 由低电平向高电平跳变，结束传送数据。

应答信号：接收数据的 IIC 器件在接收到 8bit 数据后，向发送数据的主控发出特定的低电平脉冲，表示已收到数据。主控向被控制的 IIC 器件发出 8bit 数据后，等待被控制的 IIC 器件发出一个应答信号，主控接收到应答信号后，根据实际情况做出是否继续传递数据的判断。若未收到应答信号，则判断被控制的 IIC 器件出现故障。这些信号中，开始信号是必需的，结束信号和应答信号都可以不要。IIC 总线时序如图 13-14-1 所示。

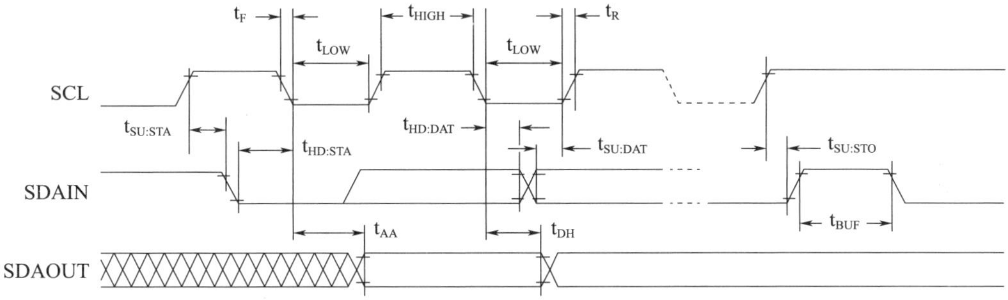

图 13-14-1 IIC 总线时序图

信盈达智能手表穿戴开发平台挂有三个 IIC 设备：SHT20 温湿度模块、HP6 心率/血压模块、MPU6050 六轴传感器。MCU 通过 IIC 总线与这三个设备通信。目前大部分 MCU 都带有 IIC 总线接口，STM32F4 也不例外。但是其稳定性比较复杂，这里我们通过 IO 的模拟来实现其功能。

用软件模拟 IIC 最大的好处就是方便移植，同一个代码兼容所有 MCU，任何一个单片机只要有 IO 口，就可以很快地移植过去，而且不需要特定的 IO 口。而硬件 IIC，则换一款 MCU，基本上就要重新配置一次，移植比较麻烦。

13.14.2 深入了解 IIC

1. IIC 的定义

IIC 由飞利浦公司提出，是一个半双工同步串行通信，用于 IIC 设备之间通信的协议。半双工同步串行通信的意义为：

半双工：同一时间只能发送或者接收（数据脚收发共用）。

同步：由时钟线控制。

串行：数据位是一个位一个位发出去。

2. IIC数据接口

SDA：串行的数据线。

SCL：串行的时钟信号线。

3. IIC通信速度

SCL的频率就是IIC的通信速度。IIC的通信速度分：标准IIC（100kHz）、快速IIC（400kHz）、高速IIC（3.4MHz）。平常使用多的是标准IIC（100kHz）和快速IIC（400kHz）。

IIC通信速度为100kHz，则一个时钟周期为：

$$T=\frac{1}{f}=\frac{1}{100000}\text{s}=10\mu\text{s}$$

同理，可以算出其他IIC时钟速率的时钟周期。

IIC通信速度由IIC器件决定，具体要看IIC器件手册。

4. IIC总线

IC是一个通信总线协议，总线就代表它上面可以挂接很多不同的IIC器件，外部总线必须要接上拉电阻。VCC为5V，上拉电阻接10K；VCC为3.3V，则上拉电阻接4.7K（开漏模式的情况下）。IIC总线图参见图13-14-2。

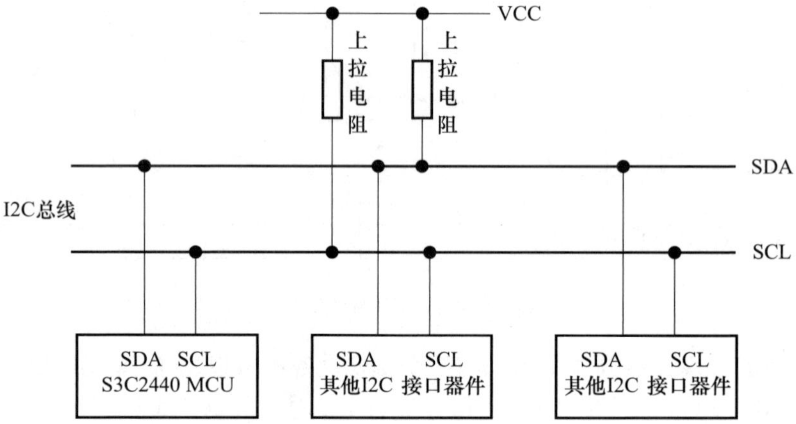

图13-14-2　IIC总线图

5. IIC器件地址

问题：IIC只有2根线连接，一根线产生时钟信号，另一根线用来发送数据，IIC是怎么来选中操作芯片的呢？

IIC靠器件地址来区分不同的芯片。不同的芯片有它的器件地址，IIC协议早期的器件地址只有7位，现在扩展到10位。7位设备地址的芯片居多。

用一个字节里面的高7位代表器件的地址，最低位用来代替要对芯片进行操作（读写操作）。最低位为“0”的时候，就是写操作；最低位为“1”的时候，就是读操作。

举例：一个芯片的设备地址是1100000b，如果我们在通信的时候发送的是11000000b，代表要对芯片进行写操作；同理，如果我们在通信的时候发送的是 11000001，代表要对芯片进行读操作。

13.14.3 模拟 IIC

1. 开始信号

开始信号是两个芯片之间通信，主机在通信的时候第一个发送的信号。具体为：在 SCL 为高电平的时候，SDA 从高电平变为低电平。IIC 起始信号参见图 13-14-3。

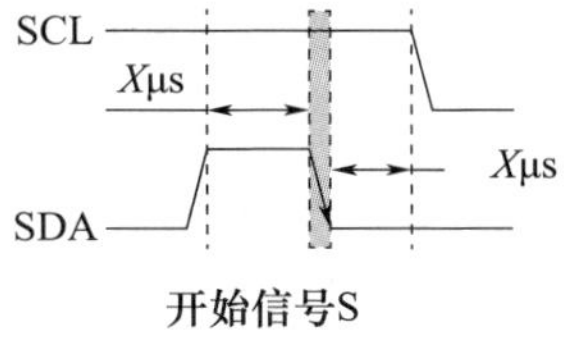

图 13-14-3　IIC 开始信号

代码实现为：

```
IIC_SDA=1;
IIC_SCL=1;
IIC_SDA=0;
//快速 IIC:延时 0.6μs  标准 IIC: 延时 4μs
```

2. 结束信号

结束信号：两个芯片之间通信，主机在通信的时候最后一个发送的信号。具体为：在 SCL 为高电平的时候，SDA 从低电平变为高电平。IIC 结束信号参见图 13-14-4。

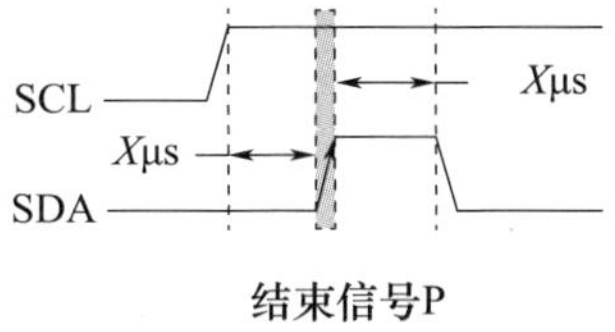

图 13-14-4　IIC 结束信号

代码实现为：

```
IIC_SDA=0;
    IIC_SCL=1;
    //快速 IIC:延时 0.6μs  标准 IIC: 延时 4μs
    IIC_SDA=1;
```

3. 应答信号

应答信号 ACK：两个芯片之间通信，谁接收到 8 位数据，谁就要给发送方应答信号。应答信号就是把数据线 SDA 拉低电平（谁给应答谁就拉低）。

不给应答：只有主机可以不给应答。什么情况下可以不给应答？主机接到最后一个数据，它不需要从机再给主机数据了，不给应答（把数据线拉高电平）。

从机收到数据，给出应答（谁去接收应答？主机），从机只会给应答 0。

主机在时钟线 SCL 为高电平的时候读取应答信号。

主机收到数据，给出应答（谁去接收应答？从机）。给应答信号，代表主机要继续要数据；不给应答信号，代表主机不再需要数据。应答信号示意参见图 13-14-5。

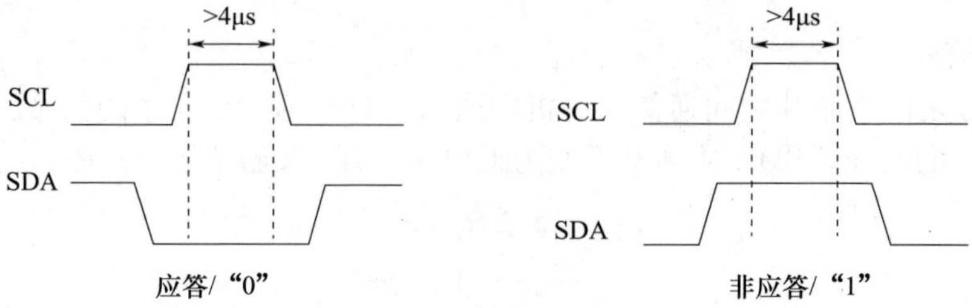

图 13-14-5　应答信号

接收数据的器件（slave）在接收到 8 位数据后，向发送数据的器件（master）发出特定的低电平脉冲，表示已收到数据。主器件在第 9 个时钟位上释放数据总线 SDA，使其处于高电平状态，此时从器件输出低电平拉低数据总线 SDA 为应答信号。应答时序示意参见图 13-14-6。

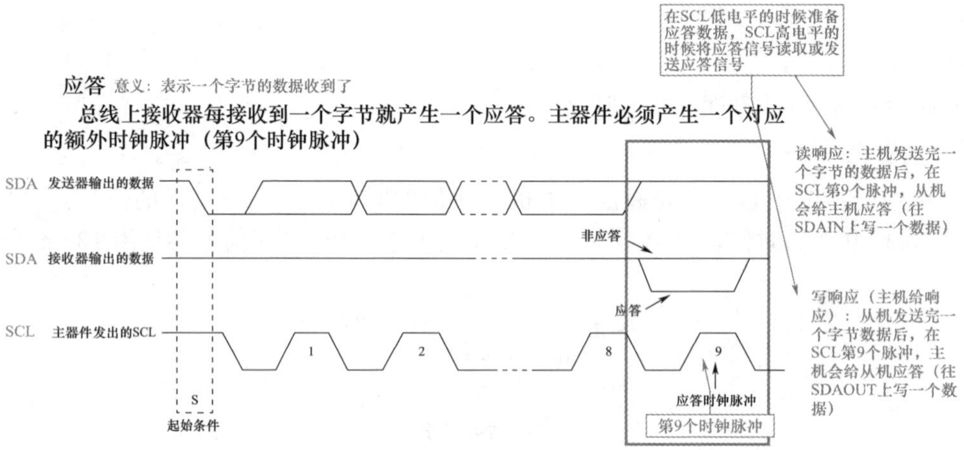

图 13-14-6　应答时序

代码实现：

```
//get 应答信号
u8 master_get_ack(void)      //读应答
{
    u8 ack;
    SCL=0;
    SDAOUT=1;      //SDA 切换为读模式
    iic_delay();
    SCL=1;
    iic_delay();
    ack=SDAIN;
    SCL=0;
```

```
    return ack;
}

//give应答信号
void master_give_ack(u8 ack)
{
    SCL=0;
    SDAOUT=ack;
    iic_delay();
    SCL=1;
    iic_delay();
    SCL=0;
}
```

4. 读字节/写字节

在 I2C 总线上，数据是伴随着时钟脉冲一位一位地传送的，数据位由高到低传送，每位数据占一个时钟脉冲。I2C 总线在时钟线 SCL 高电平期间，数据线 SDA 的状态就表示要传送的数据，高电平为数据 1，低电平为数据 0。在数据传送时，SDA 上数据的改变在时钟线为低电平时完成，而 SCL 为高电平时，SDA 必须保持稳定，否则 SDA 上的变化会被当作开始或结束信号而致使数据传输停止。

总线空闲：SCL 和 SDA 都保持高电平。

总线忙：在数据传送开始以后，SCL 为高电平的时候，SDA 的数据必须保持稳定，只有当 SCL 为低电平的时候才允许 SDA 上的数据改变。位传输时序示意参见图 13-14-7。

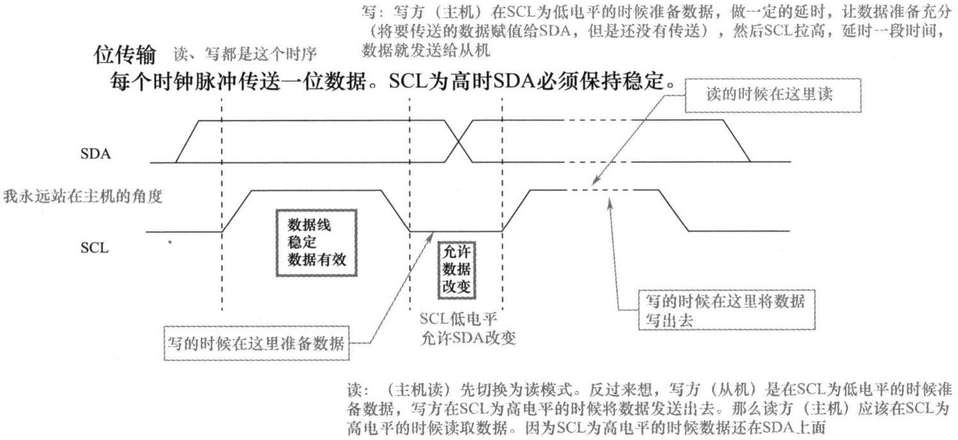

图 13-14-7 位传输时序

在 SCL 为高电平的时候，SDA 的跳变都是信号的产生，数据只能在 SCL 上升沿的时候给。

IIC 的写字节函数（主机给从机发送数据）：

主机在时钟线 SCL 上升沿，给出数据；

连续给 8 个数据位，最先给出的是最高位。

IIC 的读字节函数（从机给主机发送数据）：

主机在时钟线 SCL 上升沿，读取数据；

连续读 8 个数据位，最先读到的是最高位。

注意：在主机读取从机给出的数据的时候，数据线给从机用，如果主机没有把数据线放掉，从机发的都是 0。所以主机如果把数据线给从机用，在从机使用之前要主动放弃数据总线（主机输出一个“1”就可以了）。

5. 模拟 IIC 参考代码

```
/*********************************************
*************************************
Copyright 2008-2016 深圳市信盈达科技有限公司. All rights reserved.
文件名:     iic.c
描述  :     模拟 iic
作者  :     Jahol Fan
版本  :     V1.0
修改  :
完成日期:   2016.9.19
*********************************************
*************************************/

/*********************************************
*************************************
* INCLUDES
*/
#include "stm32f4xx.h"
#include "iic.h"
#include "gpio.h"
#include "delay.h"
/*********************************************
*************************************
* CONSTANTS
*/
//IO 方向设置
#define SDA_IN()  {GPIOB->MODER&=~(3<<(9*2));GPIOB->MODER|=0<<9*2;}//PB9 输入模式
#define SDA_OUT(){GPIOB->MODER&=~(3<<(9*2));GPIOB->MODER|=1<<9*2;} //PB9 输出模式

#define SCL_H()  (GPIOB->BSRRL=1<<8)
#define SCL_L()  (GPIOB->BSRRH=1<<8)

#define SDA_H()  (GPIOB->BSRRL=1<<9)
#define SDA_L()  (GPIOB->BSRRH=1<<9)
```

```
#define RD_SDA()((GPIOB->IDR & 1<<9)&&1)



/*****************************************
*****************************************
* PUBLIC FUNCTIONS
*/
/*****************************************
*****************************************
*函数名:        IIC_init
*功能描述:      模拟 iic 管脚初始化
*作者:          Jahol Fan
*参数说明:
*返回值说明:
*修改记录:
*****************************************
*****************************************/
void IIC_init(void)
{
  RCC->AHB1ENR|=1<<1;     //使能 PORTB 时钟
  GPIO_set(GPIOB,PIN8|PIN9,GPIO_MODE_OUT,GPIO_OTYPE_PP,GPIO_SPEED_50M,GPIO_PUPD_PU);//PB8/
PB9 设置
  SCL_H();
  SDA_H();
}

/*****************************************
*****************************************
*函数名:        IIC_start
*功能描述:      模拟 iic 启动信号
*作者:          Jahol Fan
*参数说明:      none
*返回值说明:    none
*修改记录:
*****************************************
*****************************************/
void IIC_start(void)
{

  SDA_OUT();        //sda 线输出
  SDA_H();
  SCL_H();
```

```
  SDA_L();
  //快速 IIC:延时 0.6μs  标准 IIC: 延时 4μs
  delay_us(6);
}
/*************************************************************************
* 函数名:        IIC_stop
* 功能描述:      模拟 iic 停止信号
* 作者:          Jahol Fan
* 参数说明:      none
* 返回值说明:    none
* 修改记录:
**************************************************************************/
void IIC_stop(void)
{
    SDA_OUT();//sda 线输出
    SCL_L();
    SDA_L();//STOP:when CLK is high DATA change form low to high
    delay_us(4);
    SCL_H();
    delay_us(4);
    SDA_H();//发送 I2C 总线结束信号

}
/*************************************************************************
* 函数名:        IIC_waitAck
* 功能描述:      IIC master 等待应答信号
* 作者:          Jahol Fan
* 参数说明:      1,接收应答失败
*                0,接收应答成功
* 返回值说明:    none
* 修改记录:
**************************************************************************/
u8 IIC_waitAck(void)
{

    u8 ucErrTime=0;
    SDA_IN();      //SDA 设置为输入
    SDA_H();delay_us(1);
    SCL_H();delay_us(1);
```

```
    while(RD_SDA())
    {
        ucErrTime++;
        if(ucErrTime>250)
        {
            IIC_stop();
            return 1;
        }
    }
    SCL_L();//时钟输出 0
    return 0;

}
/*****************************************************
**************************************
*函数名:        IIC_ack
*功能描述:      给应答信号
*作者:          Jahol Fan
*参数说明:      none
*返回值说明:    none
*修改记录:
*****************************************************
**************************************/
    void IIC_ack(void)
{

  SCL_L();
  SDA_OUT();
  SDA_H();
    delay_us(2);
    SDA_L();
    delay_us(3);
    SCL_H();
    delay_us(4);
    SCL_L();
    delay_us(2);
    SDA_H();

}
/*****************************************************
**************************************
*函数名:        IIC_nAck
*功能描述:      不给应答信号
```

```
* 作者:           Jahol Fan
* 参数说明:       none
* 返回值说明:     none
* 修改记录:
*****************************************************************
**************************************/
void IIC_nAck(void)
{

  SCL_L();
  SDA_OUT();
  SDA_H();
    delay_us(2);
    SDA_H();
    delay_us(3);
    SCL_H();
    delay_us(4);
    SCL_L();
    delay_us(2);
    SDA_H();


}
/****************************************************************
*************************************
* 函数名:         IIC_sendByte
* 功能描述:       发送一个字节
* 作者:           Jahol Fan
* 参数说明:       none
* 返回值说明:     none
* 修改记录:
*****************************************************************
*************************************/
void IIC_sendByte(u8 txd)
{

  u8 i;
  SDA_OUT();
  for(i=0;i<8;i++)//连续写 8 个位
  {
    SCL_L();
    if(txd&(1<<(7-i)))
    {
```

```
      SDA_H();
    }
    else
    {
      SDA_L();
    }
    //快速 IIC:延时 1.3μs  标准 IIC: 延时 4.7μs
    delay_us(2);
    delay_us(3);
    SCL_H();
    //快速 IIC:延时 0.6μs  标准 IIC: 延时 4μs
    delay_us(1);
    delay_us(3);
    SCL_L();
  }
  SDA_H();//释放管脚控制,等待应答


}
/*****************************************
**************************************
* 函数名:        IIC_readByte
* 功能描述:      读取一个字节
* 作者:          Jahol Fan
* 参数说明:      ack=0 时,发送 ACK,ack=1,发送 nACK
* 返回值说明:    返回读取到的数据
* 修改记录:
*****************************************
**************************************/
u8 IIC_readByte(unsigned char ack)
{

  unsigned char i,receive=0;
  SDA_IN();//SDA 设置为输入
  for(i=0;i<8;i++)//连续的读 8 个位
  {
    SCL_L();
    //快速 IIC:延时 1.3μs  标准 IIC: 延时 4.7μs
    delay_us(5);
    SCL_H();
    //快速 IIC:延时 0.6μs  标准 IIC: 延时 4μs
    delay_us(4);
    if(RD_SDA()==1)
    {
```

```
      receive |=(1<<(7-i));
    }
    else
    {
      receive &=~(1<<(7-i));
    }
    SCL_L();
  }
  if(! ack)
    IIC_ack();//发送 ACK
  else
    IIC_nAck();//发送 nACK
  return receive;

}
```

13.14.9 SHT20 温湿度传感器

13.14.9.1 SHT20 简介

SHT20 是瑞士 Sensirion（盛思锐）进口温湿度传感器，通信接口为 IIC 接口。测量范围：湿度为 0～100%，温度为－40～＋25℃。湿度误差为±3%，温度误差为±0.3℃。供电范围：2.1～3.6V。最大功耗为 300μA，不测时自动进入低功耗模式。SHT20 温湿度传感器位置示意参见图 13-14-8。

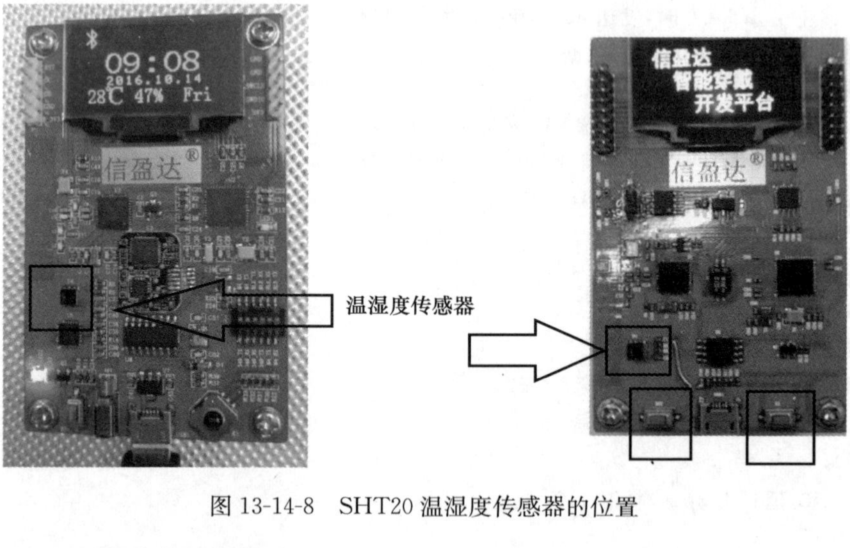

图 13-14-8　SHT20 温湿度传感器的位置

13.14.9.2 温湿度芯片手册解读

SHT20 温湿度传感器的芯片手册在【信盈达智能手表开发平台开发资料\5. 数据手册\SHT20 温湿度传感器】，具体以 SHT20 芯片手册为准。

（1）启动传感器

第一步，将传感器上电，电压为所选择的 VDD 电源电压（范围介于 2.1V 至 3.6V 之间）。上电后，传感器最多需要 15ms 时间（此时 SCL 为高电平）以达到空闲状态，即做好准备接收由主机（MCU）发送的命令。启动时的最大电流消耗为 350μA 。

（2）发送命令

在启动传输后，随后传输的 I2C 首字节包括 7 位的 I2C 设备地址（1000000b）和一个 SDA 方向位（读 R：'1'，写 W：'0'）。在第 8 个 SCL 时钟下降沿之后，通过拉低 SDA 引脚（ACK 位），指示传感器数据接收正常。在发出测量命令之后（'1111' '0011' 代表温度测量，'1111' '0101' 代表相对湿度测量），MCU 必须等待测量完成才可以获取到结果。

（3）主机模式 & 非主机模式

主机模式：在测量的过程中，SCL 线被封锁（由传感器进行控制）。

非主机模式：当传感器在执行测量任务时，SCL 线仍然保持开放状态，可进行其他通信。非主机模式允许传感器进行测量时在总线上处理其他 I2C 总线通信任务。XYD_Watch 就是使用这种模式。

（4）非主机模式时序

在非主机模式下，MCU 需要对传感器状态进行查询。此过程通过发送一个启动传输时序，紧接着是如图 13-14-9 所示的 I2C 首字节（1000' 0001）来完成。如果内部处理工作完成，单片机查询到传感器发出的确认信号后，相关数据就可以通过 MCU 进行读取。如果测量处理工作没有完成，传感器无确认位（ACK）输出，此时必须重新发送启动传输时序。

灰色部分由 SHT2x 进行控制。如果测量工作并未完成就发送"读"命令读取测量结果，传感器不会以 27 位提供 ACK（我们需要多次循环地去读取直到传感器测量完成）。如果 45 位被改成 NACK 后接停止时序（P），校验和传输就被省略。

测量结果的 LSB 字节上的后两位 LSBs（bit43 和 44）用来传输相关的状态信息。两个 LSBs 中的 bit1 表明测量的类型（'0'：温度；'1'：湿度）。bit0 位没有意义。

（5）软复位

软复位用于在无须关闭和再次打开电源的情况下重新启动传感器系统。在接收到这个命令之后，传感器系统开始重新初始化，并恢复默认设置状态，用户寄存器的加热器位除外。软复位所需时间不超过 15ms。IIC 操作时序如图 13-14-10 所示。

（6）用户寄存器

修改用户寄存器的值必须位操作，不可以修改非相关 bit。示意参见表 13-14-1。

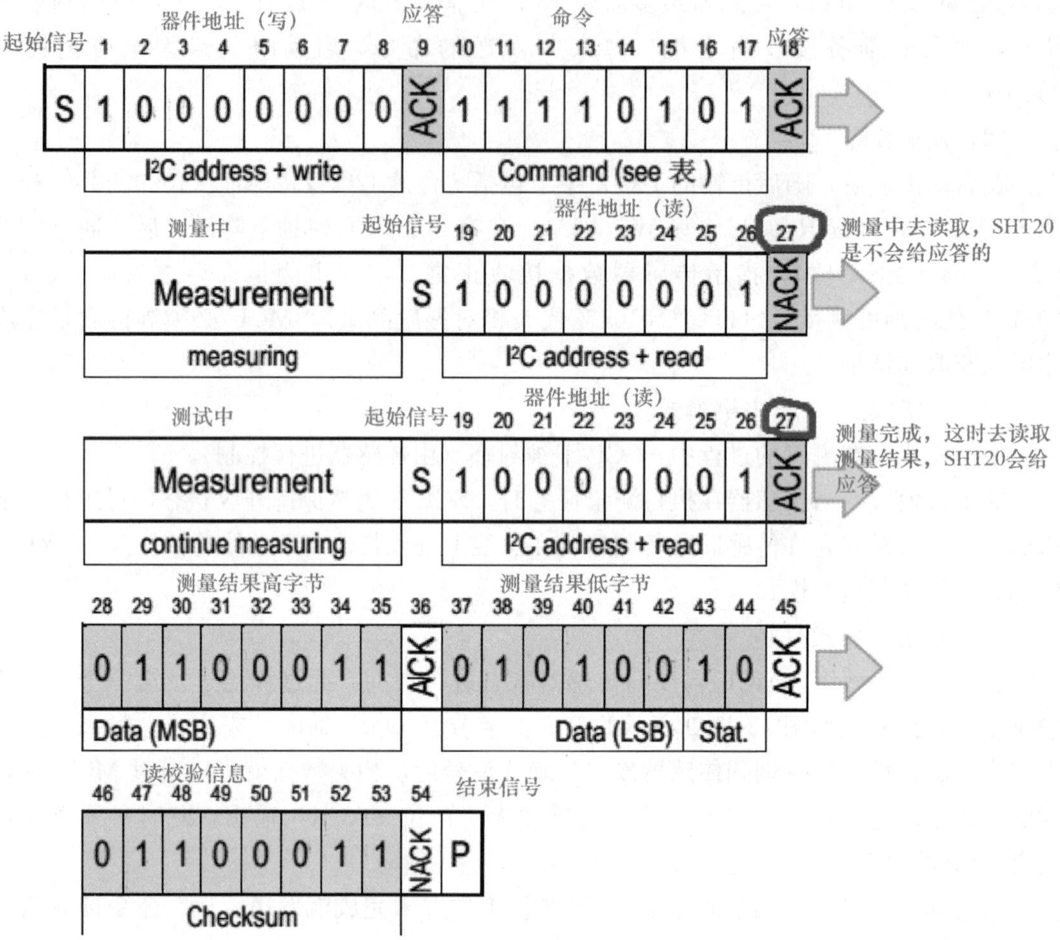

图 13-14-9　I2C 首字节示意

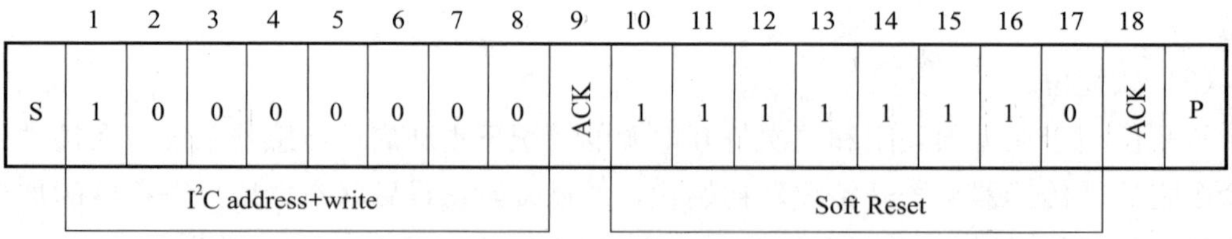

图 13-14-10　IIC 操作时序图

表 13-14-1

<table>
<tr><th>二进制位</th><th>#位</th><th>描述/代码</th><th>默认</th></tr>
<tr><td>7，0</td><td>2</td><td>测量分辨率<table><tr><th></th><th>RH</th><th>T</th></tr><tr><td>‘00’</td><td>12bit</td><td>14bit</td></tr><tr><td>‘01’</td><td>8bit</td><td>12bit</td></tr><tr><td>‘10’</td><td>10bit</td><td>13bit</td></tr><tr><td>‘11’</td><td>11bit</td><td>11bit</td></tr></table></td><td>‘00’</td></tr>
<tr><td>6</td><td>1</td><td>电池状态 End of battery[15]
‘0’：VDD>2.25V
‘1’ VDD<2.25V</td><td></td></tr>
<tr><td>3，4，5</td><td>3</td><td>预留</td><td></td></tr>
<tr><td>2</td><td>1</td><td>启动片上加热器</td><td>‘0’</td></tr>
<tr><td>1</td><td>1</td><td>不能启动 OTP 加载</td><td>‘1’</td></tr>
</table>

（7）温湿度转换公式

温度转换公式：无论基于哪种分辨率，相对湿度 RH 都可以根据 SDA 输出的相对湿度信号 SRH 通过如下公式计算获得（结果以%RH 表示）。

$$RH=-6+125\cdot\frac{S_{RH}}{2^{16}}\times 100\%$$

湿度转换公式：无论基于哪种分辨率，温度 T 都可以通过将温度输出信号 S_T 代入下面的公式计算得到［结果以温度（℃）表示］。

$$T=-46.85+175.72\cdot\frac{S_T}{2^{16}}$$

13.14.9.3 读取 SHT20 温湿度传感器的驱动代码

```
#define READ_TEMP_COMD  0xf3          //读取温度命令
#define READ_HUMI_COMD  0xf5          //读取湿度命令
#define SHT20ADDR         0x80        //SHT20 地址
/*******************************************************************
***************************************************
* 函数名:    SHT20_readTemOrHum
* 功能描述:读取 SHT20 的温度或读取湿度测量值
* 作者:      Jahol Fan
* 参数说明:
* 返回值说明:
* 修改记录:
********************************************************************
**************************************************/
float SHT20_readTemOrHum(u8 commod)
```

```
{
  float temp;                  //温度
  u8 ack=1;
  u8  MSB,LSB;                 //温度、相对湿度的寄存器数据
  float Humidity,Temperature;  //温湿度的转换结果

  SHT20_setResolution();            //设置帧率 8bit,9bit,10 bit,11bit ,12bit,13bit,14bit
  IIC_start();                      //iic 开始信号
  ack=SHT20_writeOneByte(SHT20ADDR&0xfe);
  if( ack==ACK )                    //写地址,并等待 ACK
  {
    if(SHT20_writeOneByte(commod)==ACK)              //写命令
    {
      do
      {
        delay_ms(6);                          //延时
        IIC_start();                           //发送开始信号
      }while(SHT20_writeOneByte(SHT20ADDR|0x01)==NACK);//无应答则整形,还在测量中,如果有
应答,则结束当前循环

      MSB=SHT20_readOneByte(ACK);     //读 Data(MSB),给应答 ACK
      LSB=SHT20_readOneByte(ACK);     //读 Data(LSB),给应答 ACK
      SHT20_readOneByte(NACK);        //读 Checksum,不给应答 NACK
      IIC_stop();                            //Stop I2C
      LSB &=0xfc;                 //Data(LSB)的后两位在进行物理计算前前须置'0'
      temp=MSB*256 + LSB;           //十六进制转成十进制
      if(commod==((u8)READ_HUMI_COMD))  //命令为读取湿度的命令
      {
        /*-- calculate relative humidity [%RH] --*/
        Humidity=(temp*125)/65536-6;         //公式: RH% =-6 + 125 * SRH/2^16
        return Humidity;                      //返回值:humidity
      }
      else if(commod==((u8)READ_TEMP_COMD))  //命令为读取温度的命令
      {
        /*-- calculate temperature [°C] --*/
        Temperature=(temp*175.72f)/65536-46.85f;  //公式:T=-46.85 + 175.72 * ST/2^16
        return Temperature;                          //返回值:temperature
      }
    }
  }
  return FAIL;
}
```

13.14.10 HP6 心率血压传感器

13.14.10.1 HP6 心率血压传感器简介

HP6 是深圳市维亿魄科技公司的心率血压传感器。内部自带心率血压算法，心率准确度为 90%，血压准确度为 70%。通信接口为 IIC 接口。支持读取脉搏波形数据进行算法研究，硬件上对脉搏信号进行动态滤波和放大。HP6 模块的血压、心率测量是通过光电脉搏波获得的，它对光学设计有严格的要求。HP6 适用于 IIC 接口通信，7bite 硬件地址：0x66；IIC 通信速率为 100K。

具体资料请查阅【信盈达智能手表开发平台开发资料 \ 5. 数据手册 \ HP-6 血压模组资料】。

例程路径：【信盈达智能手表开发平台开发资料 \ 3. 程序代码 \ 8. IIC \ 3. 心率测量】和【信盈达智能手表开发平台开发资料 \ 3. 程序代码 \ 8. IIC \ 4. 血压测量】。

13.14.10.2 测试原理

HP6 的测试原理是绿色发光二极管发光照射到皮肤，再反射到光电二极管，随着脉搏的跳动，光电二极管产生强弱变化的电流，电流经过电阻就能产生强弱变化的电压，强弱变化的电压经过放大，再经过 AD 采样，就可以获得脉搏波数字信号，数字信号输入到算法函数，即可得到计算结果。

上面的流程都在 HP6 内部完成。我们使用 HP6 时，只需发指令打开测量，发指令读取测量状态以及结果，测量完成后，发送指令去关闭测量。二极管示例见图 13-14-11。

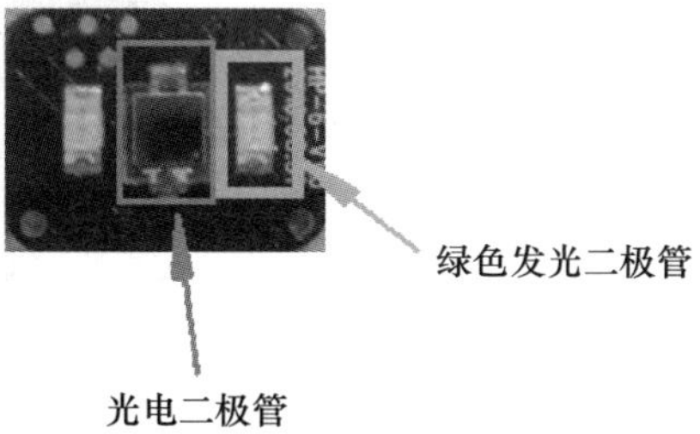

图 13-14-11　二极管

注意：HP6 绝对不允许绿色发光二极管的光直接照射到光电二极管!!

13.14.10.3 HP6 心率血压传感器测试指令

具体参考【信盈达智能手表开发平台开发资料 \ 5. 数据手册 \ HP-6 血压模组资料 \ HP-6 通信协议 V1.1-20160903】。

13.14.11 MPU6050 六轴传感器

13.14.11.1 MPU6050 简介

下面关于 MPU6050 的知识点整理可能有差错。详细参考【信盈达智能手表开发平台开发资料 \ 5. 数据手册 \ MPU6050 \ MPU-6000 & MPU-6050 产品说明书（中文版）.pdf】和【信盈达智能手表开发平台开发资料 \ 5. 数据手册 \ MPU6050 \ MPU-6000 & MPU-6050 寄存器表及其描述（中文版）】。

原理图参见图 13-14-12。

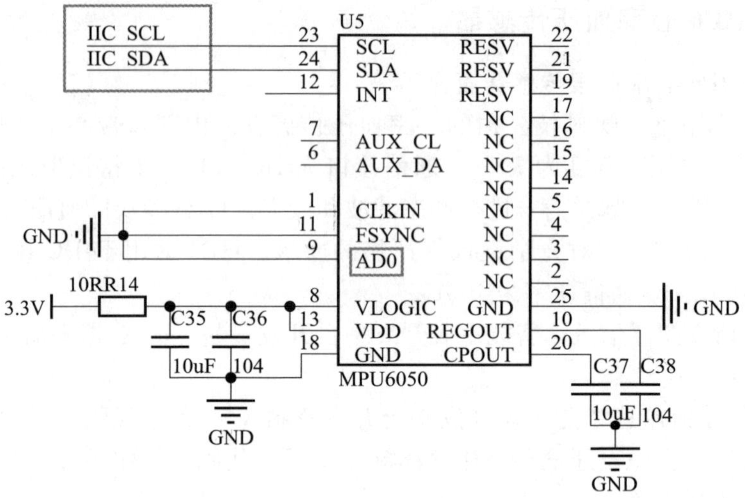

图 13-14-12　MPU6050 原理图

MPU6050 位置参见图 13-14-13。

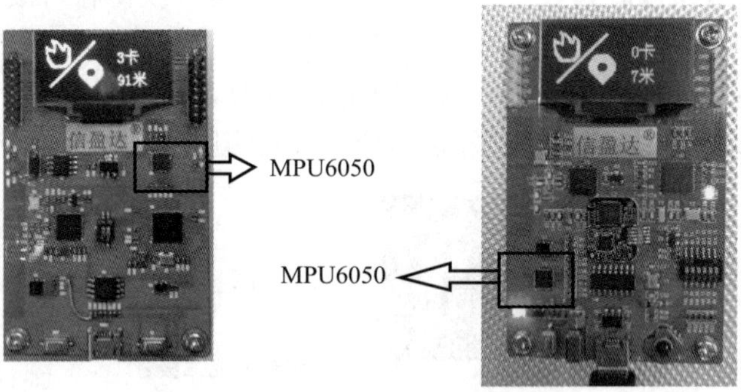

图 13-14-13　MPU6050 位置示意

MPU6050 集成了 3 轴 MEMS 陀螺仪和 3 轴 MEMS 加速度计。目前 XYD _ Watch 只用到 MPU6050 的 3 轴加速度计（软件上已经屏蔽了 3 轴 MEMS 陀螺仪），所以不具体描述 3 轴 MEMS 陀螺仪。

MPU6050 的 3 轴加速度计的 $X/Y/Z$ 轴都有一个 16 位的 ADC。

MPU6050 的 3 轴加速度计可测范围为 $\pm 2g$、$\pm 4g$、$\pm 8g$、$\pm 16g$，g 为加速度的单位，g 约等于 9.8m/s^2，一般是海拔越高，g 就越低于 9.8m/s^2，通常情况下，取 $g=10\text{m/s}^2$ 来进行理论计算。（这是初中物理的知识。）XYD _ Watch 软件上已经设定了量程范围为 $\pm 2g$。

XYD _ Watch 目前没有用到 MPU6050 的 FIFO 和中断，所以我们暂时不需要了解。

MPU6050 支持 100kHz 和 400kHz 的 I2C 接口，XYD _ Watch 使用 100kHz 的 IIC 来驱动 MPU6050。

关于 MPU6050 的 7 位器件地址与硬件管脚的电平状态有关：如果 AD0 脚（9 脚）接地 GND，IIC 7 位硬件地址为 0X68；如果 AD0 脚（9 脚）接 VCC，IIC 7 位硬件地址为 0X69。这样做的目的是：可以在一条 IIC 总线上挂载两个 MPU6050。

单字节写入时序：如果要写 MPU6050 寄存器，主设备需要发出起始信号（S）和硬件地址，还要加一个 R/W 位，0 为写，1 为读。在第 9 个时钟周期（上升沿时），MPU6050 产生应答信号。然后主设备开始传送寄存器地址（RA），接到 MPU6050 的应答后，开始传送寄存器数据，然后仍然要有应答信号，依此类推。如图 13-14-14 所示。

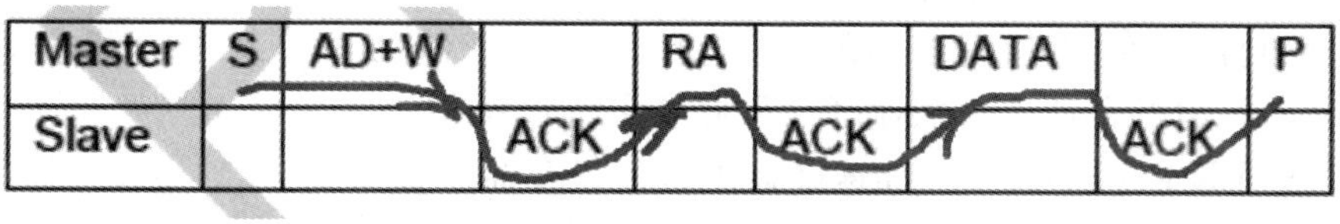

信号	描述
S	开始标志：SCL 为高时 SDA 的下降沿
AD	从设备地址（Slave 地址）
W	写数据位（0）
R	读数据位（1）
ACK	应答信号：在第 9 个时钟周期 SCL 为高时，SDA 为低
NACK	拒绝应答：在第 9 个时钟周期，SDA 一直为高
RA	MPU-60X0 内部寄存器地址
DATA	发送或接收的数据
P	停止标志：SCL 为高时 SDA 的上升沿

图 13-14-14　单字节写入时序

连续写入时序参见图 13-14-15，我们可以看到，连续写入了两个“DATA”。

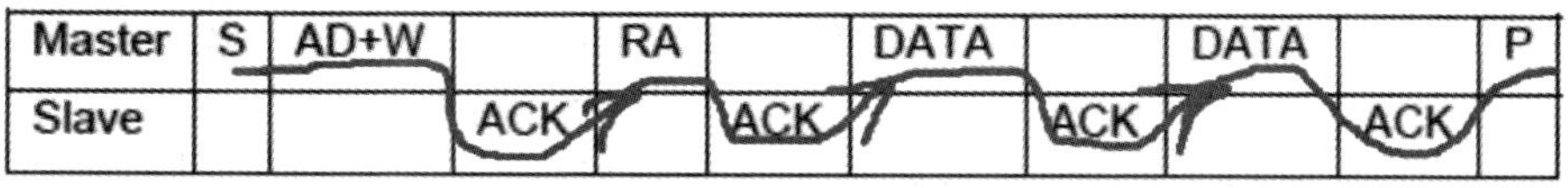

图 13-14-15　连续写入时序

单字节读出时序（图 13-14-16）：如果要读取 MPU-6050 寄存器的值，首先由主设备产生起始信号（S），然后发送从设备 7 位器件地址和一个写数据位，再发送寄存器地址，才能读 MPU6050 寄存器。紧接着，收到应答信号后，主设备再发一个起始信号，然后发送从设备 7 位器件地址和一个读数据位。作为从设备的 MPU-60X0 产生应答信号并开始发送寄存器数据。通信以主设备产生的非应答信号（NACK）和结束信号（P）结束。非应答信号（NACK）产生在第 9 个 SCL 时钟上升沿。

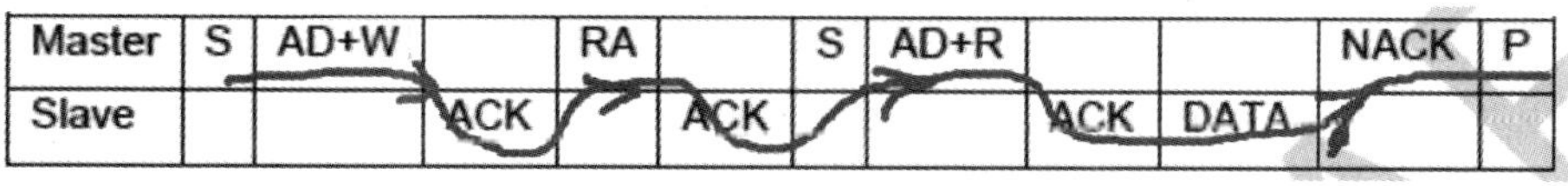

图 13-14-16　单字节读出时序

连续读出时序参见图 13-14-17。

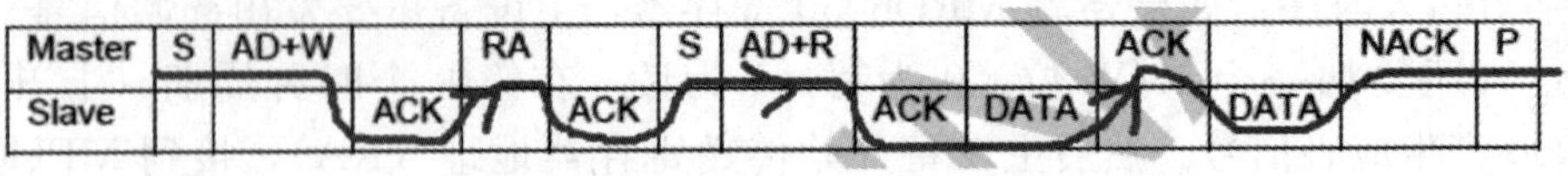

图 13-14-17　连续读出时序

13. 14. 11. 2　MPU6050 寄存器

首先我们需要知道的是，MPU6050 的内部寄存器为 8 位。下面我们就看一下 MPU6050 的一组寄存器——加速度计采样结果寄存器。

REGISTERS 59TO64——加速度计测量值寄存器。参见图 13-14-18。

Register (Hex)	Register (Decimal)	Bit7	Bit6	Bit5	Bit4	Bit3	Bit2	Bit1	Bit0
3B	59	ACCEL_XOUT[15:8]							
3C	60	ACCEL_XOUT[7:0]							
3D	61	ACCEL_YOUT[15:8]							
3E	62	ACCEL_YOUT[7:0]							
3F	63	ACCEL_ZOUT[15:8]							
40	64	ACCEL_ZOUT[7:0]							

图 13-14-18　加速度计测量值寄存器

参数：

ACCEL _ XOUT 由两部分组成的 16 位数值存储最近 *X* 轴加速度计的测量值。

ACCEL _ YOUT 由两部分组成的 16 位数值存储最近 *Y* 轴加速度计的测量值。

ACCEL _ ZOUT 由两部分组成的 16 位数值存储最近 *Z* 轴加速度计的测量值。

13. 14. 11. 3　MPU6050 的三轴加速度计的分辨率

每个 16 位加速度计测量值的满量程定义在 ACCEL _ FS（寄存器 28）。对于每个满量程的设置，ACCEL _ xOUT 里加速度计测量值的灵敏度最低分辨率（LSB）见图13-14-19。

AFS_SEL	Full Scale Range	LSB Sensitivity
0	±2*g*	16384 LSB/*g*
1	±4*g*	8192 LSB/*g*
2	±8*g*	4096 LSB/*g*
3	±16*g*	2048 LSB/*g*

分辨率

图 13-14-19　灵敏度最低分辨率

13. 14. 11. 4　三轴加速度计寄存器值转为以 m/s² 为单位

```
//得到加速度传感器寄存器数据
MPU_Get_Accelerometer（&aacx，&aacy，&aacz）;
//将三轴数据转换为以“米/秒^2”为单位的加速度
accX=（（float）（int）aacx/16384）*10;
accY=（（float）（int）aacy/16384）*10;
accZ=（（float）（int）aacz/16384）*10;
```

13.14.11.5 计步算法

详见【信盈达智能手表开发平台开发资料\7. 计步算法参考资料】。注意一点：参考算法是以 m/s^2 为单位的算法。

工程路径：【信盈达智能手表开发平台开发资料\3. 程序代码\10. 计步器】，计步算法 c 文件为：stepAlgorithm.c。我们要关注的函数的函数名如下：onSensorChanged、DetectorNewStep、DetectorPeak。

1. 认知计步过程中 *X*/*Y*/*Z* 轴数据变化

打开【信盈达智能手表开发平台开发资料\7. 计步算法参考资料】，安装"Gsensor_debug.apk"到安卓手机，甩动手机，认知 *XYZ* 轴加速度值的变化。如图 13-14-18所示。

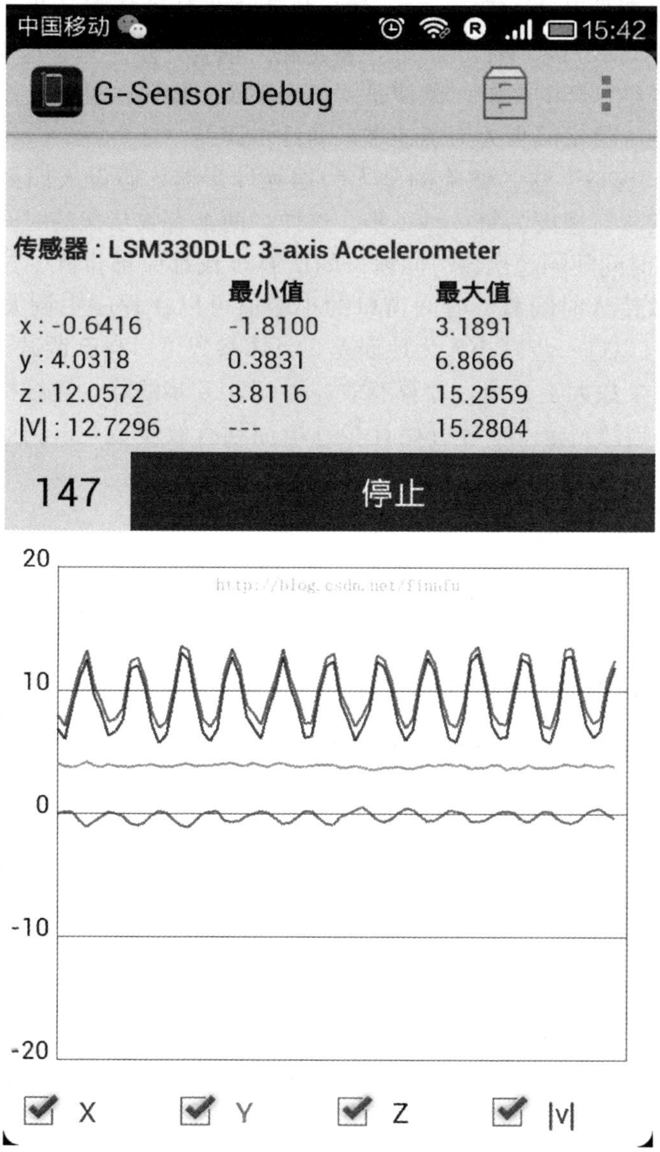

图 13-14-18 *XYZ* 轴加速度值的变化

2. 计步原理

计步过程不判断 MPU6050 甩动方向，任意方向甩动都能计步。计步的原理是检测波峰。算法上不单独判断 $X/Y/Z$ 单独轴的加速度变化波形，而是判断 XYZ 轴加速度的平方和开根（综合考虑三个轴的值）。

如何检测波峰?

条件 1：目前点为下降的趋势；

条件 2：之前的点为上升的趋势；

条件 3：到波峰为止，持续上升大于等于 2 次；

条件 4：波峰值大于 20。

3. 滤除误差的方法

由于计步的原理是甩动 MPU6050，然后检测产生的波峰来计步，这里就存在一个隐患，如果人为甩动 XYD _ Watch（非正常走路）也会计步。对于这个隐患，我们只能尽量滤除，无法杜绝这样的影响，即使是“小米手环”也无法杜绝这个问题。下面，我们介绍两个实用的方法来减少人为甩动带来的计步误差。

方法 1：“时间窗口”法。滤除的是人为摇晃计步器。假设人们最快的跑步速度为每秒 5 步，最慢的步行速度为每 2 秒 1 步。这样，两个有效步伐的时间间隔在时间窗口 0.2～2.0s 之内，时间间隔超出该时间窗口的所有步伐都应被排除。这意味着，我们需要给算法计算函数传入时间戳。时间窗口的小端值可以在程序中调大点，如调成 0.3s 或者 0.4s，这样可以进一步减小人为地误差，具体参数可以自己调试。

方法 2：波峰个数大于 x 个，才算有效。$x=5$ ，5 步滤除，连续检测 5 个波峰，才 5 计步。具体为：连续记录 5 步才开始计步（增加到有效步数）。例如计步，用户停住超过 3 秒，则前面的记录失效，下次从头开始 。连续记录了 4 步，用户还在运动，之前的数据才有效。

13.15 μC/OSⅡ工程示例部分代码

移植源码到工程中，编写代码。

13.15.1 main.c 文件，创建起始任务 start _ task

```
/******************************************************
*********************************************
Copyright 2008—2016 深圳市信盈达科技有限公司 . All rights reserved.
文件名：        main.c
描述  ：      main 函数
作者  ：Jahol Fan
版本  ：
修改  ：
完成日期：    2016.9.1
******************************************************
```

```
*************************************/

/*************************************
*************************************
* INCLUDES
*/

#include "includes.h"  //包含ucos相关文件
#include "delay.h"
#include "app_task.h"
/*************************************
*************************************
* CONSTANTS
*/
#define START_TASK_PRIO10          //start_task的优先级设置为最低
#define START_STK_SIZE   64         //设置start_task堆栈大小

#define APP_TASK_PRIO4             //设置App_task优先级
#define APP_STK_SIZE   3072        //设置App_task任务堆栈大小



/*************************************
*************************************
* TYPEDEFS
*/



/*************************************
*************************************
* LOCAL VARIABLES
*/
OS_STK START_TASK_STK[START_STK_SIZE];      //start_task任务堆栈
OS_STK APP_TASK_STK[APP_STK_SIZE];          //App_task任务堆栈

/*************************************
*************************************
* LOCAL FUNCTIONS
*/
static void start_task(void *pdata);


/*************************************
```

```
******************************************
 * PROFILE CALLBACKS
 */



/******************************************
******************************************
 * PUBLIC FUNCTIONS
 */

/******************************************
******************************************
 * 函数名:main
 * 功能描述:主函数
 * 作者:Jahol Fan
 * 参数说明:
 * 返回值说明:
 * 修改记录:
 ******************************************
******************************************/
int main(void)
{
    delay_init(100);        //初始化延时函数

    OSInit();               //初始化μC/OSⅡ
    //OS start ,never return
    OSTaskCreate(start_task,(void *)0,
                (OS_STK *)&START_TASK_STK[START_STK_SIZE-1],
                START_TASK_PRIO );//创建起始任务
    OSStart();              //启动μC/OSⅡ
}
/******************************************
******************************************
 * 函数名:start_task
 * 功能描述:主函数
 * 作者:Jahol Fan
 * 参数说明:
 * 返回值说明:
 * 修改记录:
 ******************************************
******************************************/
```

```
static void start_task(void * pdata)
{
  OS_CPU_SR cpu_sr=0;
    pdata=pdata;
    OSStatInit();              //初始化统计任务,这里会延时1秒钟左右
    OS_ENTER_CRITICAL();          //进入临界区(无法被中断打断)
    //主线程
    OSTaskCreate(App_task,
              (void *)0,
                         (OS_STK *)&APP_TASK_STK[APP_STK_SIZE-1],
                         APP_TASK_PRIO);
    OSTaskSuspend(START_TASK_PRIO);//挂起起始任务
    OS_EXIT_CRITICAL();          //退出临界区(可以被中断打断)

}

/*************************************************************************************************************************************************/
```

13.15.2 app _ task.c 文件，创建 APP 任务

```
/************************************************************************************************
Copyright 2008-2016 深圳市信盈达科技有限公司. All rights reserved.
文件名:       app_task.c
描述   :      主线程
作者   :      Jahol Fan
版本   :      V1.0
修改   :
完成日期:     2016.10.13
**************************************************************************************************************/

/************************************************************************************************
* INCLUDES
*/
```

```
#include "app_task.h"
#include "includes.h"
#include "app_handler.h"
#include "led.h"
#include "key.h"
#include "sht20.h"
#include "iic.h"
#include "delay.h"
#include "uart.h"
#include "motor.h"
#include "spi.h"
#include "oled.h"
#include "ui.h"
#include "rtc.h"
#include "pedometer.h"
#include "watchInfo.h"
#include "hp6.h"
#include "protocol.h"
#include "power.h"
#include "battery.h"
#include "bluetooth.h"
#include "WatchDog.h"
/******************************************************************************************************************
* CONSTANTS
*/


/******************************************************************************************************************
* TYPEDEFS
*/


/******************************************************************************************************************
* LOCAL VARIABLES
*/
u32 app_event ;  //app事件
```

```
OS_EVENT * appSem;  //app_task 信号量指针
OS_TMR   * app_timer;     //主线程软件定时器
/* * * * * * * * * * * * * * * * * * * * * * * * * * * * * * * * * * * * * * * * * *
* * * * * * * * * * * * * * * * * * * * * * * * * * * * * * * * * * * * * * * * * * *
* * * * * * * * * * * * * * * * * * * * * * * * * * * * * * * * * *
 * LOCAL FUNCTIONS  DECLARE
 */
void App_timerHandler(OS_TMR * ptmr,void * p_arg);
void App_delEvent(u32 app_evt);
/* * * * * * * * * * * * * * * * * * * * * * * * * * * * * * * * * * * * * * * * * *
* * * * * * * * * * * * * * * * * * * * * * * * * * * * * * * * * * * * * * * * * * *
* * * * * * * * * * * * * * * * * * * * * * * * * * * * * * * * * *
 * LOCAL FUNCTIONS
 */



/* * * * * * * * * * * * * * * * * * * * * * * * * * * * * * * * * * * * * * * * * *
* * * * * * * * * * * * * * * * * * * * * * * * * * * * * * * * * * * * * * * * * * *
* * * * * * * * * * * * * * * * * * * * * * * * * * * * * * * * * *
 * PUBLIC FUNCTIONS
 */
/* * * * * * * * * * * * * * * * * * * * * * * * * * * * * * * * * * * * * * * * * *
* * * * * * * * * * * * * * * * * * * * * * * * * * * * * * * * * * * * * * * * * * *
* * * * * * * * * * * * * * * * * * * * * * * * * *
 * 函数名:App_Init
 * 功能描述:初始化
 * 作者:Jahol Fan
 * 参数说明:
 * 返回值说明:
 * 修改记录:
 * * * * * * * * * * * * * * * * * * * * * * * * * * * * * * * * * * * * * * * * * *
* * * * * * * * * * * * * * * * * * * * * * * * * * * * * * * * * * * * * * * * * * *
* * * * * * * * * * * * * * * * * * * * * * * * * */
void App_init()
{
  u8 err;
    u8 pedometer_status;
  /* * * * * * * * * * * * * * * * * * * * <信号量、软定时器初始化> * * * * * * * *
* * * * * * * * * * * * * * * * * * * */
  appSem=OSSemCreate(0);//创建 app_task 信号量

  //主线程软定时器 app_timer,10ms 执行一次
```

```
app_timer=OSTmrCreate(1,1,OS_TMR_OPT_PERIODIC,
                      (OS_TMR_CALLBACK)App_timerHandler,
                      0,"appTimer",&err);

OSTmrStart(app_timer,&err);//启动 app_timer
//OSTmrStop(app_timer,OS_TMR_OPT_NONE,0,&err);//关闭 app_timer
  Led_init();                  //初始化 LED
  Key_init();                  //初始化按键
  Hp_6_init();

  Uart1_init();
  Motor_init();
  IIC_PinInit();
SHT20_Init();
  pedometer_status=Pedometer_init();  //获知计步器初始化状态(成功/失败)

  WatchInfo_init();
  Battery_init();
  BT_init();
  Spi1_init();//SPI 接口初始化
  Oled_init();
  Ui_init();
  RTC_init();
  IWDG_init(4,2000);//看门狗初始化,预分频数为 64,重载值为 2000,溢出时间为 4s
  //Power_manage();                //开关机管理,重要! 阻塞判断:按键长按则开机,按键短
按则关机
  if(0==pedometer_status )
  {
    App_postEvent(APP_POWER_ON_ENENT);  //初始化 MPU6050 成功才开机
  }

}
/***************************************************************************
*************************************************************************
***************************
 *函数名:  App_task
 *功能描述:主线程
 *作者:    Jahol Fan
 *参数说明:
 *返回值说明:
 *修改记录:
 ***********************************************************************
*************************************************************************
```

```
**************************/

void App_task(void * pdata)
{
  u32 i;
  u8 err;
  App_init();
  for(;;)
  {
    OSSemPend(appSem,0,&err);//信号量阻塞,等待信号量触发,等待事件置位
        IWDG_feed();//喂狗
    if(app_event)
    {
      for(i=0;i<APP_EVENT_SIZE;i++)
      {
        if(app_event &(1<<i))
        {
          switch(1<<i)
          {
          case APP_PROTOCOL_PARASE_EVENT:
            App_delEvent(APP_PROTOCOL_PARASE_EVENT);
            Protocol_paraseHandler(uart_rx_buf);
            break;
          case APP_KEY_EVENT:
            App_delEvent(APP_KEY_EVENT);
            App_keyHandler();
            break;
                case APP_ALARM_EVENT:
                  App_delEvent(APP_ALARM_EVENT);
                  App_alarmHandler();
                  break;
          case APP_BATTERY_DETECT_EVENT:
            App_delEvent(APP_BATTERY_DETECT_EVENT);
            App_batteryDetectHandler();
            break;
                case APP_POWER_ON_ENENT:
                  App_delEvent(APP_POWER_ON_ENENT);
                  App_powerOnHandler();
                  break;
                  case APP_CAL_STEP_EVENT:
                    App_delEvent(APP_CAL_STEP_EVENT);
                    App_calStepHandler();
                    break;
```

```
                    case APP_POWER_DOWN_ENENT:
                      App_delEvent(APP_POWER_DOWN_ENENT);
                      App_powerDownHandler();
                      break;
            default:
              app_event &=~(1<<i);
              break;
            }
          }
        }
      }
          Ui_poll();   //ui轮巡
    }
}

/* * * * * * * * * * * * * * * * * * * * * * * * * * * * * * * * * * * * * *
* * * * * * * * * * * * * * * * * * * * * * * * * * * * * * * * * * * * * * * * *
* * * * * * * * * * * * * * * * * * * * * * * *
 * 函数名:App_postEvent
 * 功能描述:触发事件
 * 作者:Jahol Fan
 * 参数说明:
 * 返回值说明:
 * 修改记录:
 * * * * * * * * * * * * * * * * * * * * * * * * * * * * * * * * * * * * * *
* * * * * * * * * * * * * * * * * * * * * * * * * * * * * * * * * * * * * * * * *
* * * * * * * * * * * * * * * * * * * * * * * */
void App_postEvent(u32 app_evt)
{
  OSSemPost(appSem);//发送信号量
  app_event |=app_evt;
}

/* * * * * * * * * * * * * * * * * * * * * * * * * * * * * * * * * * * * * *
* * * * * * * * * * * * * * * * * * * * * * * * * * * * * * * * * * * * * * * * *
* * * * * * * * * * * * * * * * * * * * * * * *
 * 函数名:App_delEvent
 * 功能描述:删除事件
 * 作者:Jahol Fan
 * 参数说明:
 * 返回值说明:
 * 修改记录:
 * * * * * * * * * * * * * * * * * * * * * * * * * * * * * * * * * * * * * *
```

```
****************************************************************************
*************************/
void App_delEvent(u32 app_evt)
{
  app_event &= ~(app_evt);
}

/***************************************************************************
****************************************************************************
************************
 * 函数名:App_timerHandler,软定时器中断函数
 * 功能描述:软定时中断,触发信号量,进行喂狗
 * 作者:Jahol Fan
 * 参数说明:
 * 返回值说明:
 * 修改记录:
 ***************************************************************************
****************************************************************************
*************************/

void App_timerHandler(OS_TMR *ptmr,void *p_arg)
{
  OSSemPost(appSem);  //发送信号量
    Ui_postPage(UI_NO_PAGE);//调度 Ui_poll();
}

/***************************************************************************
****************************************************************************
**************************************
 ***************************************************************************
****************************************************************************
*************************************/
```

13.15.3 app _ handler.c 文件,界面轮询操作

```
/***************************************************************************
****************************************************************************
**************************************
Copyright 2008  2016 深圳市信盈达科技有限公司.All rights reserved.
文件名:        app_handler.c
描述  :       完成一些相关的处理
作者  :       Jahol Fan
版本  :       V1.0
```

```
修改   :
完成日期:
******************************************
********************************************
**********************************/

/*****************************************
********************************************
**********************************
* INCLUDES
*/
#include "app_handler.h"
#include "key.h"
#include "led.h"
#include "ui.h"
#include "app_task.h"
#include "protocol.h"
#include "motor.h"
#include "power.h"
#include "oled.h"
#include "battery.h"
#include "pedometer.h"
#include "watchInfo.h"
#include "hp6.h"
#include "battery.h"
#include "ui.h"
#include "delay.h"
/*****************************************
********************************************
**********************************
* CONSTANTS
*/


/*****************************************
********************************************
**********************************
* TYPEDEFS
*/


/*****************************************
********************************************
```

```
**********************************
  * LOCAL VARIABLES
  */

 /*************************************************************************************************
  * LOCAL FUNCTIONS   DECLARE
  */


 /*************************************************************************************************
  * LOCAL FUNCTIONS
  */



 /*************************************************************************************************
  * PUBLIC FUNCTIONS
  */

 /*********************************************************************************
  *函数名：        App_keyHandler
  *功能描述：      按键处理
  *作者：          Jahol Fan
  *参数说明：      none
  *返回值说明：    none
  *修改记录：
  ***************************************************************************************/
 void App_keyHandler(void)
 {
   key_t * key;
   ui_state_t *ui_state;
   ui_state=Ui_stateGet();                              //获取 ui 的状态
   if( UI_POWER_ON==ui_state->ui_power )                 //屏的状态为亮
```

```
{
  key=Key_getKey();//获取按键状态
  switch(key->key_state)
  {
  case KEY_SHORT_PRESS:                                //短按
    switch(key->key_id)
    {

    case KEY_HOME_ID:
    ui_state->ui_page=ui_state->ui_page<<1;//下一页
    if(ui_state->ui_page > UI_LAST_PAGE)//如果大于最后一页
    {
      ui_state->ui_page=UI_FIRST_PAGE;//切换到最后一页
    }


//APP 打开心率血压测量时,禁止置页,保证程序整体逻辑性
      if(PROTOCOL_OPEN_PULSE_BP==Protocol_getPulseBPOpenState())
          {
              //do nothing
          }
          else  //PROTOCOL_CLOSE_PULSE_BP==Protocol_getPulseBPOpenState()
          {
              Ui_postPage(ui_state->ui_page);  //触发 UI 页
          }



      break;
    default:
      //do nothing
      break;
    }
    Key_clearState(key);                               //清除按键状态
    break;

  case KEY_LONG_PRESS:                                 //长按
    switch(key->key_id)
    {
    case KEY_HOME_ID:
      App_postEvent(APP_POWER_DOWN_ENENT);
      break;
    }
    Key_clearState(key);                               //清除按键状态
```

```
                break;
            default:
                //do nothing
                break;
            }
        }
        else if( UI_POWER_OFF==ui_state->ui_power )     //屏的状态为熄灭
        {
            key=Key_getKey();//获取按键状态
            switch(key->key_state)
            {
            case KEY_SHORT_PRESS:                       //短按
                //初始化屏
                ui_state->ui_page=UI_MAIN_PAGE;         //设置 main_page
                ui_state->ui_power=UI_POWER_ON;         //屏的电源打开
                Ui_postPage(ui_state->ui_page);         //触发 UI 页
                Key_clearState(key);                    //清除按键状态
                break;
            case KEY_LONG_PRESS:
                switch(key->key_id)
                {
                case KEY_HOME_ID:
                    App_postEvent(APP_POWER_DOWN_ENENT);
                    break;
                }
                Key_clearState(key);                    //清除按键状态
                break;
            }
        }
    }
    /*******************************************************************************
    *************************
    * 函数名:      App_alarmHandler
    * 功能描述:  闹钟
    * 作者:  Jahol Fan
    * 参数说明:  none
    * 返回值说明:  none
    * 修改记录:
    *******************************************************************************
    ************************/
    void App_alarmHandler(void)
```

```
{
  Motor_ON(MOROT_INTENSITY_3,3);  //开机,马达振动 3 次
}



/*******************************************************************************************
 * 函数名:       App_powerOnHandler
 * 功能描述: 切换 ui
 * 作者: Jahol Fan
 * 参数说明: none
 * 返回值说明: none
 * 修改记录:
 *******************************************************************************************/
void App_powerOnHandler(void)
{
  Motor_ON(MOROT_INTENSITY_3,1);  //开机,马达振动 1 次
  Pedometer_startSoftTimer();//启动 app_timer ,移到 MPU6050 读 ID 函数中
  Ui_showAdvertPage();             //开机广告
  delay_ms(2000);
  Ui_postPage(UI_MAIN_PAGE);

}
/*******************************************************************************************
 * 函数名:        App_powerDownHandler
 * 功能描述:      切换 ui
 * 作者:          Jahol Fan
 * 参数说明:      none
 * 返回值说明:    none
 * 修改记录:
 *******************************************************************************************/
void App_powerDownHandler(void)
{
  OLED_displayOff();
  Hp_6_PowerOFF();
  Pedometer_stopSoftTimer();
```

```
    Battery_stopSoftTimer();
    Motor_ON(MOROT_INTENSITY_3,1);//关机,马达振动 1 次
    Power_down();  //待机模式
}
/******************************************************************************************
 * 函数名:      App_batteryDetectHandler
 * 功能描述:  电池电量检测
 * 作者:  Jahol Fan
 * 参数说明:  none
 * 返回值说明:  none
 * 修改记录:
 ******************************************************************************************/
void App_batteryDetectHandler(void)
{
    batteryState_t *batteryState;
    batteryState=Battery_getState();
    //Jahol Fan 屏蔽这两句为了避免充电时刷屏,屏蔽后,功能效果为:插上充电下不会立即显示充电 UI,而是按按键才显示
// if(BATTERY_CHARGE_ING==batteryState->chargeState)  //如果检测到充电,立即触发 UI 主页,显示正在充电
//Ui_postPage(UI_MAIN_PAGE);//显示 UI 主页
}
/******************************************************************************************
 * 函数名:      App_calStepHandler
 * 功能描述:  计步处理
 * 作者:  Jahol Fan
 * 参数说明:  none
 * 返回值说明:  none
 * 修改记录:
 ******************************************************************************************/

void App_calStepHandler(void)
{
        u8 err;
    accValue_t accValue;
```

```
static u32 step_count_old_Val;
  static u8 time_cnt;
static timeStamp_t timeStamp;
short aacx,aacy,aacz;                          //加速度传感器原始数据
static u8 tempSecond;                          //保存秒钟暂态量
dateAndTime_t * rtcTime;                       //获取年月日时分秒
//sportsInfo_t * sportsInfo;
//sportsInfo=Pedometer_getSportsInfo();
MPU_Get_Accelerometer(&aacx,&aacy,&aacz);      //得到加速度传感器数据
rtcTime=RTC_getDateAndTime();                  //获取当前 RTC 的值

if(tempSecond ! =timeStamp.second)             //秒更新
{
  tempSecond=timeStamp.second;
  timeStamp.twentyMsCount=0 ;//20ms 计数变量清零
}
else                                           //秒不更新,1 秒等于 50×20ms
{
  timeStamp.twentyMsCount ++;//20ms 计数变量++
}

timeStamp.hour=rtcTime->hour;
timeStamp.minute=rtcTime->minute;
timeStamp.second=rtcTime->second;

//将三轴数据转换为以 g 为单位的数据
accValue.accX=((float)(int)aacx/16384) * 10;
accValue.accY=((float)(int)aacy/16384) * 10;
accValue.accZ=((float)(int)aacz/16384) * 10;
step_count_old_Val=userSportsInfo.stepCount;
userSportsInfo= * onSensorChanged(&accValue,&timeStamp,WatchInfo_getUserInfo(&err));//调用计数算法
if(step_count_old_Val ! =userSportsInfo.stepCount)
{
  time_cnt++;
}

  if(time_cnt==1)
  {
      time_cnt=0;
    GPIOA->ODR=1<<7;//PA7 输出高电平
  }
```

```
}
/*******************************************
********************************************
**********************************
******************************************
********************************************
**********************************/
```

13.15.4 key.c 文件，按键控制

```
/*******************************************
********************************************
**********************************
Copyright 2008—2016 深圳市信盈达科技有限公司. All rights reserved.
文件名:      key.c
描述  :      按键
作者  :      Jahol Fan
版本  :      V1.0
修改  :
完成日期:    2016.10.13
******************************************
********************************************
**********************************/

/*******************************************
********************************************
**********************************
* INCLUDES
*/
#include "includes.h"
#include "key.h"
#include "gpio.h"
#include "nvic.h"
#include "app_handler.h"
#include "app_task.h"
/*******************************************
********************************************
**********************************
* CONSTANTS
*/
#define HOME_KEY_INPUT((GPIOA->IDR & 1<<0)&& 1)   //PA0 高有效
```

```
/******************************************
*******************************************
**********************************
 * TYPEDEFS
 */


/******************************************
*******************************************
**********************************
 * LOCAL VARIABLES
 */
OS_TMR  * key_timer;    //主线程软件定时器
key_t key;
/******************************************
*******************************************
**********************************
 * LOCAL FUNCTIONS  DECLARE
 */
void Key_timerHandler(void);
u8 Key_getState(u8 id);
u8 Key_getInputVal(void);
/******************************************
*******************************************
**********************************
 * LOCAL FUNCTIONS
 */



/******************************************
*******************************************
**********************************
 * PUBLIC FUNCTIONS
 */
/******************************************
*******************************************
*********************
 *函数名:     Key_init
 *功能描述:  按键初始化
 *作者:       Jahol Fan
 *参数说明:
 *返回值说明:
```

```
 * 修改记录:
 * * * * * * * * * * * * * * * * * * * * * * * * * * * * * * * * * * * * * * * * *
* * * * * * * * * * * * * * * * * * * * * * * * * * * * * * * * * * * * * * * * * * *
* * * * * * * * * * * * * * * * * * * * */
void Key_init(void)
{
  u8 err;

  RCC->AHB1ENR|=1<<0;     //使能 PORTA 时钟
  GPIO_set(GPIOA,PIN0,GPIO_MODE_IN,0,0,GPIO_PUPD_PD);     //PA0 设置为下拉输入

  /* * * * * * * * * * * * * * * * * * * * * * * * *<设置 IO 口中断>* * * * * * * * *
* * * * * * * * * * * * * * * * * */
  NVIC_ExConfig(GPIO_A,0,RTIR);//上升沿触发
  NVIC_Init(0,2,EXTI0_IRQn,2);//抢占 0,子优先级 2,组 2

  //key_timer 为 10ms 一次
  key_timer=OSTmrCreate(1,1,OS_TMR_OPT_ONE_SHOT,
                        (OS_TMR_CALLBACK)Key_timerHandler,
                        0,"keyTimer",&err);
}
/* * * * * * * * * * * * * * * * * * * * * * * * * * * * * * * * * * * * * * * * *
* * * * * * * * * * * * * * * * * * * * * * * * * * * * * * * * * * * * * * * * * * *
* * * * * * * * * * * * * * * * * * * *
 * 函数名:    key_timerHandler
 * 功能描述:  按键软定时器中断服务函数
 * 作者:      Jahol Fan
 * 参数说明:
 * 返回值说明:
 * 修改记录:
 * * * * * * * * * * * * * * * * * * * * * * * * * * * * * * * * * * * * * * * * *
* * * * * * * * * * * * * * * * * * * * * * * * * * * * * * * * * * * * * * * * * * *
* * * * * * * * * * * * * * * * * * * * */
void Key_timerHandler(void)
{
  u8 err;
  volatile static u16 time_cnt=0;
  u8 keyInputState ;
  OSTmrStop(key_timer,OS_TMR_OPT_NONE,0,&err);     //关闭 key_timer
  time_cnt ++;
  switch(time_cnt)
  {
  case 1:
```

```
        keyInputState=Key_getState(key.key_id);
        if(KEY_DOWN==keyInputState)//按键状态为按下
        {
          OSTmrStart(key_timer,&err);//启动 key_timer
        }
        else                            //按键状态为松开
        {
          time_cnt=0;
          key.key_state=KEY_UP;
        }
        break;
      case LONG_PRESS_TIME:
        time_cnt=0;
        key.key_state=KEY_LONG_PRESS;
          App_postEvent(APP_KEY_EVENT);          //触发 app 事件
        OSTmrStop(key_timer,OS_TMR_OPT_NONE,0,&err);//关闭 key_timer
        break;

      default:
        keyInputState=Key_getState(key.key_id);
        if(KEY_DOWN==keyInputState)//按键状态为按下
        {
          OSTmrStart(key_timer,&err);//启动 key_timer
        }
        else                            //按键状态为松开
        {
          time_cnt=0;
          key.key_state=KEY_SHORT_PRESS;
            App_postEvent(APP_KEY_EVENT);          //触发 app 事件
        }
        break;
      }
    }

  /*************************************************************************************************************
  * 函数名：    Key_setState
  * 功能描述：  获取按键状态
  * 作者：      Jahol Fan
  * 参数说明：
  * 返回值说明：
  * 修改记录：
```

```
    *************************************************************************************************/
    u8 Key_getState(u8 id)
    {
      u8 keyInputState ;
      if(KEY_HOME_ID==id)
      {
        keyInputState=Key_getInputVal();
      }
      return keyInputState;
    }

    /**************************************************************************************************
    * 函数名：    Key_setState
    * 功能描述：  设置按键状态
    * 作者：      Jahol Fan
    * 参数说明：
    * 返回值说明：
    * 修改记录：
    *************************************************************************************************/
    void Key_setState(u8 id,u8 state)
    {
      key.key_id=id;
      key.key_state=state;
    }
    /**************************************************************************************************
    * 函数名：    Key_clearState
    * 功能描述：  清除按键状态
    * 作者：      Jahol Fan
    * 参数说明：
    * 返回值说明：
    * 修改记录：
    *************************************************************************************************/
    void Key_clearState(key_t *key)
```

```
{
    key->key_id=KEY_NULL_ID;
    key->key_state=KEY_UP;
}

/**************************************************************************************************
 * 函数名       :  Key_getInputVal
 * 功能描述     :  获取按键输入值
 * 作者         :  Jahol Fan
 * 参数说明     :
 * 返回值说明:     按键按下返回 1,按键松开返回 0
 * 修改记录     :
 * 其他         :
 **************************************************************************************************/
u8 Key_getInputVal(void)
{
  return HOME_KEY_INPUT;
}
/**************************************************************************************************
 * 函数名:      EXTI0_IRQHandler
 * 功能描述:    外部中断 0 服务程序,普通按键以及开关机按键复用
 * 作者:        Jahol Fan
 * 参数说明:
 * 返回值说明:
 * 修改记录:
 **************************************************************************************************/
void EXTI0_IRQHandler(void)
{
  u8 err;
    EXTI->PR=1<<0;  //清除 LINE0 上的中断标志位
  Key_setState(KEY_HOME_ID,KEY_DOWN);
    OSTmrStart(key_timer,&err);//启动 key_timer
}
/**************************************************************************************************
```

```
***********************
    *函数名:      Key_getKey
    *功能描述:    获取按键的状态
    *作者:        Jahol Fan
    *参数说明:
    *返回值说明:
    *修改记录:
    ********************************************
********************************************
***********************/
  key_t *Key_getKey()
  {
      return &key;
  }

  /*******************************************
********************************************
*****************************
    ******************************************
********************************************
*****************************/
```

13.15.5 mpu6050.c 文件,陀螺仪驱动

```
  #include "mpu6050.h"
  #include "delay.h"
  /*******************************************
********************************************
*****************************
  Copyright 2008—2016 深圳市信盈达电子有限公司 . All rights reserved.
  文件名:          mpu6050.c
  描述    :        mpu6050 驱动文件
  作者    :        Jahol Fan
  版本    :        V1.0
  修改    :
  完成日期:        2016.10.13
  Notice      :本程序只供学习使用,未经作者许可,不得用于其他任何用途
  信盈达官网:http://www.edu118.com/
  信盈达网校:http://www.edu118.cn/
  版权所有,盗版必究。
  ******************************************
********************************************
*****************************/
```

```
//初始化 MPU6050
//返回值:0,成功
//其他,错误代码
u8 MPU_Init(void)
{
  u8 res;
  //IIC_init();//初始化 IIC 总线
  MPU_Write_Byte(MPU_PWR_MGMT1_REG,0X80);//复位 MPU6050
  delay_ms(100);  //Jahol Fan:奇怪的问题,延时改长了,就不能兼容 HP-6
  MPU_Write_Byte(MPU_PWR_MGMT1_REG,0X00);//唤醒 MPU6050
  //MPU_Set_Gyro_Fsr(3);          //陀螺仪传感器,±2000dps
  MPU_Set_Accel_Fsr(0);           //加速度传感器,±2g
  MPU_Set_Rate(50);               //设置采样率 50Hz
  MPU_Write_Byte(MPU_INT_EN_REG,0X00);  //关闭所有中断
  MPU_Write_Byte(MPU_USER_CTRL_REG,0X00);  //I2C 主模式关闭
  MPU_Write_Byte(MPU_FIFO_EN_REG,0X00);  //关闭 FIFO
  MPU_Write_Byte(MPU_INTBP_CFG_REG,0X80);  //INT 引脚低电平有效
  res=MPU_Read_Byte(MPU_DEVICE_ID_REG);
  if(res==MPU_ADDR)//器件 ID 正确
  {
    MPU_Write_Byte(MPU_PWR_MGMT1_REG,0X01);    //设置 CLKSEL,PLL X 轴为参考
    MPU_Write_Byte(MPU_PWR_MGMT2_REG,0x07);//只有加速度都工作
    MPU_Set_Rate(50);                  //设置采样率为 50Hz

  }else return 1;
  return 0;
}
//设置 MPU6050 陀螺仪传感器满量程范围
//fsr:0,±250dps;1,±500dps;2,±1000dps;3,±2000dps
//返回值:0,设置成功
//    其他,设置失败
u8 MPU_Set_Gyro_Fsr(u8 fsr)
{
  return MPU_Write_Byte(MPU_GYRO_CFG_REG,fsr<<3);//设置陀螺仪满量程范围
}
//设置 MPU6050 加速度传感器满量程范围
//fsr:0,±2g;1,±4g;2,±8g;3,±16g
//返回值:0,设置成功
//    其他,设置失败
u8 MPU_Set_Accel_Fsr(u8 fsr)
{
  return MPU_Write_Byte(MPU_ACCEL_CFG_REG,fsr<<3);//设置加速度传感器满量程范围
}
```

```
//设置 MPU6050 的数字低通滤波器
//lpf:数字低通滤波频率(Hz)
//返回值:0,设置成功
//      其他,设置失败
u8 MPU_Set_LPF(u16 lpf)
{
  u8 data=0;
  if(lpf>=188)data=1;
  else if(lpf>=98)data=2;
  else if(lpf>=42)data=3;
  else if(lpf>=20)data=4;
  else if(lpf>=10)data=5;
  else data=6;
  return MPU_Write_Byte(MPU_CFG_REG,data);//设置数字低通滤波器
}
//设置 MPU6050 的采样率(假定 Fs=1KHz)
//rate:4~1000(Hz)
//返回值:0,设置成功
//      其他,设置失败
u8 MPU_Set_Rate(u16 rate)
{
  u8 data;
  if(rate>1000)rate=1000;
  if(rate<4)rate=4;
  data=1000/rate-1;
  data=MPU_Write_Byte(MPU_SAMPLE_RATE_REG,data);//设置数字低通滤波器
  return MPU_Set_LPF(rate/2);//自动设置 LPF 为采样率的一半
}

//得到温度值
//返回值:温度值(扩大了 100 倍)
short MPU_Get_Temperature(void)
{
  u8 buf[2];
  short raw;
  float temp;
  MPU_Read_Len(MPU_ADDR,MPU_TEMP_OUTH_REG,2,buf);
  raw=((u16)buf[0]<<8)|buf[1];
  temp=36.53+((double)raw)/340;
  return temp*100;
}
//得到陀螺仪值(原始值)
//gx,gy,gz:陀螺仪 x,y,z 轴的原始读数(带符号)
```

```
//返回值:0,成功
//    其他,错误代码
u8 MPU_Get_Gyroscope(short *gx,short *gy,short *gz)
{
  u8 buf[6],res;
  res=MPU_Read_Len(MPU_ADDR,MPU_GYRO_XOUTH_REG,6,buf);
  if(res==0)
  {
    *gx=((u16)buf[0]<<8)|buf[1];
    *gy=((u16)buf[2]<<8)|buf[3];
    *gz=((u16)buf[4]<<8)|buf[5];
  }
  return res;;
}
//得到加速度值(原始值)
//gx,gy,gz:陀螺仪 x,y,z 轴的原始读数(带符号)
//返回值:0,成功
//    其他,错误代码
u8 MPU_Get_Accelerometer(short *ax,short *ay,short *az)
{
  u8 buf[6],res;
  res=MPU_Read_Len(MPU_ADDR,MPU_ACCEL_XOUTH_REG,6,buf);
  if(res==0)
  {
    *ax=((u16)buf[0]<<8)|buf[1];
    *ay=((u16)buf[2]<<8)|buf[3];
    *az=((u16)buf[4]<<8)|buf[5];
  }
  return res;;
}
//IIC 连续写
//addr:器件地址
//reg:寄存器地址
//len:写入长度
//buf:数据区
//返回值:0,正常
//    其他,错误代码
u8 MPU_Write_Len(u8 addr,u8 reg,u8 len,u8 *buf)
{
  u8 i;
  IIC_Start();
  IIC_WriteByte((addr<<1)|0);//发送器件地址+写命令
  IIC_WriteByte(reg);//写寄存器地址
```

```
    for(i=0;i<len;i++)
    {
      IIC_WriteByte(buf[i]);//发送数据
    }
    IIC_Stop();
    return 0;
}
//IIC 连续读
//addr:器件地址
//reg:要读取的寄存器地址
//len:要读取的长度
//buf:读取到的数据存储区
//返回值:0,正常
//      其他,错误代码
u8 MPU_Read_Len(u8 addr,u8 reg,u8 len,u8 *buf)
{
    IIC_Start();
    IIC_WriteByte((addr<<1)|0);//发送器件地址+写命令
    IIC_WriteByte(reg);//写寄存器地址
    IIC_Start();
    IIC_WriteByte((addr<<1)|1);//发送器件地址+读命令
    while(len)
    {
      //if(len==1) *buf=IIC_ReadByte(0);//读数据,发送 nACK
      //else *buf=IIC_ReadByte(1);//读数据,发送 ACK
      if(len==1) *buf=IIC_ReadByte(1);//读数据,发送 nACK
      else *buf=IIC_ReadByte(0);//读数据,发送 ACK

      len--;
      buf++;
    }
    IIC_Stop();//产生一个停止条件
    return 0;
}
//IIC 写一个字节
//reg:寄存器地址
//data:数据
//返回值:0,正常
//      其他,错误代码
u8 MPU_Write_Byte(u8 reg,u8 data)
{
    IIC_Start();
    IIC_WriteByte((MPU_ADDR<<1)|0);//发送器件地址+写命令
```

```
    IIC_WriteByte(reg);//写寄存器地址
    IIC_WriteByte(data);//发送数据
    IIC_Stop();
    return 0;
}
//IIC 读一个字节
//reg:寄存器地址
//返回值:读到的数据
u8 MPU_Read_Byte(u8 reg)
{
    u8 res;
    IIC_Start();
    IIC_WriteByte((MPU_ADDR<<1)|0);//发送器件地址+写命令
    IIC_WriteByte(reg);//写寄存器地址
    IIC_Start();
    IIC_WriteByte((MPU_ADDR<<1)|1);//发送器件地址+读命令
    res=IIC_ReadByte(1);//读取数据,发送 nACK
    IIC_Stop();              //产生一个停止条件
    return res;
}
```

13.15.6 stepAlgorithm.c 文件，计步算法

```
/*******************************************************************************
***********************************************
Copyright 2008—2016 深圳市信盈达科技有限公司. All rights reserved.
文件名:        stepAlgorithm.c
描述   :      计步算法
作者   :       Jahol Fan
版本   :       V1.0
修改   :
完成日期:      2016 年 8 月 28 日
 *******************************************************************************
***********************************************/

/*******************************************************************************
***********************************************
 * INCLUDES
 */
#include "Pedometer.h"
#include "stepAlgorithm.h"
#include "rtc.h"
#include "math.h"
```

```
#include "mpu6050.h"
/*************************************************************************
 * CONSTANTS
 */
#define TRUE 1      //Jahol:修改
#define FALSE 0
#define VALUE_NUM 4

/*************************************************************************
 * TYPEDEFS
 */


/*************************************************************************
 * LOCAL VARIABLES
 */
//存放三轴数据
float oriValues[3]={0};
//用于存放计算阈值的波峰波谷差值
float tempValue[VALUE_NUM]={0};
int tempCount=0;
//是否上升的标志位
u8 isDirectionUp=FALSE;
//持续上升次数
int continueUpCount=0;
//上一点的持续上升的次数,为了记录波峰的上升次数
int continueUpFormerCount=0;
//上一点的状态,上升还是下降
u8 lastStatus=FALSE;
//波峰值
float peakOfWave=0;
//波谷值
float valleyOfWave=0;
//此次波峰的时间
long timeOfThisPeak=0;
//上次波峰的时间
long timeOfLastPeak=0;
//当前的时间
long timeOfNow=0;
//当前传感器的值
```

```
float gravityNew=0;
//上次传感器的值
float gravityOld=0;
//动态阈值需要动态的数据,这个值用于这些动态数据的阈值
float initialValue=(float)1.3;
//初始阈值
float ThreadValue=(float)2.0;
//三轴轴值
accValue_t accValue;
//行走信息:卡路里、里程、步数
static sportsInfo_t sportsInfo;
//计步缓存
static u8 stepTempCount=0;

/*******************************************************************************
 * LOCAL FUNCTIONS
 */


/*******************************************************************************
 * PROFILE CALLBACKS
 */



/*******************************************************************************
 * PUBLIC FUNCTIONS
 */
/*******************************************************************************
 * 函数名:onSensorChanged
 * 功能描述:G-Sensor 工作后会一直调用这个函数对三轴数据进行平方和开根号的处理
 * 调用 DetectorNewStep 检测步子
 *
 * 作者:Jahol Fan
 * 参数说明:
 * 输入:
 *      pAccValue:G-sensor 的原始数据
 * timeStamp_p:动态时间戳
 * 返回值说明:
```

```
 *修改记录：
 ********************************************************************/
sportsInfo_t *onSensorChanged(accValue_t *pAccValue,timeStamp_t *timeStamp_p,personInfo_t * personInfo){
    accValue_t *p=pAccValue;
    personInfo_t *userInfo=personInfo;
    timeStamp_t *time_p=timeStamp_p;
    oriValues[0]=p->accX;
    oriValues[1]=p->accY;
    oriValues[2]=p->accZ;
    //对三轴数据进行平方和开根号的处理
    gravityNew=(float)sqrt(oriValues[0] * oriValues[0]
                    + oriValues[1] * oriValues[1] + oriValues[2] * oriValues[2]);
    //检测步子
    return DetectorNewStep(gravityNew,time_p,userInfo);
}
/*******************************************************************
 *函数名:DetectorNewStep
 *功能描述:
 *  步伐更新:如果检测到了波峰,并且符合时间差以及阈值的条件,则判定为1步
 *  阈值更新:符合时间差条件,波峰波谷差值大于 initialValue,则将该差值纳入阈值的计算中
 *作者:    Jahol Fan
 *参数说明:
输入:
values:经过处理的 G-sensor 数据
timeStamp_p:时间戳
 *返回值说明:
 *修改记录:
 ********************************************************************/
sportsInfo_t *DetectorNewStep(float values,timeStamp_t *timeStamp_p,personInfo_t * personInfo)
{
    static u32 time_old;
    personInfo_t *userInfo=personInfo;
    static u32 step_per_2_second;  //每两秒所走的步数
    float step_lenth,walk_speed,walk_distance,Calories;//步长
    u32 time_now;
    timeStamp_t *time_p=timeStamp_p;
    if(gravityOld==0)
    {
```

```
        gravityOld=values;
      }
      else
      {
        if(DetectorPeak(values,gravityOld))//检测到波峰
        {
          timeOfLastPeak=timeOfThisPeak;//更新上次波峰的时间
          //将时间戳转换为以毫秒 ms 为单位
          time_now=timeOfNow=((time_p->hour * 60+time_p->minute) * 60+time_p->sec-
ond) * 1000+time_p->twentyMsCount * 20;//获取时间 ,并转化为毫秒
          //如果检测到了波峰,并且符合时间差以及阈值的条件,则判定为 1 步
          if(  (timeOfNow-timeOfLastPeak >=250 )//Jahol Fan 修改为 300,防止轻微动都也会检
测步子
            //&&(timeOfNow-timeOfLastPeak <=2000)
            &&(peakOfWave-valleyOfWave >=ThreadValue)
              )
          {
            timeOfThisPeak=timeOfNow;//更新此次波峰时间


    stepTempCount++;//Jahol:加 1 为两步
            step_per_2_second ++;
            //Jahol:这样计算卡路里,不能滤除人为的误操作,导致的结果是:里程和卡路里偏大
            if((time_now-time_old)>=2000 )      //如果时间过了 2 秒
            {

              if( 1==step_per_2_second )
              {
                step_lenth=userInfo->height/5;
              }
              else if( 2==step_per_2_second )
              {
                step_lenth=userInfo->height/4;
              }
              else if( 3==step_per_2_second )
              {
                step_lenth=userInfo->height/3;
              }
              else if( 4==step_per_2_second )
              {
                step_lenth=userInfo->height/2;
              }
              else if(5==step_per_2_second)  //Jahol:为了使计步准确,设置上限值为 5 步,牺
```

```
牲卡路里准确性
        {
          step_lenth=userInfo->height/1.2f;
        }
        else if( 7==step_per_2_second )
        {
          step_lenth=userInfo->height;
        }
        else if(step_per_2_second >=8)//step_diff>8
        {
          step_lenth=userInfo->height * 1.2f;
        }
        else
        {
          step_lenth=0;
        }
        walk_speed=step_per_2_second * step_lenth/2;  //速度,单位:m/s
        walk_distance  =step_per_2_second * step_lenth;//行走距离,单位:m
        Calories=4.5f * walk_speed * (userInfo->weight/2)/1800;   //Jahol:weight 以 kg
为单位
        sportsInfo.calories  +=Calories;
        sportsInfo.distance  +=walk_distance;
        time_old=time_now;          //更新时间
        step_per_2_second=0;

      }
      else
      {
        //do nothing
      }
      /*
      * 处理无效运动:
      * 1. 连续记录 5 步才开始计步
      * 2. 例如用户记录了 3 步,然后停住超过了 3 秒,则前面的记录的 3 步失效,下次重新计数
      * 3. 连续记录了 4 步用户还在运动,之前的数据才有效
      * */
      if((stepTempCount< 5 )&&(timeOfNow-timeOfLastPeak >=3000))
      {
        stepTempCount=0;
      }
      else if((stepTempCount>=5)&&(timeOfNow-timeOfLastPeak <=3000))
      {
        sportsInfo.stepCount +=stepTempCount;
```

```
            stepTempCount         =0;
          }
          else
          {
            //do nothing
          }



        }
        //Jahol:更新阈值,问题:阈值不会一直变大,不能变小?
        if(timeOfNow-timeOfLastPeak >=250
            &&(peakOfWave-valleyOfWave >=initialValue))
        {
          timeOfThisPeak=timeOfNow;
          ThreadValue=Peak_Valley_Thread(peakOfWave-valleyOfWave);//更新阈值
        }
      }
    }
    gravityOld=values;
    return &sportsInfo;
  }

  /*************************************
  **********************************
  * 函数名:DetectorPeak
  * 功能描述:
  * 检测波峰。以下四个条件判断为波峰:
  * (1)目前点为下降的趋势:isDirectionUp 为 FALSE
  * (2)之前的点为上升的趋势:lastStatus 为 TRUE
  * (3)到波峰为止,持续上升大于等于 2 次
  * (4)波峰值大于 20 //20 是理论上的值,15 是经过测试后的值,用户可根据自行测试的结果进行
更改。
  * 记录波谷值:
  * (1)观察波形图,可以发现在出现步子的地方,波谷的下一个就是波峰,有比较明显的特征以及
差值
  * (2)所以要记录每次的波谷值,为了和下次的波峰做对比
  * 作者:Jahol Fan
  * 参数说明:
  *        输入:
  *          newValue:最新的经过处理的 G-sensor 数据
  *          oldValue:前一个处理的 G-sensor 数据
  * 返回值说明:
  * 修改记录:
```

```
****************************************
****************************************/
u8 DetectorPeak(float newValue,float oldValue)
{
  lastStatus=isDirectionUp;
  if(newValue >=oldValue)//采样数据呈上升趋势
  {
    isDirectionUp=TRUE;
    continueUpCount++;
  }
  else                    //采样数据呈下降趋势
  {
    continueUpFormerCount=continueUpCount;
    continueUpCount=0;
    isDirectionUp=FALSE;
  }

  if((! isDirectionUp)&& lastStatus
      &&(continueUpFormerCount >=2 && oldValue >=20))

  {
    peakOfWave=oldValue;
    return TRUE;
  }
  else if((! lastStatus)&& isDirectionUp)
  {
    valleyOfWave=oldValue;
    return FALSE;
  }
  else
  {
    return FALSE;
  }
}
/****************************************
****************************************
*函数名:Peak_Valley_Thread
*功能描述:
*                  阈值的计算
*                      1. 通过波峰波谷的差值计算阈值
*                      2. 记录 4 个值,存入 tempValue[]数组中
*                      3. 将数组传入函数 averageValue 中计算阈值
*
```

```
 *作者:Jahol Fan
 *参数说明:
 *返回值说明:
 *修改记录:
 *************************************************************************/
float Peak_Valley_Thread(float value)
{
  float tempThread=ThreadValue;
  u8 i=0;
  if(tempCount < VALUE_NUM)
  {
    tempValue[tempCount]=value;
    tempCount++;
  }
  else
  {
    tempThread=averageValue(tempValue,VALUE_NUM);//计算阀值
    for( i=1;i < VALUE_NUM;i++)//线性移位更新
    {
      tempValue[i-1]=tempValue[i];
    }
    tempValue[VALUE_NUM-1]=value;
  }
  return tempThread;

}

/*************************************************************************
 *函数名:averageValue
 *功能描述:
 *        梯度化阈值
 *          1. 计算数组的均值
 *          2. 通过均值将阈值梯度化在一个范围里
 *
 *作者:Jahol Fan
 *参数说明:
 *返回值说明:
 *修改记录:
 *************************************************************************/
float averageValue(float value[],int n)
```

```
{
  float ave=0;
  u8 i=0;
  for( i=0;i < n;i++)
  {
    ave +=value[i];//求和
  }
  ave=ave / VALUE_NUM;//求平均值
  if(ave >=8)
    ave=(float)4.3;   //????
  else if(ave >=7 && ave < 8)
    ave=(float)3.3;
  else if(ave >=4 && ave < 7)
    ave=(float)2.3;
  else if(ave >=3 && ave < 4)
    ave=(float)2.0;
  else
  {
    ave=(float)1.3;
  }
  return ave;
}


/****************************************************************************
*****************************************************************************/
```

13.15.7 pedometer.c 文件，计步应用操作

```
/****************************************************************************
*************************************************************************
Copyright 2008-2016 深圳市信盈达科技有限公司 . All rights reserved.
文件名:      pedometer.c
描述  :      计步算法的应用层代码,不涉及算法
作者  :      Jahol Fan
版本  :      V1.0
修改  :
完成日期:    2016.9.25
*****************************************************************************
```

```
*********************************/

  /************************************
****************************************
*********************************
  * INCLUDES
  */
  #include "stm32f4xx.h"
  #include "mpu6050.h"
  #include "includes.h"
  #include "stepAlgorithm.h"
  #include "pedometer.h"
  #include "watchInfo.h"
  #include "led.h"
  #include "app_handler.h"
  #include "app_task.h"
  /************************************
****************************************
*********************************
  * CONSTANTS
  */


  /************************************
****************************************
*********************************
  * TYPEDEFS
  */


  /************************************
****************************************
*********************************
  * LOCAL VARIABLES
  */
  OS_TMR  * pedometer_timer;     //计步器软定时器 pedometer_timer

  /************************************
****************************************
*********************************
  * LOCAL FUNCTIONS  DECLARE
  */
  sportsInfo_t userSportsInfo;
```

```
/*************************************************************************************************
*****************************************
 * LOCAL FUNCTIONS
 */
void Pedometer_timerHandler(void);


/*************************************************************************************************
*****************************************
 * PUBLIC FUNCTIONS
 */
/*************************************************************************************************
*************************
 *函数名:
 *功能描述:
 *作者:          Jahol Fan
 *参数说明:
 *返回值说明:
 *修改记录:
 ********************************************************************************************
*************************/
u8 Pedometer_init(void)
{
  u8 err;
  //初始化 mpu6050 . 初始化 mpu6050 成功且可以获取到 6050 的 ID 号
  if(0==MPU_Init())
  {
      //计步器软定时器 pedometer_timer,20ms 执行一次
      pedometer_timer=OSTmrCreate(2,2,OS_TMR_OPT_PERIODIC,
                                  (OS_TMR_CALLBACK)Pedometer_timerHandler,
                                  0,"pedometerTimer",&err);
      //Pedometer_startSoftTimer();//启动 app_timer,移到 MPU6050 读 ID 函数中

      return 0;//初始化成功
  }
  return 1;//初始化失败
```

```
                    //初始化成功
}
/****************************************************************************************************
  * 函数名:        Pedometer_startSoftTimer
  * 功能描述:      打开计步器的软定时器
  * 作者:          Jahol Fan
  * 参数说明:
  * 返回值说明:
  * 修改记录:
****************************************************************************************************/
void Pedometer_startSoftTimer(void)
{
  u8 err;
  OSTmrStart(pedometer_timer,&err);//启动 app_timer
}
/****************************************************************************************************
  * 函数名:        Pedometer_stopSoftTimer
  * 功能描述:      关闭计步器的软定时器
  * 作者:          Jahol Fan
  * 参数说明:
  * 返回值说明:
  * 修改记录:
****************************************************************************************************/
void Pedometer_stopSoftTimer(void)
{
    u8 err;
    OSTmrStop(pedometer_timer,OS_TMR_OPT_NONE,0,&err);//关闭 pedometer_timer
    IIC_Stop();
}

/****************************************************************************************************
```

```
  * 函数名:         Pedometer_timerHandler
  * 功能描述:       计步器软定时器
  * 作者:           Jahol Fan
  * 参数说明:       none
  * 返回值说明:     none
  * 修改记录:
  ************************************
*****************************************
***********************/
void Pedometer_timerHandler(void)
{

  App_postEvent(APP_CAL_STEP_EVENT);

}
/*****************************************
*****************************************
**********************
  * 函数名:         Pedometer_getSportsInfo
  * 功能描述:       提供给外部获取计步信息
  * 作者:           Jahol Fan
  * 参数说明:       none
  * 返回值说明:     none
  * 修改记录:
  ************************************
*****************************************
***********************/
sportsInfo_t *Pedometer_getSportsInfo(void)
{
  return &userSportsInfo;
}

/*****************************************
*****************************************
*********************************
  ************************************
*****************************************
*********************************/
```

13.15.8 protocol.c 文件，协议解析处理

```
/*****************************************
*************************************
```

```
Copyright 2008－2016 深圳市信盈达科技有限公司 . All rights reserved.
文件名：      protocol.c
描述   ：     协议解析处理
作者   ：     Jahol Fan
版本   ：     V1.0
修改   ：
完成日期：    2016.9.5
  * * * * * * * * * * * * * * * * * * * * * * * * * * * * * * * * * * * * * * * * * * *
* * * * * * * * * * * * * * * * * * * * * * * * * * * * * * * * * * * * * /

/* * * * * * * * * * * * * * * * * * * * * * * * * * * * * * * * * * * * * * * * * * *
* * * * * * * * * * * * * * * * * * * * * * * * * * * * * * * * * * * * * *
 * INCLUDES
 */
#include "uart.h"
#include "pulse.h"
#include "protocol.h"
#include "bp.h"
#include "watchInfo.h"
#include "pedometer.h"
/* * * * * * * * * * * * * * * * * * * * * * * * * * * * * * * * * * * * * * * * * * *
* * * * * * * * * * * * * * * * * * * * * * * * * * * * * * * * * * * * * *
 * CONSTANTS
 */
#define SUB_CMD 0

#define PROTOCOL_LENTH  18     //通信数据长度为 18 个字节
/* * * * * * * * * * * * * * * * * * * * * * * * * * * * * * * * * * * * * * * * * * *
* * * * * * * * * * * * * * * * * * * * * * * * * * * * * * * * * * * * * *
 * TYPEDEFS
 */



/* * * * * * * * * * * * * * * * * * * * * * * * * * * * * * * * * * * * * * * * * * *
* * * * * * * * * * * * * * * * * * * * * * * * * * * * * * * * * * * * * *
 * LOCAL VARIABLES
 */
u8 pulseBPOpenState=PROTOCOL_CLOSE_PULSE_BP;  //初始化为关闭状态
/* * * * * * * * * * * * * * * * * * * * * * * * * * * * * * * * * * * * * * * * * * *
* * * * * * * * * * * * * * * * * * * * * * * * * * * * * * * * * * * * * *
 * LOCAL FUNCTIONS
 */
static void Protocol_pulseControl(u8 *buf,u8 *len);
```

```
/*****************************************************************************************************
* PROFILE CALLBACKS
*/



/*****************************************************************************************************
* PUBLIC FUNCTIONS
*/
/***************************************************************************************************************************************************************************************************
*函数名:  Protocol_setPulseBPOpenState
*功能描述:APP打开心率/血压测量,设置状态,禁止按键打开心率/血压测量操作
*作者:    Jahol Fan
*参数说明:
*返回值说明:
*修改记录:
***************************************************************************************************************************************************************************************************/
void Protocol_setPulseBPOpenState(u8 state)
{
  pulseBPOpenState=state;
}
/***************************************************************************************************************************************************************************************************
*函数名:  Protocol_getPulseBPOpenState
*功能描述: 获知是否用APP打开心率/血压测量
*作者:  Jahol Fan
*参数说明:
*返回值说明:
*修改记录:
***************************************************************************************************************************************************************************************************/
u8 Protocol_getPulseBPOpenState(void)
{
  return pulseBPOpenState;
```

```
}

/*************************************************************************
 *函数名：  Protocol_pulseControl
 *功能描述：心率控制，打开心率测量前，会先获知当前心率测试是否被打开（被 UI 打开），如果打开，就会先关闭，再打开
 *作者：    Jahol Fan
 *参数说明：buf：待处理的数据
 *返回值说明：
 *修改记录：
 *************************************************************************/
static void Protocol_pulseControl(u8 *buf,u8 *len)
{
  u8 *pBuf=buf;
  u8 pulse;
  u8 pulseOpenState,bpOpenState;
  switch(pBuf[SUB_CMD])
  {
    case 0x00：
      if(PULSE_CLOSE_SUCCESS==Pulse_close())//关闭测量心率，并检测是否关闭成功
      {
          pBuf[1]=0x01;  //关闭成功
          Protocol_setPulseBPOpenState(PROTOCOL_CLOSE_PULSE_BP);//设置为此状态
      }
      else
      {
          pBuf[1]=0x00;  //关闭失败
      }
      *len=PROTOCOL_LENTH;
      Pedometer_startSoftTimer();     //Jahol Fan  只有关闭血压测量才能打开计步软定时器
    break;
  case 0x01：
    /*如果当前状态为按键打开心率测量或者打开血压测量，
     *就先关闭心率测量或关闭血压测量，然后打开心率测量，
     *目的：保证程序逻辑的整体性*/
    pulseOpenState=*Pulse_getOpenState();
    bpOpenState    =*BP_getOpenState();
    Pedometer_stopSoftTimer();     //Jahol Fan  只有关闭血压测量才能打开计步软定时器
    //如果没有 PROTOCOL_OPEN 心率/血压，才 OPEN，已经 OPEN 了，就不重复处理相同的指令，原样返回
    if(PROTOCOL_CLOSE_PULSE_BP==Protocol_getPulseBPOpenState())
```

```
        {
            if(PULSE_IS_OPEN==pulseOpenState)
              Pulse_close();
            if(BP_IS_OPEN==bpOpenState)
              BP_close();
            if(PULSE_OPEN_SUCCESS==Pulse_open())//如果打开心率测量成功
            {
                //APP打开心率测量后，设置状态，如果是打开状态，就会禁止按键切换APP操作
                Protocol_setPulseBPOpenState(PROTOCOL_OPEN_PULSE_BP);
                pBuf[1]=0x01;   //打开成功
            }
            else
            {
                pBuf[1]=0x00;   //打开失败
            }
        }
        *len=PROTOCOL_LENTH;
      break;
    case 0x02:
        if(Pulse_getPulseVal(&pulse))   //获取心率的值
             pBuf[1]=pulse;
           *len=PROTOCOL_LENTH;//不做任何处理，即无效指令，会原样返回
          break;
        default:
           *len=PROTOCOL_LENTH;   //不做任何处理，即无效指令，会原样返回
          break;
      }
    }

    /****************************************************************************
    *****************************************************************************
     *函数名：  Protocol_BPControl
     *功能描述：血压控制，打开血压测量前，会先获知当前血压测试是否被打开(被UI打开)，如果打开，就会先关闭，再打开
     *作者：    Jahol Fan
     *参数说明：buf：待处理的数据
     *返回值说明：
     *修改记录：
     ****************************************************************************
    *****************************************************************************/
    static void Protocol_BPControl(u8 *buf,u8 *len)
    {
      u8  *pBuf=buf;
```

```
u8 BpVal[3]={0};//获取血压的值,BpVal[0]为测量状态,BpVal[1]为高压,BpVal[2]为低压
u8 pulseOpenState,bpOpenState;
switch(pBuf[SUB_CMD])
{
  case 0x00:
      if(BP_CLOSE_SUCCESS==BP_close())//关闭血压测量,并检测是否关闭成功
      {
          pBuf[1]=0x01;  //关闭成功
          Protocol_setPulseBPOpenState(PROTOCOL_CLOSE_PULSE_BP);//设置为此状态
      }
      else
      {
          pBuf[1]=0x00;  //关闭失败
      }
      *len=PROTOCOL_LENTH;
      Pedometer_startSoftTimer();     //Jahol Fan  只有关闭血压测量才能打开计步软定时器
    break;
  case 0x01:
    /*如果当前状态为按键打开心率测量或者打开血压测量,
     *就先关闭心率测量或关闭血压测量,然后打开血压测量,
     *目的:保证程序逻辑的整体性*/
    pulseOpenState=*Pulse_getOpenState();
    bpOpenState    =*BP_getOpenState();
    Pedometer_stopSoftTimer();  //Jahol Fan 进行血压测量,就关闭计步的软定时器
    //如果没有 PROTOCOL_OPEN 心率血压,才 OPEN,已经 OPEN 了,就不重复处理相同的指令,原样返回
    if(PROTOCOL_CLOSE_PULSE_BP==Protocol_getPulseBPOpenState())
    {
        if(PULSE_IS_OPEN==pulseOpenState)
          Pulse_close();
        if(BP_IS_OPEN==bpOpenState)
          BP_close();
        if(BP_OPEN_SUCCESS==BP_open())//如果打开血压测量成功
        {
            //APP 打开血压测量后,设置状态,如果是打开状态,就会禁止按键切换 APP 操作
            Protocol_setPulseBPOpenState(PROTOCOL_OPEN_PULSE_BP);
            pBuf[1]=0x01;  //打开成功
        }
        else
        {
            pBuf[1]=0x00;  //打开失败
        }
```

```
        }
        *len=PROTOCOL_LENTH;
      break;
    case 0x02:
      if(BP_getBpVal(BpVal))        //获取血压的值
      {
        pBuf[1]=BpVal[0];  //测量状态,0—测量中,1—测试完成,2—测试失败
        pBuf[2]=BpVal[1];  //高压测量结果:80～210
        pBuf[3]=BpVal[2];  //低压测量结果:45～180
      }
      *len=PROTOCOL_LENTH;//不做任何处理,即无效指令,会原样返回
    break;
  default:
      *len=PROTOCOL_LENTH;  //不做任何处理,即无效指令,会原样返回
    break;
    }
  }

/*****************************************************
*******************************************
  *函数名:    Protocol_setUserInfo
  *功能描述:  设置用户的身高、体重
  *作者:      Jahol Fan
  *参数说明:  buf:待处理的数据
  *返回值说明:
  *修改记录:
  ****************************************************
*******************************************/
static void Protocol_setUserInfo(u8 *buf,u8 *len)
{
  u8 *pBuf=&buf[0];
  u8 height=pBuf[0];  //身高,单位为 cm
  u8 weight=pBuf[1];  //体重,单位为斤
  WatchInfo_setUserInfo(height,weight);
  memset(pBuf,0,16);//清零
  pBuf[0]=0x01;  //设置成功
  *len=PROTOCOL_LENTH;
}
/*****************************************************
*******************************************
  *函数名:    Protocol_setTime
  *功能描述:  设置时间
```

```
 * 作者：      Jahol Fan
 * 参数说明：  buf:待处理的数据
 * 返回值说明：
 * 修改记录：
 * * * * * * * * * * * * * * * * * * * * * * * * * * * * * * * * * * * * * * * * * * * *
* * * * * * * * * * * * * * * * * * * * * * * * * * * * * * * * * * * * * * /
static void Protocol_setTime(u8 * buf,u8 * len)
{
  u8 * pBuf=&buf[0];

  dateAndTime_t * dateTime=RTC_returnDateTimePointer();
  dateTime->year    =pBuf[1];  //年
  dateTime->month   =pBuf[2];  //月
  dateTime->date    =pBuf[3];  //日

  dateTime->week    =pBuf[4];  //星期

  dateTime->hour    =pBuf[5];  //时
  dateTime->minute  =pBuf[6];  //分
  dateTime->second  =pBuf[7];  //秒

  dateTime->ampm    =0;
  RTC_setDateAndTime(dateTime);//设置时间
  memset(pBuf,0,16);//清零
  pBuf[0]=0x01;  //返回0x01,表示设置成功
  * len=PROTOCOL_LENTH;
}
/* * * * * * * * * * * * * * * * * * * * * * * * * * * * * * * * * * * * * * * * * * * *
* * * * * * * * * * * * * * * * * * * * * * * * * * * * * * * * * * * * * *
 * 函数名：    Protocol_setAlarmClock
 * 功能描述：  设置闹钟 A
 * 作者：      Jahol Fan
 * 参数说明：  buf:待处理的数据
 * 返回值说明：
 * 修改记录：
 * * * * * * * * * * * * * * * * * * * * * * * * * * * * * * * * * * * * * * * * * * * *
* * * * * * * * * * * * * * * * * * * * * * * * * * * * * * * * * * * * * * /
static void Protocol_setAlarmClock(u8 * buf,u8 * len)
{
  u8 hour,min,sec,week;
  u8 * pBuf=&buf[0];
  hour=pBuf[0];
  min  =pBuf[1];
```

```
  sec   =pBuf[2];
  week=pBuf[3];
  RTC_setAlarmA(hour,min,sec,week);
  memset(pBuf,0,16);//清零
  pBuf[0]=0x01;  //设置成功
  *len=PROTOCOL_LENTH;
}

/*************************************************************************************
 *函数名:Protocol_infoSet
 *功能描述:设置 XYD_Wath 的信息
 *作者:Jahol Fan
 *参数说明: buf:待处理的数据
 *返回值说明:
 *修改记录:
 *************************************************************************************/
static void Protocol_infoSet(u8 * buf,u8 * len)
{
  u8 * pBuf   =&buf[1];
  u8 subCmd=buf[0];
  u8 * lenth=len;
  switch(subCmd)
  {
    case 0x00:
      Protocol_setUserInfo(pBuf,lenth);
      break;
    case 0x01:
      Protocol_setTime(pBuf,lenth);
      break;
    case 0x02:
      Protocol_setAlarmClock(pBuf,lenth);
      break;
    default:
      //do nothing
      break;
  }
}
/*************************************************************************************
 *函数名:Protocol_paraseHandler
 *功能描述:协议解析处理函数
```

```
 * 作者:Jahol Fan
 * 参数说明:  rxBuf:接收到的数据
 * 返回值说明:
 * 修改记录:
 ***************************************************************************/
void Protocol_paraseHandler(u8 * rxBuf)
{
  u8 cmd;
  u8 * pRxBuf=&rxBuf[1];
  u8 len=0;
  cmd=rxBuf[0];
  switch(cmd)
  {
  case 0x80:
    Protocol_infoSet(pRxBuf,&len);
    break;
  case 0x90:
    Protocol_BPControl(pRxBuf,&len);
    break;
  case 0xD0:
    Protocol_pulseControl(pRxBuf,&len);
    break;
  default:
    //do nothing
    break;

  }
  if(len)
  {
    //数据回发
    Uart1_sendData(rxBuf,18);
  }
}


/****************************************************************************
 ***************************************************************************/
```

参考文献

［1］ 任哲，房红征. 嵌入式实时操作系统 μC/OS-Ⅱ原理及应用［M］. 5 版. 北京：北京航空航天大学出版社，2021.

［2］ 任哲，房红征，曹靖. 嵌入式实时操作系统 μC/OS-Ⅱ原理及应用［M］. 4 版. 北京：北京航空航天大学出版社，2016.

［3］ 卢有亮. 嵌入式实时操作系统 μC/OS 原理与实践［M］. 2 版. 北京：电子工业出版社，2014.